口絵1　典型的な農村風景
（広島県庄原市）

口絵2　里山に迫る都市
（神奈川県川崎市麻生区）

口絵3　棚田オーナー制による市民活動（静岡県賀茂郡松崎町）

口絵4　復元された農村環境（福井県敦賀市）
「中池見人と自然のふれあいの里」（大阪ガス）

口絵5　農業用水を利用したビオトープ親水施設（滋賀県犬上郡甲良町）
用水パイプラインから計画的に水を噴出させ利用．

（改修前）　　　　　　　　　　　　　　　　　　（改修後）
口絵6　コンクリート水路の環境保全型水路への改修（農水省資料より）

二次林の植生タイプ別分布図

二次林タイプ
- ■ ミズナラ林　（18242）
- ■ コナラ林　　（22526）
- ■ アカマツ林　（22738）
- ■ シイ・カシ萌芽林（8441）
- ■ その他　　　（5034）

（）内は3次メッシュ数
3次メッシュは1km四方

＊里地里山の中核を成す二次林として、
　植生自然度7の二次林（ミズナラ・コナラ・アカマツ等）と
　植生自然度8のうち、シイ・カシ萌芽林を対象とする。

＊これらの二次林は合わせて約770万haで、全国の約21％を占める。

①ミズナラ林（180万ha）
　本州北部を中心に比較的寒冷で高標高の地域に分布し、人為干渉が比較的小さい。
　放置すると、やがてミズナラやブナの自然林に移行する。

②コナラ林（230万ha）
　本州東部を中心に中国地方日本海側などに分布し、薪炭林として積極的に活用されてきた。
　管理せずに放置すると常緑広葉樹林に移行し、林床に見られるカタクリ、スミレ等の植物が
　消失することもある。
　また、タケ類やネザサ類の侵入・繁茂によって、更新や移行が阻害され森林構造の単純化を招く。

③アカマツ林（230万ha）
　西日本を中心に、コナラ林より乾燥した土地にも分布する。
　燃料等として広く利用されてきた。管理せずに放置するとやがて常緑広葉樹林等に移行する。
　マツ枯れによる一斉枯死を招いた場合には、ツツジ等の低木林のやぶが形成され、
　生物多様性が低下する。

④シイ・カシ萌芽林（80万ha）
　南日本を中心に比較的温暖で低標高の地域に分布し、
　常緑樹の薪炭林として活用されてきたが、人為干渉度は比較的小さい。
　放置すると常緑広葉樹の自然林に移行する。
　タケ類の侵入が見られる場合もある。

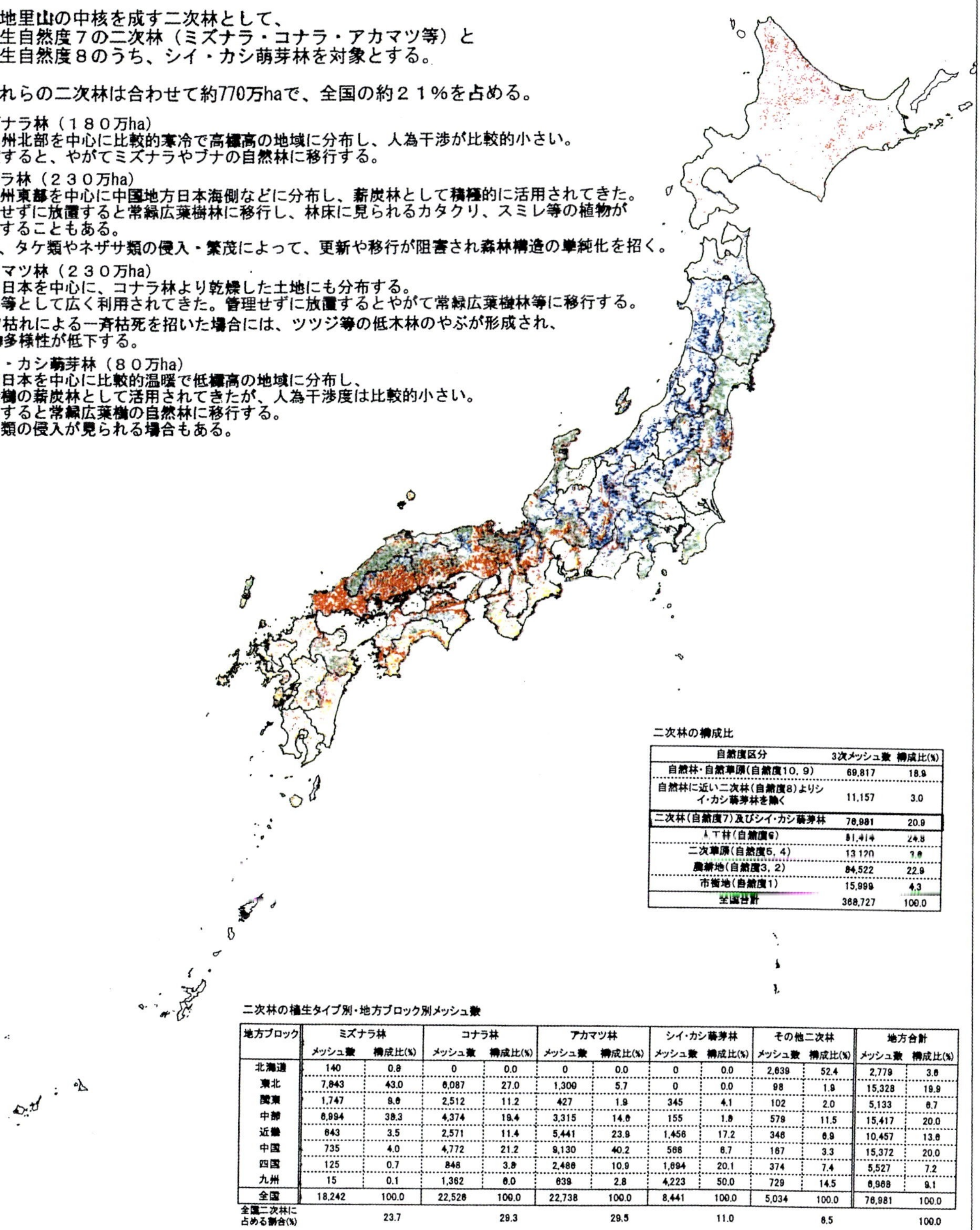

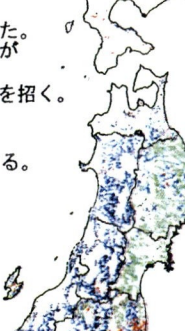

二次林の構成比

自然度区分	3次メッシュ数	構成比(%)
自然林・自然草原（自然度10, 9）	69,817	18.9
自然林に近い二次林（自然度8）よりシイ・カシ萌芽林を除く	11,157	3.0
二次林（自然度7）及びシイ・カシ萌芽林	76,981	20.9
人工林（自然度6）	91,414	24.8
二次草原（自然度5, 4）	13,120	7.6
農耕地（自然度3, 2）	84,522	22.9
市街地（自然度1）	15,999	4.3
全国合計	368,727	100.0

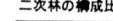

二次林の植生タイプ別・地方ブロック別メッシュ数

地方ブロック	ミズナラ林		コナラ林		アカマツ林		シイ・カシ萌芽林		その他二次林		地方合計	
	メッシュ数	構成比(%)	メッシュ数	構成比(%)	メッシュ数	構成比(%)	メッシュ数	構成比(%)	メッシュ数	構成比(%)	メッシュ数	構成比(%)
北海道	140	0.8	0	0.0	0	0.0	0	0.0	2,639	52.4	2,779	3.6
東北	7,843	43.0	6,087	27.0	1,309	5.7	0	0.0	98	1.9	15,328	19.9
関東	1,747	9.6	2,512	11.2	427	1.9	345	4.1	102	2.0	5,133	6.7
中部	6,994	38.3	4,374	19.4	3,315	14.6	155	1.8	579	11.5	15,417	20.0
近畿	643	3.5	2,571	11.4	5,441	23.9	1,456	17.2	346	6.9	10,457	13.6
中国	735	4.0	4,772	21.2	9,130	40.2	588	6.7	167	3.3	15,372	20.0
四国	125	0.7	848	3.8	2,488	10.9	1,894	20.1	374	7.4	5,527	7.2
九州	15	0.1	1,362	6.0	639	2.8	4,223	50.0	729	14.5	6,968	9.1
全国	18,242	100.0	22,526	100.0	22,738	100.0	8,441	100.0	5,034	100.0	76,981	100.0
全国二次林に占める割合(%)		23.7		29.3		29.5		11.0		6.5		100.0

データ出典
植生自然度：第5回自然環境保全基礎調査　植生調査結果　環境省　自然環境局　2001

口絵7　二次林の植生タイプ別分布図（図2.15）

●田園環境整備マスタープランの例

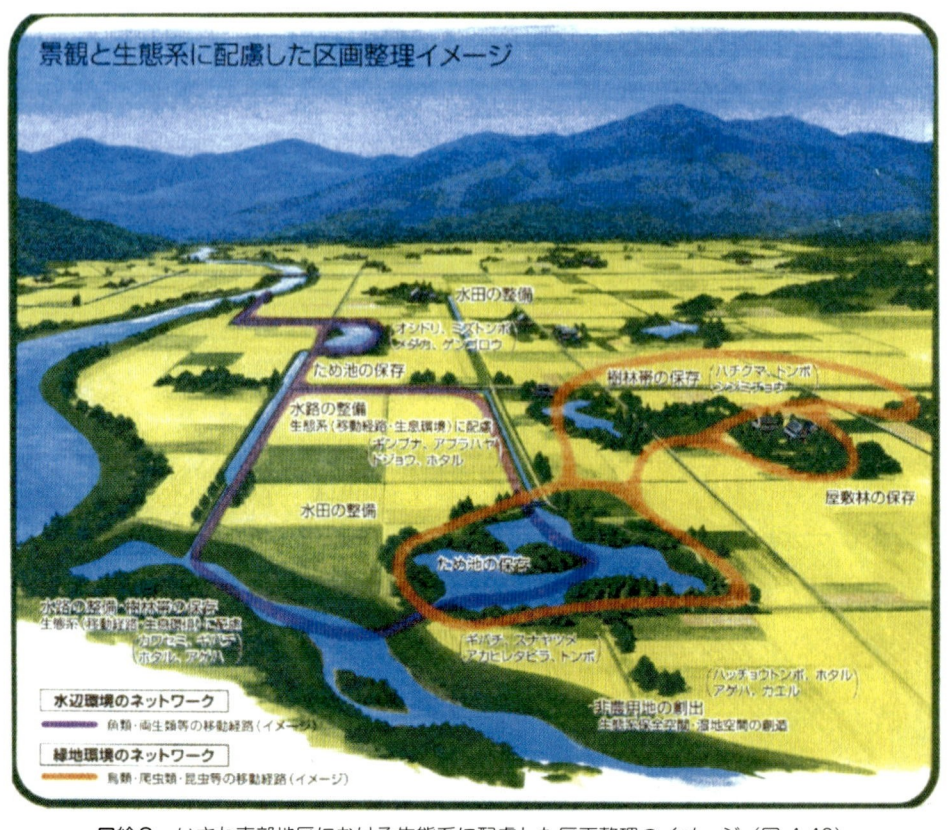

口絵8　田園環境整備マスタープランの例（図2.11）

口絵9　いさわ南部地区における生態系に配慮した区画整理のイメージ（図4.43）

農村自然環境の
保全・復元

杉山恵一
中川昭一郎
編集

朝倉書店

序
――農村自然環境の保全・復元の新展開に向けて――

　わが国で，農村における自然環境の保全・復元に関心がもたれるようになってから約20年が経過し，最近では，これまでの全国各地における研究の成果や実践的経験もしだいにその蓄積を深め，また，行政サイドでも新たな制度・予算を伴う積極的な取組みが開始されるなど，「農村自然環境の保全・復元」は，いよいよその全国的展開や具体的実施に向けて，新たな時代を迎えようとしている．本書は，このようなときに当たり，「農村自然環境の保全・復元」について，最近の農業・農村の現状や実態を踏まえつつ，その理念・基本的考え方やこれまでの研究成果や実践事例について幅広く紹介し，今後の事業・実践の新たな展開に役立てようと意図したものである．

　かつて，わが国の農村環境は，二次的自然であるにもかかわらず，原生環境に勝るとも劣らない自然の豊富さをもつものであった．しかし，1960年代以降の農業・農村をめぐる社会経済の急速な変化や農業技術の近代化などによって，農業の生産性や農業者の生活は大きく向上したものの，日本国土の大宗を占める農村地域（里地里山を含む）の豊かな自然生態系や生物多様性は著しく損なわれてきた．

　近年，このような情況下にあって，環境問題に対する一般的関心の高まり，生物種絶滅への危惧，都市部における自然環境の欠如などから，日本の国土環境にとってたいへん貴重になってきた農村地域におけるこの自然環境の保全や復元に対し，各方面から多くの関心が寄せられるようになり，また，これまでの効率中心の農業生産方式や技術に対しても，地域の自然環境保全の観点からその見直しが求められている．

　この農村における自然環境の保全・復元については，わが国においては1980年頃からまず西ドイツなどの西欧の事例に学ぶことからはじまり，1990年代に入ると日本の諸条件下における先駆的な研究や実践活動がしだいに盛んになり，そして最近では，全国的実践事例の蓄積，関連諸分野における調査・技術研究の進展，関係省庁・団体などの積極的取組みなどが，「民・学・官」のそれぞれにおいて急速に進みつつあり，「農村の自然環境の保全・復元」もいよいよその具体化に向けて，新たな時代に入ってきたといえる．

　具体的には，全国各地におけるNPO・NGOなどによる各種の自然環境復元運動や実践活動の高まり，大学・研究機関・関連企業などにおける自然環境復元に関する基礎的研究や技術開発の活発化，農林水産省・環境省・国土交通省および地方自治体・関係団体などによる行政的・予算的な支援制度と事業実施体制の充実などをあげることができる．

とくに，ここ数年の行政サイドにおける関連施策への取組みは急ピッチに進められつつあり，「農村自然環境の保全・復元」がいよいよ国家的施策の表舞台に登場してきたとの感を深くする．農林水産省における新「食料・農業・農村基本法」に基づき 2001 年に行われた「土地改良法の改正」では，その第 1 条（原則）に事業実施に当たっての「環境との調和への配慮」が新たに明記され，また，最近閣議決定された「土地改良長期計画（平成 15 〜 19 年）」では，「自然と農業生産が調和した豊かな田園自然環境の創造」を現在の 500 地区から 1700 地区へと拡大することなども盛り込まれた．一方，環境省が 2002 年 3 月に新たに策定した「生物多様性国家戦略」でも，とくに農村環境と関連の深い「里地里山」における生物多様性の価値とその保全の必要性が強調されている．さらに，2002 年 12 月には議員立法によって，関係 3 省（環境省・農林水産省・国土交通省）の共管による「自然再生推進法」が公布され，生物多様性の確保を通じて自然と共生する社会の実現に寄与するため，関係機関・団体・NPO などが参加した「自然再生事業」が新たに推進されることになった．

このような最近の「農村自然環境の保全・復元」に関する関心の高まりは，今後の日本における環境問題解決の進展にとって，大いに歓迎すべき動向である．しかし，本来，農業・農村をめぐる環境問題は，日本農業や農村社会の特徴や将来展望と関連するなど，その内容が複雑多岐にわたり，環境復元を具体化するに当たっては，技術的にも制度的にも社会経済的にも，そして住民運動論的にも解明されるべき問題は数多く残されており，その推進に当たってはなお多くの困難が予想されている．

本書は，前述したような「農村自然環境の保全・復元」に関する新たな時代の到来を踏まえつつ，この実践や事業の具体的な展開に当たって必要と思われる諸問題について，これまでに蓄積された知見を集約・提供するとともに提言を行って，今後の「農村自然環境の保全・復元」の積極的かつ円滑な展開に役立てたいと意図したものである．

まず第 1 章では，農業・農村の現状や本来もっている環境的特質，期待される多面的な機能の発揮，都市との共生と対流による農村の活性化など，今後の農村の自然環境復元に当たって配慮すべき諸情況について述べている．

第 2 章では，近年における農村自然環境の劣化の原因と復元の方向を述べるとともに，最近の行政（農林水産省・環境省）における環境復元の基本姿勢と具体的施策の展開方向を紹介している．また，自然復元に関係の深い学術研究分野（農村生態，造園緑地，農業土木）の研究進展情況と今後の研究方向についても紹介している．

第 3 章は，農村自然生態系の特質と復元の基本的考え方を具体的に述べ，また，現在広く展開されている有機農業・減農薬減肥料などの環境保全型農業を紹介し，農村環境復元の方途を明らかにするとともに，具体的な農村のおもな生物相とその保全について，植物，昆虫，鳥類，魚類のそれぞれについて詳しく記述している．

第 4 章では，これまでに実施された優れた農村自然環境復元の具体例を水辺生態，里山生態，棚田保全，竹林管理，農地整備のそれぞれについて紹介しており，今後の自然環境復元の有力な参考事例となるであろう．

そして終章では，編者のこれまでの長い間の研究と経験の蓄積および本書の諸論文を踏まえつつ，今後の日本農業の将来展望とそれに基づいた「農村自然環境の保全・復元」の基本的考

え方と方向につき提言を行っている．

　本書の各章に盛り込まれているように，農村自然環境の保全・復元はその内容が複雑多岐にわたり，今後さらに解明されるべき課題も数多い．とくに関連する生物系・工学系などさまざまな研究・技術分野の相互理解と緊密な連係は不可欠である．編者の1人（中川）は工学的立場から農業生産基盤や農村環境の整備を研究・推進してきた者であり，もう1人（杉山）は生物学的立場から生態学および自然保護・復元の研究や運動を積極的に進めてきた者である．本書は，このような立場の異なる2人の編者の「農村自然環境の保全・復元」に関するこれまでの交流のなかから生まれたものであり，専門や立場の異なる多くの執筆者のご協力によって，これまでの類書とはやや趣を異にする内容の図書になったのではないかと考えている．本書が，今後の「農村自然環境の保全・復元」の新展開を具体化するに当たって，何らかのお役に立てば幸いである．

　なお，本書の編集・上梓に当たっては，朝倉書店編集部にたいへんご苦労をおかけした．記して御礼申し上げるしだいである．

　2004年8月

中川昭一郎
杉山恵一

執筆者

*中川 昭一郎	東京農業大学総合研究所
*杉山 恵一	富士常葉大学環境防災学部
小泉 浩郎	山崎農業研究所
佐藤 晃一	今治明徳短期大学
原 剛	早稲田大学大学院アジア太平洋研究科
多田 浩光	農林水産省農村振興局整備部農地整備課
堀上 勝	環境省自然環境局野生生物課
日鷹 一雅	愛媛大学農学部附属農場
金子 忠一	東京農業大学地域環境科学部
奥島 修二	独立行政法人農業工学研究所農村環境部
熊澤 喜久雄	東京大学名誉教授
下田 路子	東和科学(株)生物研究室
清水 哲也	(有)イン・フィールド
板井 隆彦	静岡県立大学食品栄養科学部
小笠 俊樹	日野市環境共生部緑と清流課
久保田 繁男	西多摩自然フォーラム
千賀 裕太郎	東京農工大学大学院共生科学技術研究部
山田 辰美	富士常葉大学環境防災学部
森 淳	独立行政法人農業工学研究所地域資源部

(執筆順，*は編集者)

目　次

1. 農村環境の現状と特質 …………………………………………………………………………1

　1.1　農業・農村の変貌——曲がり角を曲がりきった農業——………………（小泉浩郎）… 1
　　　a.　もう一つの日本 ……………………………………………………………………… 1
　　　b.　自然豊かな農村環境 ………………………………………………………………… 2
　　　c.　減少する農地と低下する利用率 …………………………………………………… 3
　　　d.　減る農家数と増える農家らしからぬ農家 ………………………………………… 4
　　　e.　農産物の価格の低落と低い食糧自給率の低下 …………………………………… 6
　1.2　農業・農村のもつ多面的機能 …………………………………………（佐藤晃一）…10
　　　a.　多面的機能は歴史に現れる …………………………………………………………10
　　　b.　生活と生産が同じ空間で行われた …………………………………………………11
　　　c.　農業は自然を創造し生態系を保全した ……………………………………………11
　　　d.　農業が水循環を制御する ……………………………………………………………11
　　　e.　農業は環境に対する負荷を除去・緩和する ………………………………………12
　　　f.　農業・農村の存在が都市的緊張を緩和する ………………………………………13
　　　g.　農業・農村は教育する ………………………………………………………………13
　1.3　農村と都市の共生と交流——三富新田での事例——……………………（原　　剛）…15
　　　a.　落ち葉掃きとけんちん汁 ……………………………………………………………15
　　　b.　都市と農村は互いを必要とする ……………………………………………………16
　　　c.　仮説の設定と検証の結果 ……………………………………………………………24

2. 農村自然環境復元の新たな動向 ………………………………………………………………27

　2.1　農村における自然環境劣化の要因と復元の方向 ……………………（中川昭一郎）…27
　　　a.　自然環境の保全・復元の必要性とその背景 ………………………………………27
　　　b.　農村の自然環境構成要素 ……………………………………………………………28
　　　c.　農村の自然環境劣化の要因 …………………………………………………………29
　　　d.　農村における自然環境復元の方向 …………………………………………………31
　2.2　農業農村整備における環境重視の施策展開 …………………………（多田浩光）…33
　　　a.　検討の背景 ……………………………………………………………………………33
　　　b.　農業農村整備事業の実施に関しての環境との調和の基本方針 …………………34
　　　c.　実効性のある仕組み …………………………………………………………………38

d. 今後の展開方向 …………………………………………………………41
2.3 生物多様性国家戦略における里山重視 ………………………(堀上　勝)… 42
　　a. 生物多様性国家戦略見直しの背景 ……………………………………42
　　b. 国家戦略における里地里山の位置づけ ………………………………45
2.4 農村自然環境の保全・復元に関する研究の進展 …………………………52
　2.4-1 農村生態学分野 ……………………………………………(日鷹一雅)… 52
　　a. 農学と生態学 ……………………………………………………………52
　　b. 農業生態学の概観 ………………………………………………………53
　　c. 農村生態工学の現状と課題 ……………………………………………56
　　d. 誰が生態系モニタリングを担うのか？ ………………………………58
　2.4-2 造園・緑地分野 ……………………………………………(金子忠一)… 60
　2.4-3 農業土木分野 ………………………………………………(奥島修二)… 64
　　a. 農業土木技術の変遷と環境とのかかわり ……………………………64
　　b. 圃場整備による水田生態系への影響 …………………………………65
　　c. 水田生態系の保全・復元技術 …………………………………………65

3. 農村自然環境の現状と復元の理論 ……………………………………69

3.1 農村の自然復元 …………………………………………………(杉山恵一)… 69
3.2 環境保全型農業と農村 …………………………………………(熊澤喜久雄)… 74
　　a. 環境保全型農業に関連しての最近の政策 ……………………………74
　　b. 持続農業法による環境保全型農業の推進 ……………………………75
　　c. 環境保全型農業の現状 …………………………………………………75
　　d. 有機農産物 ………………………………………………………………76
　　e. 特別栽培農産物 …………………………………………………………78
　　f. 環境に優しい農産物の認証 ……………………………………………78
　　g. 環境保全型農業と環境負荷の軽減 ……………………………………79
　　h. 循環型社会形成の要としての環境保全型農業 ………………………81
3.3 農村の生物相とその保全 …………………………………………………84
　3.3-1 植　物 ………………………………………………………(下田路子)… 84
　　a. 水田の植物 ………………………………………………………………84
　　b. 耕作放棄水田の植物 ……………………………………………………86
　　c. ため池の植物 ……………………………………………………………87
　　d. 水路・河川の植物 ………………………………………………………88
　　e. 里山の植物 ………………………………………………………………89
　　f. 絶滅のおそれのある農村の植物 ………………………………………91
　　g. 植物の保全と復元 ………………………………………………………92
　3.3-2 昆　虫 ………………………………………………………(日鷹一雅)… 95
　　a. 虫たちの進化戦略「多様であること」 ………………………………95

b. 農業技術の利便性追求と虫たち ……………………………………… 96
　　c. 多様性豊かな虫たちをいかに回復し管理するか ……………………… 97
　3.3-3　鳥　　　類 ……………………………………………（清水哲也）… 100
　　a. 山地の農村（断面図）………………………………………………… 100
　　b. 平野の農村 …………………………………………………………… 104
　　c. 農村景観の再生 ……………………………………………………… 110
　　d. 近代化と環境容量，その指標としての生物 ………………………… 112
　3.3-4　魚　　　類 ……………………………………………（板井隆彦）… 114
　　a. 農　村　の　魚 ……………………………………………………… 114
　　b. 農村における水辺の保全と復元 ……………………………………… 119
　　c. 農村水辺の自然環境復元のために …………………………………… 123

4. 農村自然環境復元の実例 …………………………………………………… 125

4.1　水辺生態系の復元 ………………………………………（小笠俊樹）… 125
　　a. 日野市の概要 ………………………………………………………… 125
　　b. 用水堀の保全・復元 ………………………………………………… 127
　　c. 用水などの里親制度 ………………………………………………… 131
　　d. 水辺生態系を考慮した湧水保全の取組み …………………………… 132
　　e. 今後の取組みについて ……………………………………………… 134

4.2　里山生態系の復元 ………………………………………（久保田繁男）… 136
　　a. 里山生態系 …………………………………………………………… 136
　　b. 谷津田の復田〜青梅市小曽木の事例〜 ……………………………… 137
　　c. 耕作放棄から長期間経過した水田跡地の取扱い〜あきる野市横沢入の事例〜 … 140
　　d. 里山生態系復元の手順 ……………………………………………… 143

4.3　棚田の保全運動 …………………………………………（千賀裕太郎）… 145
　　a. 棚田保全の背景と経緯 ……………………………………………… 145
　　b. 棚田保全活動の実際：千葉県鴨川市大山千枚田オーナー制度を例にして ……… 149
　　c. むすび：棚田保全の今後 …………………………………………… 152

4.4　放任竹林の拡大から里山を守る …………………………（山田辰美）… 154
　　a. 里山の変貌 …………………………………………………………… 154
　　b. タケとはどんな植物か（タケの特異性）…………………………… 156
　　c. 竹林拡大の原因 ……………………………………………………… 158
　　d. 竹林拡大問題の全体像（環境生態学からの問題提起）…………… 159
　　e. 竹林拡大対策の検討 ………………………………………………… 161

4.5　農地整備と生態系復元 …………………………………（森　　淳）… 165
　　a. 地勢条件と生態系 …………………………………………………… 165
　　b. 生態系保全対策の実際 ……………………………………………… 166
　　c. カエル類の水路への転落とその対策 ………………………………… 170

  d.　生態系保全対策の検証 ………………………………………………………171

終章——農村自然環境復元の将来展望—— ………………（杉山恵一・中川昭一郎）… 175

索　　引…………………………………………………………………………………181

第 1 章　農村環境の現状と特質

1.1 農業・農村の変貌
――曲がり角を曲がりきった農業――

「部分的とはいえ,お米の輸入に道を開くことは,この上なく苦しく,つらく,まさに,断腸の思いである（1993.12.14 未明）」.米の部分自由化を決断した当時の細川総理の言葉である.これによりわが国は,市場原理による地球規模での産地間競争を選択し,農産物の貿易自由化の窓を世界に大きく開いた.世界が一つになり,例外なき市場原理による比較優位性の競争では,生産条件の不利な中山間,離島地域から農業・農村は後退し,早晩,わが国農業・農村の存立すら危うくなる.

これまでも海外からの農産物は,わが国農業を容赦なく叩いてきた.かつて輸出品として盛隆を誇った生糸（養蚕業）はみる影もなく衰退し,水田裏作の麦もノタネもすっかり姿を消してしまった.さらに牛肉の自由化（1991 年）は,畜産業に大きな打撃を与え,引き続きニンニク,シイタケ,ネギなど海外農産物の攻勢は,今日,日常的なものとなった.

戦後,食糧増産から脱却し近代化路線を選択した,旧農業基本法農政が制定されたのは,1961年である.このとき,いまこそ農業の「曲がり角」だといわれた.その「曲がり角」での選択は,国内農業のなかでの規模拡大,生産性の向上,農工間所得格差の解消など近代化路線の選択であった.

しかし,平成の「曲がり角」は,事情が大きく異なる.WTO 体制化,国際的合意のうえでの自由化路線の選択であり,「曲がり角」を曲がりきり自由化路線をまっすぐに走るほかはない.できることは,自由化のスピードにブレーキをかけ,その進行を弱めながら,国際協調も踏まえた「農業・農村の新しいあり方」を探ることである.

a. もう一つの日本

「閑さや岩にしみ入蟬の声」と詠んだ山寺（山形県）の山並みを背景に,「奥の細道」関連資料を展示する芭蕉記念館がある.その一角に「山形――山の向こうのもう一つの日本」と題する記念碑がある（図 1.1）.親日家で知られる元駐日アメリカ大使ライシャワーのものだ.その原文は 30年余前の紀行文で英文誌 "YAMAGATA" に掲載されたものだという.

その要旨は,日本でどこをみるべきかと尋ねられれば,近代化された「東京や大阪などの大都市」や歴史と文化を残す「京都や奈良のような都

図1.1 ライシャワー元駐日大使の記念碑
http://www.ecnetk.co.jp/ishikoma/photo2.jpg

市」も見逃せないが，しかし，山形県を例に出し「もう一つの日本」を見落としてはならないとしている．日本には「大きな工場と切れ目なく続く都市」（一つの日本）とそこからそう遠くないところに「果てしなく続く山脈や大森林が広がり，そしてあちこちに点在する村や町や小都市」（もう一つの日本）がある．その「もう一つの日本」は「住民にとってとても快適な生活空間であり，日本の本来の姿を思い出させる美しいところである．将来において自然と人間が健全なバランスをとっている」，そのような「もう一つの日本」に日本全体がなることを望むとしている．

近代化した大都市国家日本，また固有の歴史・文化を誇る伝統日本もよい．しかし，日々の暮らしのなかで守り育てられている自然と人間の快適な生活空間こそ，日本の本来の美しい姿ではないかと問われてみると，戦後50年，その視点を後方に追いやったまま，経済優先で突き進んできたように思われる．

農村自然環境は，まさに自然と人間との健全なバランスの上にある．そのバランスは農村に人々が住み，暮らしを立て，農の営みが正常に行われることによって保たれる．「もう一つの日本」は，WTO体制下自由化が進んでも輸入も輸出もできない国土本来の姿である．

しかし，ほんの短い期間の間に，国内の急速な都市化・工業化と農村内部の近代化は，農の営みを後退させ農村自然環境を大きく変貌させた．加えて国際社会での自由化路線という新たな選択は，ますます状況を困難にしている．

以下，わが国は，① 自然豊かな農村環境をふるさととし，癒しの場としてきたこと，② しかし，農の営みの後退により，その環境が大きく劣化しつつあること，③ その原因が，食糧自給率の低迷に代表される農産物価格の低下と収益性の減少にあること，④ そして，いま，豊かな農村の自然環境が，保全・復元され「もう一つの日本」が持続的に展開することが求められていること，⑤ それには，農村地域に人々が定住し農の営みが正常に続けられる仕組みが不可欠であることを述べる．

b. 自然豊かな農村環境

近代化路線のひたむきな歩みから，失われたものの大きさに気づき，最近，健全な国土の保全に，農業・農村の存在がきわめて重要だと評価した政策が2本ある．

一つは，1998年3月に閣議決定された「21世紀の国土のグランドデザイン―地域の自立の促進

図1.2 農業用水を親水公園に（明治用水）

と美しい国土の創造─」である.「全国総合開発計画」の第5次で,これまでにならえば,通称「5全総」と呼ぶはずであったが,このときからもう「開発」の時代ではないという認識に立ち「国土のグランドデザイン」とした.

そのなかで,豊かな自然や固有の文化が残されている中小都市と中山間地などを含む農山漁村等地域を「多自然型居住地域」とし,21世紀の新たな生活様式を可能にする国土のフロンティアだと位置づけた.

そこでは自然環境,地域文化を活用した「安らぎの場」,自然豊かな「居住の場」,そして新鮮で安全な農林水産物の「生産の場」として機能することが期待されている.自然豊かな農村環境を再評価し,新しい国土形成の基盤としたのである.

もう一つが1999年に施行された「食料・農業・農村基本法」である.農業のもつ多面的機能（第3条：国土の保全,水源の涵養,自然環境の保全,良好な景観の形成,文化の伝承など…多面にわたる機能）を法の理念の一つに位置づけ,農業の多面的機能は「国民生活,国民経済の安定に果たす役割にかんがみ将来にわたって,適切かつ十分に発揮されなければならない」とし,第4条は,そのためには「農業の自然循環機能（農業生産活動が自然界における生物を介する物質の循環に依存し,かつ,これを促進する機能をいう）が維持増進されることにより,その持続的発展が図られなければならない」としている.

多面的機能は,本来,農業生産が正常に行われていれば,付随して当然生まれる機能である.それが改めて問われるのは,後述するように農業生産そのものの後退であり,またWTO体制下,市場原理を選択した代償として,多面的機能が農業農村を守る最後の手段となったからである.

「国土の新しいグランドデザイン」が示すように,多自然型居住地域のなかで自然と調和した健全な農業生産が営まれれば,当然として国土の保全,水源の涵養,自然環境の保全,良好な景観の形成,文化の伝承など多面的機能が発揮される.

この農村自然環境が,どこにも移動できない「もう一つの日本」だからこそ,グローバルな時代,緑豊かなガーデンアイランドとして,その存在を世界に誇り発信すべきであろう.そのためには後退する農業生産をどう回復し,農村の元気をどう引き出すかである.

c. 減少する農地と低下する利用率

農村自然環境は,農地があり,人が住み,農業生産が続けられていることによって保全される.その基本となる農地（農林水産統計では,農産物の栽培を目的とする土地を「耕地」と定義する）の推移をみると,1961年の608.6万haをピークに年々減少し,2002年には476.2万haとなっている.約40年間で22%の減少である.高度経済成長期には,農地の都市的土地利用への転換が主流を占めていたが,バブル経済崩壊による景気の低迷から,近年は離農,高齢化の進展などによる農業内部での後退が目立っている.

耕地面積が大幅に減少した以上に,その利用率の低下も大きい.1961年132.6%の耕地利用率は,2001年98.2%に減少し,ナノハナ,レンゲ,麦秋の景観は過去のものとなり,水田裏作という言葉すら死語化している.その結果,延べ作付面積は,813万ha（1961年）から452万ha（2001年）と約半減し,農村環境を代表する水田や畑の緑は大幅に視界から失われている.

耕地利用率減少の大きな原因は,水田裏作の後退にあるが,それでも1年のうちで耕地に何らかの農作物が作付されていれば,農村自然環境は保たれる.問題はまったく耕作されない耕作放棄地・不作付地の増加である.2000年時点で耕作放棄地は34.3万haに及び,耕作放棄地の予備軍というべき不作付地27.8万haを加えると合計62.1万haになる（図1.3）.それは全国の耕地面積483万haの12.9%に当たり,九州の耕地面積すべてが耕作放棄・不作付地となっても,まだ余

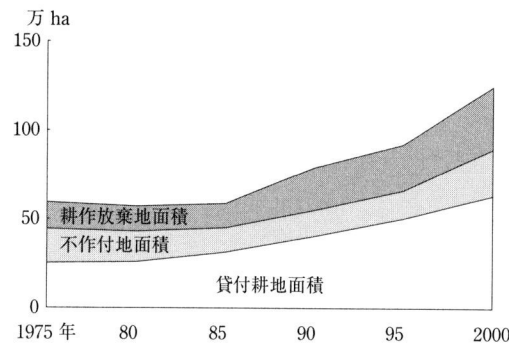

図 1.3 貸付耕地面積，不作付地面積，耕作放棄地面積の推移（全国・総農家）

資料：農林水産省「農林業センサス」，2002 年度「農業白書」p.79

注：1) 貸付耕地面積は，農家における借入耕地面積の総計として捉えたものである．
2) 不作付地面積は，農家における不作付地面積の総計である．ただし，2000 年は自給的農家を除く．
3) 耕作放棄地面積は，総農家および土地持ち非農家世帯の総計である．

りが残る広さである．

耕作放棄・不作付地の増加は，生産条件不利地域といわれる中山間地域と他産業への就業条件がよく地価が高い，別な意味で生産条件が不利な都市的地域に多い．

中山間地域の全国に占める比重は，国土面積の 68％を占め，農家数で 44％，農地面積で 39％が存在する．そこには森林があり河川の源流があり農村自然環境の原点である．

また，都市的地域の全国に占める比重は，農家数で 24％，農地面積で 15％である．そこは都市近郊野菜産地に代表されるように，新鮮な食料の供給基地として重要であり，自然緑地，防災機能，子どもたちの農業体験など多面的機能の発揮の場でもある．

両者併せて農地面積の 50％以上を占めるこの条件不利地域こそ，自然と人間のバランスを回復し，農業生産が正常に営める環境と制度と仕組みを整えることが急がれている．

d. 減る農家数と増える農家らしからぬ農家

減少する農地と低下する利用率は，農家数が減少し農家らしからぬ農家の増加に原因がある．農家数 600 万戸は，1960 年以前の常識とされていた数であったが，年率 1～2％台で減少し，2002 年ついに半減し 303 万戸となった．

表 1.1 は 1990 年以降の農家数などの推移である．

この 12 年間で男子生産年齢人口のいる専業農家は，12.4 万戸，39.0％減少して 20 万戸を切り，「農業所得が主（農家所得の 50％以上が農業所得）で 65 歳未満の農業従事 60 日以上の者がいる農家」である主業農家は 35.7 万戸，43.5％減少して 46.3 万戸に，さらに第一種兼業農家は 22.1 万戸，42.3％減少して 30 万戸となった．これらの農家は，いずれも農家らしい農家群であり効率的・安定的経営もしくはその候補群である．そうした農家が 12 年間で，40％前後も減少する事態は異常であり，文字どおり日本農業の中核的担い手の危機である．

農家らしい農家の減少は，反面，農家らしからぬ農家の増加である．同様にこの 12 年間で高齢者専業は，90 万戸，58.1％の増加である．副業的農家（1.0％増）は，微増ながら横ばいである．農林業センサスが示す土地持ち非農家は，1990 年（77.5 万戸）から 2000 年（109.9 万戸）の 10 年間で 32.4 万戸，41.8％増加している．

図 1.4 は，農家の農地の所有割合である．副業的農家，自給的農家，土地持ち非農家など農業生産に主力を置かない農家層の農地の所有割合は，1990 年の 53.1％から 61.0％に増加している．つまり，農家らしからぬ農家が，農地の半分以上を所有していることになり，しかもその割合は増えている．

「農家らしい農家」の対として「農家らしからぬ農家」と表現したが，農業生産のうえでは「農家らしからぬ」も，農村に住み農地をもっていれば，農村の現場では農家であり「むら」の付き合いは当然として行われる．農道や水路の維持管理への参加（むら仕事）も義務であり，またそのことを欠いては農村自然環境の保全はできない．

表 1.1 農家戸数の推移　　　（単位：万戸，％）

		1990		1995	2000	2002	
総農家		383.5	構成比	344.4	312.0	302.8	構成比
	販売農家	297.1	100.0	265.1	233.7	224.9	100.0
	主業農家	82.0	27.6	67.8	50.0	46.3	20.6
	準主業農家	95.4	32.1	69.5	59.9	55.5	24.7
	副業的農家	119.6	40.3	127.9	123.7	123.1	54.8
	専業農家	47.3	15.9	42.8	42.6	43.9	19.5
	うち男子生産年齢人口のいる専業農家	31.8	(10.7)	24.0	20.0	19.4	(8.6)
	うち高齢専業農家	15.5	(5.2)	18.8	22.7	24.5	(10.9)
	第1種兼業農家	52.1	17.5	49.8	35.0	30.0	13.3
	第2種兼業農家	197.7	66.5	172.5	156.1	150.9	67.1
	自給的農家	86.4		79.2	78.3	77.9	—

資料：農林水産省「農林業センサス」「農業構造動態調査」，2002年度「農業白書」p.87
注：1)「主業農家」とは，農業所得が主（農家所得の50％以上が農業所得）で，1年間に60日以上農業に従事している65歳未満の者がいる農家をいう．
　　2)「準主業農家」とは，農外所得が主で，1年間に60日以上農業に従事している65歳未満の者がいる農家をいう．
　　3)「副業的農家」とは，1年間に60日以上農業に従事している65歳未満の者がいない農家（主業農家および準主業農家以外の農家）をいう．
　　4)「男子生産年齢人口のいる専業農家」とは，男子15〜64歳の世帯員のいる専業農家であり，「高齢専業農家」とは，同世帯員のいない専業農家である．
　　5) 2002年は「農業構造動態調査」の結果であり，1990，1995，2000年の「農林業センサス」の結果とは厳密には接続しない．

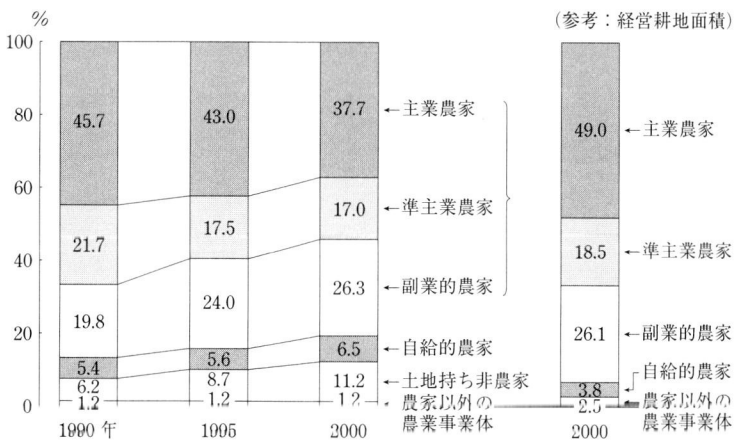

図 1.4　農地の所有割合の推移（全国）

資料：農林水産省「農林業センセス」，2002年度「農業白書」p.87
注：1) 農地の所有面積は次式により算出した．
　　　所有面積＝経営耕地面積−借入耕地面積＋貸付耕地面積＋耕作放棄地面積
　　2) 土地持ち非農家とは「耕地および耕作放棄地を5a以上所有している世帯」である．

「むら仕事」は，農家らしからぬ農家の増加によって，だんだん難しくなってきているといわれる。しかし図1.5に見るように，過疎化・高齢化により集落機能が衰退しているといわれる中山間地域でも，農業用排水路の管理が，全戸出役，あるいは農家のみ出役で実施している集落は，65〜80％を占めている．農家らしからぬ農家も農村自然環境保全の重要な役割を果たしている．

専業農家といっても65歳以上の高齢者専業農家が多い．2002年，専業農家のうち高齢者専業農家の割合は，55.8％，半分以上を占める．65歳以上というと昭和2桁前半生まれ以前の人々であ

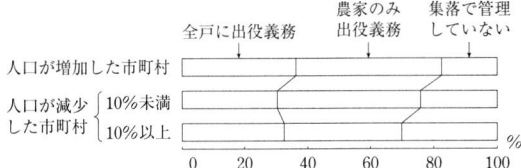

図 1.5 市町村人口変動に伴う中山間地域の農業用排水路の管理状況（2000 年）

資料：農林水産省「農林業センサス」，2000 年度「農業白書」p.176

注：1） 市町村の人口の変化ごとの水路を有する集落に占める水路の管理状況別の集落数割合である．
　　2） 市町村の人口の変化は 1995〜2000 年までの 5 年間の変化である．
　　3） 人口増減のない市町村の集落は「人口の増加」に含む．

る．戦前戦後を多感な年頃で過ごし，食べもの，農業の重要さを身体で知った世代である．また，学ぶことも遊ぶことも自然とともにあった最後の世代ともいえる．その世代の農業生産からの後退はそう遠くない．自然を知り農業を愛したこの世代の後退は，耕作放棄や荒らし作りを進め，地域の農業生産や土地利用を衰退させ，農村自然環境が荒廃につながる恐れがある．

　高齢化によって農業生活から引退したからといって地域活動から離れるわけではない．元気なお年寄り，人生 80 年の長寿社会にとって，農村は多様な生き方を受け入れられる格好の場である．都市住民も含め，長寿社会のライフスタイルとして「もう一つの日本」の「もう一つの生き方」を求める時代にあって，高齢者の役割をしっかり位置づける必要があろう．

e. 農産物の価格の低落と低い食糧自給率の低下

　農村に住み食べものを生産するからといって，農家世帯の家計費が少ないわけではない．勤労者世帯と農家世帯の 1 人当たり家計費を比較すると，ここ 20 年間，10〜15％程度農家世帯が高い．その高い家計費は，農外所得に依存している．農家所得の農外依存率は，1960 年の 34％から 1999 年 82％に上がっている．したがって農業所得による家計費依存率は，42％から 21％に落ち，農家経済の大部分を農外に依存している（表 1.2，表 1.3）．

　その大きな理由は，農産物価格の低落による農業所得の減少である．図 1.6 にみるように農業生産指数は，1998 年，やや低下をみたが，以降ほぼ横ばいで推移している．一方，農産物価格指数は一貫して下落しており，1991 年を 100 とすると 2001 年には 80 近くまで落ち込んでいる．

　この農産物価格の低落は，農家らしい農家の経

表 1.2 農家および勤労者世帯の 1 人当たり家計費（万円）

会計年度	農家世帯	勤労者世帯	対勤労者(％)
1983	916.9	828.8	110.6
84	957.7	859.6	111.4
85	980.6	874.1	112.2
86	986.1	890.8	110.7
87	1027.2	903.7	113.7
88	1070.1	942.3	113.6
89	1117.8	982.6	113.8
90	1158	1031.6	112.3
91	1222.2	1070	114.2
92	1207.8	1090	110.8
93	1217.4	1097.5	110.9
94	1255.4	1090	115.2
95	1276.2	1094	116.6
96	1273.2	1111.9	114.5
97	1294.7	1133.8	114.2
98	1261.1	1135.9	111
99	1259.5	1103.1	114.2

ポケット農林統計（2001）

表 1.3 農家の農業依存度（％）

年度	農業依存度	家計費充足率
1970	36.5	41.5
75	33.6	43.2
80	21.1	24.2
85	19.4	22.7
88	16.5	19.3
89	17.9	21.8
90	17.6	22.1
91	20.8	26.5
92	20.6	26
93	19	23
94	22.5	28.1
95	20.9	25.3
96	20.3	24.2
97	18	21
98	19	22.2
99	18.2	20.6

ポケット農林統計
農業依存度＝農業所得÷農家所得×100
家計費充足率＝農業所得÷家計費×100

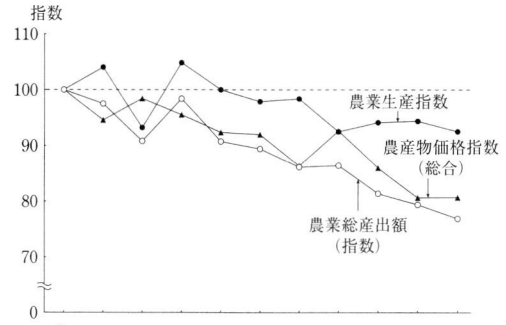

図 1.6 農業総産出額（指数），農産物価格指数（総合），農業生産指数の推移（1991＝100）

資料：農林水産省「生産農業所得統計」「農業物価指数」「農林水産業生産指数」，2002 年度「農業白書」p.77

注：1) 公表値は 1995 年，2000 年を 100 とした指数であるが，ここでは 1991 年を 100 とした指数として推計したものである．
2) 農業総産出額（指数）の 2001 年は概数値を基に推計したものである．

済に大きな打撃を与えることになる．1999 年の「農業統計部門別統計」を分析した宇佐美（2000）は「稲作単一経営 3～5 ha 層の農業所得は，わずか 191 万円である．5～10 ha 層でも 341 万円

である．わが国を代表する農家らしい農家の所得が，サラリーマンの半分にも満たない水準まで落ち込んでいる」としている．これでは農業で頑張る意欲は喪失するし，若者を農業に引きつける力も弱い．

ただ，農業が儲からないだけでなく農業に対する先行き不安も大きい．先行き不安を醸し出す大きな要因の一つが，食糧の自給率の低さである．

わが国のカロリーベースの食糧自給率は，1665 年の 73％に比べ，ここ 2～3 年は 40％を推移している（表 1.4）．わが国の自給率の低さは，多くの場面で指摘されているように先進国最低である．とくに穀物自給率（1999）は世界 187 カ国中 129 位，OECD 加盟 30 カ国中 28 位という低さである．

主食である米の自給率は，95％と高水準を維持しているが，それは高い関税で輸入米を押さえ込んでいるからである．その関税障壁が何時外れるか，先の WTO 農業交渉の枠組み合意で，輸出国

表 1.4 食料農水産物の自給率の推移（％）

		1965年度	1975	1985	1995	1999	2000	2001（概算）
主要農水産物の品目別自給率	米	95	110	107	104	95(100)	95(100)	95(100)
	小　麦	28	4	14	7	9	11	11
	豆　類	25	9	8	5	6	7	7
	野　菜	100	99	95	85	83	82	82
	果　実	90	84	77	49	49	44	44
	鶏　卵	100	97	98	96	96	95	96
	牛乳・乳製品	86	81	85	72	70	68	68
	肉類（鯨肉を除く）	90	77	81	57	54	52	53
	砂糖類	31	15	33	31	31	29	32
	魚介類	100	99	93	57	56	53	49
穀物（食料＋飼料用）自給率		62	40	31	30	27	28	28
主食用穀物自給率		80	69	69	65	59	60	60
供給熱量総合食料自給率		73	54	53	43	40	40	40
金額ベースの総合食料自給率		86	83	82	74	72	71	70

資料：農林水産省「食料需給表」，2002 年度「農業白書」p.63

注：1) 米については，国内生産と国産米在庫の取崩しで国内需要に対応している実態を踏まえ，1998 年度から国内生産量に国産米在庫取崩し量を加えた数量を用いて，次式により品目別自給率，穀物自給率および主食用穀物自給率を算出している．

自給率＝国産供給量（国内生産量＋国産米在庫取崩し量）／国内消費仕向量×100（重量ベース）

なお，国産米在庫取崩し量は，1999 年度が 22.3 万トン，2000 年度が 2.4 万トン，2001 年度が 26.2 万トンである．

2) （　）内の数値は，主食用自給率である．

が提案した「5年間で関税を一律25%未満に削減」をみれば，そう遠くない時期に問題となろう．

わが国は，食糧安全保障，農業の多面的機能などを確保し，多様な農業が共存し得るような貿易秩序の確立が重要だと主張し，EUなど多面的機能フレンズと共同歩調をとっている．ローマの「国際食料サミット」（1996年）をはじめ，多くの場面で「多面的機能」のオピニオンリーダーの役割を果たしてきた．

水田農業が中心であるわが国は，「環境と農業」が密接にかかわり「多面的機能」が明確に確認できる．欧米の畑作農業と比較し，それを特殊とする主張もあるが，アジア地域はもとより，畑作農業地帯であるEUも「多面的機能」の保全には同調している．

いま，重要なことは，農村自然環境を回復・保全する中心的機能として「多面的機能」を国内に定着させ，まず国民に実態の理解を深めることであり，そしてその範を世界に発信する必要がある．「もう一つの日本」を日本だけのあり方とするのではなく，農村に住み農業で暮しを立てるグローバルスタンダードとすべきであろう．そのことを欠いてWTO体制下，自由化の荒波を乗り越えることは難しいだろう．

おわりに

以上のように，わが国農業の置かれている状況とその結果としての数字をたどれば，わが国農業・農村の将来は悲観的姿しかみえない．だが，明治以降をとってもわが国農業・農村は，多くの苦難を経験しそして乗り越えてきた．

明治のはじめ，文明開化—西欧化—資本主義化という流れのなかで，地方の土着的な思想や文化は抑圧すべきものとして，農村の伝統行事や「むら」の寄り合いが一切否定された．寄り合いによって農業の基本である水の配分を決め，農業の豊作を祈願して伝統行事が守られてきたのだが，そのことが否定されたことは，農村自然環境保全の担い手そのものの否定であった．それでも上からのこれらの施策は，暮らしに密着した知恵と伝統には勝てなかった．

昭和のはじめ，農村は相次ぐ自然災害と経済の失政により疲弊のどん底にあった．その深刻さは，1929年を100として翌年，翌々年の米価は，60%以下に，輸出品の柱・生糸は66%，45%に暴落した．この農産物価格の下落は，とくに零細な自作・小作農家に壊滅的な打撃を与えた．その窮状を救うべく立ち上がったのが兵庫県農会に代表される地方の自主的な運動であった．この運動が契機となり，後に国の農山漁村経済更生運動が展開した．

瑞穂の国日本が，水田に米をつくるなとした減反政策が出たのが，1970年である．それから33年が過ぎ，2001年の減反（生産調整）面積は，100万ha近くになり，水田面積の40%を超える面積に至っている．生産現場に多少の不満を残しながらもその目標が達成できているのは，これもブロックローテーションや，とも補償に代表される農村現場の自主的な創意工夫にあった．

いっそうの貿易の自由化をという「外圧」，小さな政府（農業予算の見直し）を要望する「内圧」，そして先行き不安な農業・農村の「内憂」が重なり，農業にとっては厳しい時代であるが，価値観を変え新しい仕組みを創造すれば，新たな展望も生まれる．

社会は，図1.7のような四つのセクターから構成されているという考え方がある（佐藤1998）．それを「公」にも「私」にも属さないもう一つの

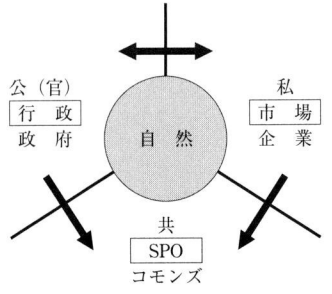

図 1.7 社会を構成する四つのセクター

セクターを「共」と呼び，地域住民みんなのもので特定の誰にも属さない「コモンズ」と呼ぶべきセクターだという．

コモンズは，社会にとって利益を創出する組織であるが，そこで重要視されるのは，利益そのものではなく「利益の出し方」「利益の配分の方法」「プロセスの透明性」であることから，SPO（social profit organization）と呼んでいる．そして20世紀が「公」と「私」の時代だったのに対し，21世紀は「共」と「自然」の時代であり，21世紀に向けてのデザインは，SPOが軸になるとしている．

「多自然」という空間，「多面的」という機能は，「共」を理念とするSPOを中心に据えた社会システムのなかでこそ発揮できるように思われる．人々が住み，農業生産が継続的に営まれ，自然環境が豊かに保全されるには，もっとも適切な社会システムと考えられる．

これを共的社会システムと呼ぶが，その原型は，人々が地域で生活をともにすることを基本として存在する集落機能と呼ばれる「むら」の「はたらき」である．道路，水路，ため池の維持管理，祭りや伝統芸能，子どもの養育や老後の暮らし方まで「むら」の共的活動が大きな「はたらき」をしている．

たとえば，京都府の「むら」住民が，水路や農道などを無償で共同管理する活動は，年間延べ約35万人，約120万時間だという報告がある．それは，農村だけではない．阪神大震災，その被害を奇跡的に小さくした神戸灘地区真野は，町内会という日常の共的活動が大きな機能を果たしたという．

農村の混住化や高齢化，そして過疎化によって，その「はたらき」が弱くなり，小さくなっても，定住し農耕を営むためには，人と人のかかわり，自然とのかかわりを欠くわけにはいかない．この事実を確認し評価することが，農村自然環境の復元・保全の担い手を論議する出発点である．

[小泉浩郎]

文　献

宇佐美　繁：21世紀の水危機―農からの発想, p.186, 山崎農業研究所（2000）

佐藤　修：地域開発, 2月号, p.25（1998）

1.2
農業・農村のもつ多面的機能

　人間は野生植物のなかから米，麦，芋といった安定的な栽培作物を見いだし，いろいろな農具を発明するとともに品種の改良，栽培方法の進歩，さらに生活のしきたりなどに至る農耕文明を発達させた．それは，人間が社会的動物であるがゆえに，人間社会における食文化へと展開した．この食文化は農業・農村の生活文化そのものとして発展し，自然との密接なかかわりのなかで形成された．古代文明において，自然崇拝，あるいは季節に応じた祭祀などが盛んなことは当然であり，それは今日の社会においても色濃く受け継がれている．

　とくに日本は，特有の地形条件にアジアモンスーンの気候特性を受けて水田稲作を中心に社会が形成されたことから，四季折々の実に豊かな文明・文化が発達した．それは当然のことながら，社会のみならず人々の心にも影響を与え，したがって自然をみる眼，自然から受ける感情などにも日本特有のものが存在する．ここに，農業・農村の多面的機能*形成の鍵が秘められており，それは民族の歴史において形成されたものといえる（*適切に農業が継続されることによって発揮される生産以外の機能であり，それによって農業・農村は対価を受けていない）．なぜならば，農業社会としての歴史をもつヨーロッパ諸国でも農業が生活文化を形成し，農業の多面的機能が重視されているが，生物生産として農業を工業化したアメリカなどでは多面的機能が重要視されない傾向にある．

a. 多面的機能は歴史に現れる

　「春の小川はさらさらいくよ」と歌った子どもの頃の情景は日本人にとって忘れられないふるさとであり，何時までも心に残る．「君がため春の野にいでて若菜摘む」これも子ども時代の百人一首の思い出，「わが衣手に」か「わが衣手は」かによって勝敗が分かれるとあってわくわくしたのも，天皇の御歌にまで詠まれた自然の豊かさのおかげである．

　大国主の尊が因幡の白ウサギを助けたのは稲田姫のところにお米の種子をもらいにいく途中（稲作の伝播）であって，大黒様の大きな袋には種籾が入っているのだという子どもの絵話（神話）がある．また，「八岐のおろち伝説」では出雲の地方の山（鉄分の多い花崗岩質で，地形が入り組んで急峻）と平野（洪水の被害が激しい）の特性，そこに鉄器をもった部族（素戔嗚尊）がやってきて水防技術とたたら製鉄技術を伝えるといった物語性に触れたりするものである．このような思いで出雲平野斐川地方の築地森（屋敷林）の風景を眺めると，古代のロマンが農業の歴史に凝縮されていることがわかる．

　日本の農業はなんといっても棚田・段畑に特徴をもっている．昔の人々がいかに地域特有の地形と向かい合って生活してきたかを，高い畦畔に畦塗りして水を溜めた能登の千枚田，あるいは愛媛県三浦半島水荷浦の段畑農業にみることができる．

　このように，景観や文学が数多く農業・農村の文化として形成されてきたことは，多面的機能を

語るうえで見逃すことはできない．

b. 生活と生産が同じ空間で行われた

　圃場や道路の整備が進み，モータリゼイション と農業の機械化が進展するなかで，住と農の分離 がいわれた時代があった．しかしながら，特定の 作物を除いては単一作大規模経営に馴染みにくい 日本農業の特質から，通勤農業は成立しなかった 経緯がある．とくに，小刻みに降る雨，気象変化 と病虫害，そして一般的な小規模多品目栽培の形 態がこまめな管理労働を必要とすることからも， 昔ながらの生産と生活の場の一体化を必然として いる．そもそも，そこから今日の生活文化が生ま れたものであり，地域社会そのものが形成維持さ れてきたものであるから，地域のアイデンティテ ィーはまさにこの空間一体性によっているのであ る．

　伝統文化・芸能の保存継承は，やはりその土地 でなければ物的にも精神的にも成り立たないもの である．近年，都会から農村に移り住んで新しい 芸術文化を起こす人・機運が農山村の各所でみら れるのも，その地域が有する自然と文化の歴史性 が重要な要因となるからである．各地に残る農村 歌舞伎，農村舞台，また21世紀スローフーズ時 代の原点となる地産食文化などは，まさに農業・ 農村の多面的機能として重要な位置を占めてい る．

c. 農業は自然を創造し生態系を保全した

　先に述べた農業・農村の歴史性とは，実はその 間に新しい自然を形成したことでもあった．「春 の小川」にしても，「野道を行けば」にしても， すべてが人工物によるのであるが，人々はそれを 「私たちの自然」として気持ちよく受け入れてお り，むしろそれが消滅することは自然破壊ですら ある．能登の千枚田，北海道富良野のラベンダー 畑なども，日本の原風景あるいはすばらしい自然 景観として多くの人々が訪れる場所となってい る．

　このように形成された（二次的な）自然は，そ こに新しい生態系を形成して動植物（遺伝）資源 を保護してきた．

　しかしながら，たとえばいま全国で外来種によ る固有種の駆逐が問題となっている．琵琶湖には 130種くらいの外来魚がおり，なかでもブラック バスなどによりニゴロブナが激減して名物の鮒鮨 は輸入材料によらざるを得ない状況にある．滋賀 県水産試験場によると，昔のような水田と水路 （用水・排水が兼用されていたクリーク）の関係 が圃場整備されて排水路との落差が大きくなり， フナ，コイ，ナマズなどが産卵のために水田に遡 上できなくなってしまった．調査では1匹のコイ が2万～3万個の卵を産み，それが仔魚から稚魚 になって自力で泳げるようになると（水田の中干 し前に）水路に下って琵琶湖で棲息するようにな る．琵琶湖岸に水草があれば，ブラックバスなど がきても隠れることができるので生存が可能であ るが，現実には水田での（稚魚までの）成長がで きなくなるし，水草も（湖岸堤などで）減少して 仔魚の段階でどんどん食べられてしまうことにな り，絶滅へと向かっている．水田はまさに魚のゆ りかごなのである．これは魚だけではなくて，後 の章の農村生態分野で詳述される生物種において も著しい．

d. 農業が水循環を制御する

　これは農業が行われることにより発生する（生 物生産以外の）もっとも顕著な機能である．すな わち，山に降った雨は森林地を経由して里地に流 下するが，まず森林が，そして農地が地表面に湛 水して急速な流下を阻止する．森林はしばしば緑 のダムと呼ばれるが，水田による湛水貯留の総量

効果は日本にある洪水調節ダム全体の数倍と見積もられている．とくに日本のような急流河川の国ではダムと堤防による洪水制御は限界があり，有名な信玄堤（霞堤とも呼び，緩やかな溢水を遊水池に導く急流河川の洪水制御法．武田信玄が築造したといわれる）のように，水田遊水池と組み合わせた手法は誠に理に適ったものと考えられる．

水田は湛水によって河川への水の直接流出を遅延させるだけでなく，地下への浸透によって直接流出を減じるとともに地下水を涵養しあるいは下流への流出を減少させる．水田のこのような機能には，直接的な洪水制御だけでなく，河川流況を安定させる効果と，豊富な地下水利用を可能にする効果とがある．河川流況の安定は，平水あるいは渇水を利用する下流域の農業・工業・生活用水にとってきわめて重要である．

日本では扇状地や平野部での地下水利用が活発であるが，とくに夏季の大きな水需要に対して，湛水田が果たす役割は絶大である．水田地帯における水収支観測結果では，夏期には水移動は下方へと向かっており，一方水田湛水がない秋期以後は下方から地上への水移動が勝ることが明らかにされている．このことは，後述する畑などで降水をいったん浸透・貯留して後で蒸発散により大気中に放出する調節機能をも示唆している．

さらに水田からの地下水涵養機能は，土地利用状況によって変化し，愛媛県松山平野での観測では，1963年に約8090 haあった水田の減水深（1日当たり減少する水田湛水の深さ）が平均21.1 mmであったのに対して，20年後の1983年には宅地化などが進んで水田面積が約5750 haに減少したが，平均減水深は30.2 mmに増大した．このことは，平野全体の地下水に水田から供給されている浸透水が著しく増大したことを表している．

水田が平坦である（しかも湛水する）ことは土壌侵食防止機能が高いことを示すが，（傾斜）畑にあってもよく耕耘し手入れされた土地では雨水の土中浸透・貯留によって表面流去水を減じることになり土壌侵食防止機能が高まる．それは土砂崩壊の防止においても同様であるが，いずれにせよ農業が適性に行われていることが前提であって，耕作放棄や荒れ地化した場合にはむしろこれらの機能が減退することが知られている．農山村における過疎高齢化によって，農地や道路・水路など土地改良施設の管理が不良となり，従来ならば日常の農作業と関連してなされていた維持管理作業が行われなくなるために，小さな災害の段階で止めることができずに大きな災害が発生する傾向にある（佐藤 1996）．

e． 農業は環境に対する負荷を除去・緩和する

水の循環は同時にさまざまな物質の循環を引き起こす．農薬・肥料や工場・家庭由来の化学物質・有機物などが，土壌，地下水，河川などにもたらされて環境負荷となる．昔は「三尺流れて水清し」といったが，それは今日のような化学物質やビニール廃材などのない時代のことであって，水草や微生物が吸収・分解し，あるいは負荷そのものが（水量に比較して）わずかであったからにほかならない．今日では汚染の質・量ともに高度化（？）して，自然の処理能力をはるかに超える状況となっている．

しかしながらそうはいっても，農業が適性に行われて自然生態系が正常に保たれているところでは，とくに有用微生物や菌類の活動によって汚染負荷が除去・緩和される（土壌中での脱窒菌による窒素分解や，白色腐朽菌によるダイオキシン類の分解など）．近年では有機性廃棄物（生ゴミ）を微生物分解するシステムを社会的に構築して，農地還元サイクルを確立する地域・団体が増加している．農地における二酸化炭素，メタン，亜硫酸化窒素など温室効果ガスの収支についても，草地の利用など収支改善の方策が進められている．

農地における水の蒸発散過程は熱サイクルとして重要である．水1 gの相変化によって約2.47 kJ

の蒸発潜熱が大気環境を清涼化することは，都市のヒートアイランド現象緩和に有効なものであり，地球環境に不可欠の熱サイクルを形成している．

しかし，食料自給率が示すように多量の農産物・食品を外国から輸入する現在のシステムでは，日本における窒素などのサイクルを閉鎖系となし得るか疑わしく，環境への負荷の増大は避けられないものと考えられる．すなわち，特定国・地域における資源の過剰な集積・収奪（輸入）による均衡の破壊は，農業・農村の多面的機能が農業・食料政策にとどまらない重要課題であることを表している．

f. 農業・農村の存在が都市的緊張を緩和する

複雑化する現代の政治・経済社会，高度な技術・情報社会の進展などがもたらすストレスに，農林業を主体とした地域がもつ人間性回復機能の重要性が認識されている．それは，都市でクアバーや酸素バーなど清浄な水，空気，静かな音楽がやすらぎ・いやしを与えてセラピーの原動力となるように，農村では四季の緑陰がもつ保健休養の福祉機能が豊かに発揮されることによっている．各種調査でも，高齢化の進行によって入院・通院者の比率は農村部で多いが，悩みやストレスを感じている人口比率は明らかに都市的地域で増大している．

海水浴が医療目的をもって近代社会に導入され臨海保養所が各地に開設されたことや，療養所の多くが山林の豊かな自然に囲まれた場所に建設されたことなどに自然の有する治癒力が窺い知られる．とくに園芸など実際に土に触れ，植物・動物を育てることの機能回復リハビリテーションに果たす役割は医学的にも報告されており，近年「園芸療法」として各種施設に取り入れられている．グリーンリゾートとして森林浴も盛んで，緑豊かな自然生態系が維持された空間に展開される農業・森林が，高齢者アメニティ，障害者にやさしい福祉機能，また都市的緊張のなかで生活する現代人にとって無限のやすらぎと機能回復の場を提供している．

市民農園，農業公園など，楽しみとして農業を体験する機会，施設なども整備され，多数の人々・家族が都市ではみられない景観や自然，アメニティ，さらには潤いややすらぎ，いやしを求めて，農村に足を運んでいる（市民農園は1993年には682カ所195 haであったが，1998年には1810カ所，520 haに増加した）．

g. 農業・農村は教育する

先進諸国では飽食が進み棄食・欠食の増加などライフスタイルに問題が生じているが，その根底には食料が商品化され，加工された食品が農産物（あるいは漁労や自然採取物）という生き物（いのち）によっていることを忘れさせていることがあると考えられる．その結果，生命への感謝・畏敬の念が失われて，社会全体が殺伐とした方向に向かっているようにみえる．

このような問題に関し，農業・森林を通して生命をはぐくむことを体験することにより，生命の尊厳を再認識し人間の感性・情操をやさしく豊かに育てる自然体験学習や農山漁村留学が各地で採用されている．農業により継続して動植物が養育されていること，農山村特有の自然環境，社会文化，人間関係を体験することにより，生命の尊さ，自然に対する畏怖や感謝の念，自然環境への理解を深めるなど，青少年に対する情操涵養，環境教育上の機能が認められている．このように農業の多面的機能には人間を教育する機能が認められ，修学旅行などにも組み込まれる傾向にある．

おわりに

このように，農業・農村の有する多面的機能は日本社会にとって必要不可欠のものであるが，農

業の衰退によって失われつつある．それはとりもなおさず日本の社会・文化そのものを喪失することを意味しており，農業，農村の多面的機能の保全・回復がきわめて重要であることを意味している．

われわれは，時計の針を逆回転することなく，失われつつある農業・農村の多面的機能，すなわち自然環境を復元することができるのであろうか．21世紀の課題として問われている．

付　記

2001年11月，日本学術会議では「地球環境・人間生活にかかわる農業及び森林の多面的な機能の評価について」（答申）を発表した．ここに，農業・農村の多面的機能とは，農業者が農地で生物生産を継続することによって発揮される機能であり，対価を受けない外部経済として供給される．

表：農業の役割と多面的機能
（日本学術会議 2001.11）

「農業の多面的機能」：農業生産活動に付随する機能
(1) 持続的食料供給が国民に与える将来に対する安心
　　（農業の本来的機能）
　1) 食料の安定生産の確保（食料自給率の維持・向上）
　2) 新鮮・安全な食料の生産（国民の健康と安全の保障）
　　（農業の多面的機能）
　3) 未来に対する持続的な供給の信頼性（安心）
(2) 農業的土地利用が物質循環系を補完することによる環境への貢献
　1) 農業による物質循環系の形成
　　①水循環の制御による地域社会への貢献；洪水防止，土砂崩壊防止，土壌侵食（流出）防止，河川流況の安定，地下水涵養
　　②環境への負荷の除去・緩和；水質浄化，有機性廃棄物分解，大気調節（大気浄化，気候緩和など），資源の過剰な集積・収奪防止
　2) 二次的（人工の）自然の形成・維持
　　①新たな生態系としての生物多様性の保全等；生物多様性保全，植物遺伝資源保全，野生動物保護
　　②土地空間の保全；優良農地の動態保全，みどり空間の提供，日本の原風景の保全，人工的自然景観の形成
(3) 生産・生活空間の一体性による地域社会の形成・維持
　1) 地域社会・文化の形成・維持
　　①地域社会の振興；社会資本蓄積，地域アイデンティティーの確立
　　②伝統文化の保存；農村文化の保存，伝統芸能の継承
　2) 都市の緊張の緩和
　　①人間性の回復；保健休養，セラピー，高齢者アメニティー，機能回復リハビリテーション
　　②体験学習と教育；自然体験学習，農山漁村留学

［佐藤晃一］

文　献

佐藤晃一：中山間地域における過疎の進行と資源管理機能の低下．農業土木学会論文集，No.182，57-64（1996）

1.3 農村と都市の共生と交流
——三富新田での事例——

a. 落ち葉掃きとけんちん汁

視界5m．首筋に砂が流れ，息もつけない赤土の嵐である（図1.8）．寒風に吹き飛ばされ，よろける人影の彼方に，およそ70m×700mの雑木林——畑，屋敷林からなる農家群がかすみ，その向こうに高層マンション，そしてダイオキシン禍を引き起こした産業廃棄物焼却場の煙突が連なる．

東京の西郊30km，豊かな有機営農と都市型生活者からなるコミュニティ，それらに背中合わせの産業廃棄物処理工場群の取り合わせが異様である．

埼玉県所沢市と三芳町にまたがる三富新田(さんとめしんでん)の冬景色である．

しかし穏やかな日和の三富新田では一転，若い農民たちと街からやってきた人たちが，「落ち葉掃き」に汗を流し，歓声がはずむ．

風上の北側から落ち葉を掃き集めていく（図1.9）．1方向にかき集め，書物の頁状に重なりあ

図1.9

ったクヌギやコナラの落ち葉を，アコーディオンを扱うように両手ではさみ，押さえていくとスノコが重なるように葉が層をなし，思わぬ量を抱えることができる．板状の塊を縦横1mほどの竹の編み籠に詰め（図1.10），かたわらの木につかまって落ち葉を籠の上から踏んでいく．その際，つま先で籠の縁に向かって押し込んでいくと，落ち葉の向きが真横に立ってくる．こうしてしっかり「口詰め」した籠は，横に倒してごろごろ転がしていっても落ち葉はこぼれない．一籠で50か

図1.8

図1.10

ら60 kgにもなる．

雑木林10 a（1反）当たり，450 kgほどの落ち葉がとれる．

マンション住まいの子どもたちは，身近な自然との触れあいに興奮し，かき集めた落ち葉の山に向かってプールに飛び込むようにジャンプする．

昼食には三富新田で収穫した露地物のニンジン，ゴボウ，サトイモがたっぷり入ったけんちん汁が振る舞われる．食の安全に高い関心をもつ参加者たちは，300年来の循環型農法の伝統に触れ，その恵みを味わうことで，三富新田の農業と文化を五感で瞬時に理解するのである．

b. 都市と農村は互いを必要とする

つぎの三つの課題によって，この仮説を論証できないだろうか．

① 農村地域と都市部の交流をとおして，「共生コミュニティ」成立の可能性を求める．
② 持続可能な地域社会の観点から地域の景観を分析し，その魅力を共有できないか．
③ 有機農業の生産と有機農産物の消費に至る，歴史的な過程の分析と現状への多面的な評価を試みる．これを糸口にして「都市と農村は互いに必要とする」，との仮説を検証する道が開けてこないだろうか．

早稲田大学大学院アジア太平洋研究科で，筆者が主宰するプロジェクト研究「環境と持続可能な発展」に加わっている中国，韓国の留学生を含む20名が参加して，このような仮説を実証するため，2000年から日本，韓国，中国で現地調査をはじめた．

すでに山形県高畠町と韓国全羅南道光州市郊外のハンマウム共同体，そして埼玉県の所沢市と三芳町にまたがる三富新田地域での調査を終えた．

この計画と並行して，プロジェクト内の「中国研究会」のメンバーによる「農業と環境から中国社会の持続可能性を検証する」現地調査も，北京大学持続発展研究所（葉文虎主任教授）と協力して，中国のいくつかの生態農業のコミュニティで調査が進行中である．

ここでは三富新田を例に，課題の「農村と都市の共生と交流」の可能性とその社会的な意味を考えてみたい．

三富新田は江戸時代の元禄7年から9年（1694～1696年）にかけ，川越藩主柳沢吉保が指揮して，現在の埼玉県三芳町上富と所沢市中富地区に開墾された約1400 haの畑地である．

中央の地蔵林を中心に，各集落の中央と境界に防火帯として幅員6間の幅広な道路が設けられた（図1.11）．この道沿いに間口40間（約70 m），奥行き375間（約700 m），1戸当たり5 haの広大な地割りがなされた．

短冊形の地割りにより雑木林──畑，屋敷林が整然と連なる構造がいまも保たれていて，循環型農法の基盤となり，都市民との交流の場を提供している（図1.12）．

樹齢300年を数えるケヤキの並木が約4 kmも続き，道路に面して開拓者の子孫が軒を連ね，名産「富の川越いも」の直売を知らせるのぼりが，屋敷の入口にはためく（図1.13）．都市交流のキーパーソンとなる「三富落ち葉野菜研究グループ」もここに集中している．一帯は「埼玉ふるさと100選」「埼玉県ふるさとの並木道」に選定されている．

図1.11

図 1.12

図 1.13

図 1.14

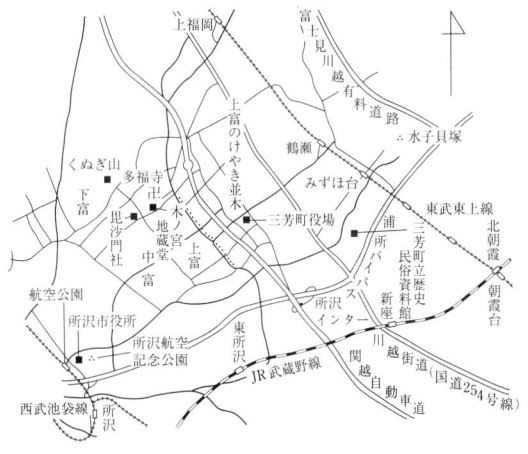

図 1.15

　一帯の農地は関東ローム層で，土地が痩せていたため，落ち葉（堆肥）を敷きこむ有機農業が開墾以来305年間行われている．

　三富では「1反の畑には，1反のヤマが必要」と言い伝えられている．

　三富新田は，東京駅を起点とした30 km圏にある．循環型農業の資源として利用されてきた雑木林や屋敷林などの緑と農地とが一体となり，放射線状に宅地化されていく東京近郊の農業地域にあって，三富新田と狭山丘陵は東京西郊に残る最後のまとまった緑地である．

　東，西，南，北どの鉄道駅からも4〜5 km離れていることが三富新田を宅地化から守り，いまでは都市部住民の身近な自然への回帰心を誘う場となっている．

　その一方で関越自動車道の始点，練馬インターチェンジから車で10分という道路便のよさが，一帯を首都圏からの建設廃材などの産業廃棄物の集積処理場化してきた．くぬぎ山周辺を中心に，60を越す焼却工場が集中し（図1.14），1999年2月1日テレビ朝日「ニュースステーション」の野菜の汚染報道に端を発した「所沢ダイオキシン問題」を引き起こした（図1.15）．

(1) 体験落ち葉掃きのいきさつ

　1994年から1996年は，三富新田の開拓から数えて300年目の節目であった．これを記念して1995年1月9日，三富新田のなかでもおもに三芳町が，市民参加の「体験落ち葉掃き」をはじめた．これが発端となって，1997年，埼玉県環境部緑政課が主催する「フォーラム・平地林保全のためのパートナーシップを考える」が三芳町立中央公民館で開催され，都市部住民と地元農家の交流がはじまった．この集いをきっかけに，若手農業後継者が体験落ち葉掃きの場を提供することになった．自らの営農の意義を考え，都市民に農

業の意義を認識してもらうために1998年，会員5人の「三富落ち葉野菜研究グループ」が発足した．

彼らは開拓当時からの茅ぶき屋敷を移設，復元した旧島田家住宅のいろり端に集い（図1.16），おおむねつぎのような落ち葉掃きの綿密なプログラムをつくった．体験落ち葉掃きに先立ち，都会からの参加者に，三富新田の歴史と循環型農業を紹介する．糠と骨粉を混ぜた落ち葉の完熟堆肥が粘土質の関東ローム層の土壌を農耕に必要な空隙の多い団粒構造に変えることを説明する．さらに落ち葉掃きの道具である熊手や竹籠の扱い方と落ち葉を掃く手順が整えられた．

「三富落ち葉野菜研究グループ」の参加者は，社会学が定義するキーパーソンの役割を演じたといえる．キーパーソンとは地域の伝統のなかに，現在人類が直面している困難な問題を解く鍵を発見し，旧いものを新しい環境に照らし合わせて作り変え，そのことによって多様な発展の経路を切り開こうと努める人物である（市井1963）．

体験落ち葉掃きは，都市近郊の有機農業とその景観を持続させることの意義を，都市部住民と地元農家がともに理解しあう場となっていく．環境運動における魅力的な「例示的実践」とみることができるであろう．都市の住民が支援に至るためには，まず体験落ち葉掃きの機会に，地元農家が環境を守る農用林として雑木林を活用し，汗を流している姿勢をみせることである．いつでも現金化できる農家の資産として雑木林を放置したままでは，決して都市部住民の支持は得られない，と「三富落ち葉野菜研究グループ」の農民たちは判断したのである．

体験落ち葉掃きは中富，下富の各地でも行われ，JAいるま野，生活クラブ生協などの市民たちが都会から参加している．三富新田の総面積1400 haの1％に相当する14 haで現在落ち葉掃きが行われ，延べ600人を超す都市部住民が，冬の雑木林で熊手をもって落ち葉掃きを楽しみながら「農」とは何か，を学んでいる．このうちリピーターが200名近くいる．

参加者へのインタビューからそれぞれの農への思いを紹介したい．

i）東武東上線鶴瀬駅前の高層マンションに住むFさん（49歳）

マンション最上階から三富新田の短冊状の緑の雑木林の列がよくみえる．Fさんは20年前からここに住み，生活クラブ生協の理事，理事長をつとめた．埼玉県に生活クラブ生協ができて25年になり，現在2.3万人の会員がいる．生協法で県単位の活動に限られているが，全国では25万人の会員を擁している．1999年2月のダイオキシン騒動がなければ，三富が300年も有機農業が息づいている場所だとは，気づかなかった．都市近郊だからこそ，農地があり続けるのは大事なことであり，1999年7月に施行された「食料，農業，農村基本法」が第36条で都市と農村の交流をあげ，その2項で都市およびその周辺における農業について，「消費地に近い特性を生かし，都市住民の需要に即応した農業生産の振興を図る」としている．是非，その通り施策を意識してやっていくべきだ．つぎの世代につなげられるよう，農作物栽培契約により市場価格より高く買っている．生業として農業を続けていただくために，生活クラブ生協員は食べ続けますよ，と言い続けていきたい．下富の農家と組んで，5坪，2000円のダイズのトラスト運動も手がけてきた．

農業も三富新田も守りますよ，そのためのお金

図1.16 島田家に表現された江戸時代からの伝統的な農家造り

も労力も提供しますよ，という意思を示し，社会を変えていくことが必要だと思っている．発想が柔軟で「よりよい方向へ社会を動かそうよ」，といってくれる農家の人は，本業の農業もしっかりやっている人たちだ．それでいて楽しいこともやっているし，運動もやっている．

ii）三富地域に隣接する富士見市の主婦 M さん

生活クラブ生協の組合員として地場農産物について取り組む活動のなかで，落ち葉堆肥や畑の見学，収穫された野菜のおいしさなどを通じて「資源循環型農業」の意義，すばらしさと農作業，農業経営のご苦労の一端を知ることができた．江戸時代の元禄期から受け継がれている「三富新田」の伝統農法と自然を生かした生活文化に触れることができ，それらは未来に守り継ぐべき社会資本であり，文化財であると実感した．このような，都市近郊における大規模な農業地とその景観は，新農業基本法でもうたわれている「農地の持つ多面的な機能」を知るよい教材であると思う．持続可能な社会への鍵となる「循環する自然の力」を，子どもたちに伝え，残していかなければならない財産として三富の魅力を語り，広め，守る責任が私たち大人にあると思う．

iii）開拓から数えて 13 代目の農家 I さん（35 歳）

体験落ち葉掃きは，農業体験学習の枠を超えて，循環農業に対する都市住民の理解を深めているように思える．公共財としての雑木林の効用への理解が，保全活動への動機づけになっているのではないか．農業従事者に対するサポート役の形成を目指しはじめた，と私は受け止めている．都市部住民と農業の価値を共有するために，私たちが受け入れる場を提供するのが何よりも大事だと考えている．

iv）7 代目の農家 H さん（35 歳）

市民参加の体験落ち葉掃きは，年 3 回くらいだが，県の中級職員の研修としても要請を受けてやっている．落ち葉掃きは若い仲間の横のつながりがあってはじめて都市住民の注目も集められるし，続けていくことができる．緑のよさとヤマがどのように使われているのか，理解してもらうよい機会になっている．連絡にはパソコンを使い，参加者名簿から補充し，常時，100 名のストックをつくり，発送する．自分のグループは 4 名なので 40～50 名が集まれば手頃だ．熊手は三芳町教育委員会で 50 本，JA いるま野で 50 本，自分たちで 20 本用意した

v）9 代目の農家 H さん（34 歳）

農業の大切さをつぎの世代や都市部住民に理解してもらいたいと思い参加した．体験落ち葉掃きを準備することによって，仲間の若手農業後継者たちと話をする機会が増え，基本的に同じ考えに立って取り組むことができた．地元農家は皆，畑の仕事が忙しくてヤマ掃きをできないでいるが，体験落ち葉掃きに顔を出した人は，他人にヤマに入られる抵抗感がとれ，「自分のヤマでもやってみよう」という人が増えてきている．三富落ち葉掃き研究グループでは，こうした潜在的な仲間も受け入れていきたい．三富の理解者が増え，伝統の農業を続けていくために，雑木林や屋敷林の相続税に，優遇措置をとるよう考えてくれればありがたい．雑木林を国が保有して，地元農家が共同管理することは可能ではないだろうか．緑は共有の財産であり，所有者は誰でもよい．昔から続いた三富のヤマを残し，子どもたちがそれを引き継いでやっていけるような状況をつくることが大事だ．

vi）10 代目の農家 S さん（32 歳）

体験落ち葉掃きは年 3 回だが，他にジャガイモ掘り，ニンジン間引き，サトイモ収穫，トウモロコシの種まき収穫などの体験農作業をやっている．三芳町の教育委員会主催の体験落ち葉掃きに協力していた若手農業後継者のメンバーが，自発的にやろう，ということになった．ヤマ掃きを維持してこそ伝統的な循環型の農業を守れるのだと思うが，ヤマにかかる相続税が高い現状では，三富の営農形態を次代に残していくのは難しいと思

う．私はいま，駐車場と不動産からの収入で営農を支えている．この緑は個人所有のものではなくて，すべての人の共有財産だという考え方があればいいと思う．労力が省けるならば，雑木林は公有林になってもよい，と私は考える．

体験落ち葉掃きなど都市部住民との交流は必要だと思い，作物の直販会で 2000 から 3000 枚のチラシを各戸に配り，来てくれたのは 5，60 人だった．地元農家と都市部住民の間に入って参加者を集め，コーディネイター役を引き受けてくれる人が欲しい．

(2) 隣接街区のマンション居住者は伝統農業を評価

「都市住民，NGO（市民組織）は何を判断の手掛かりとして農業，農村へ接近し，交流に向かうことができるか」を課題に，2001 年 6 月，三富新田のヤマを拓いて造成された高級マンション街区エステシティで，都市側住民意識のアンケート調査を実施した．自治会の協力を得て，加盟の 1084 戸から 459 戸，42％の回答を得た．エステシティは中富の「屋敷林，畑，雑木林」が連続する伝統的な地割りのうち，南東の最奥部に位置する雑木林をまるごと開発してつくられ，1989 年ごろから住民が住みはじめた．上富の雑木林とも接し，分譲マンションから見渡すと周囲は緑に囲まれている．住民の多くが，園芸，家庭菜園を手がけている．アンケート調査の一部を紹介しよう．

　近くの雑木林に自由に入ることができたら，入ってみたいですか？

「入ってみたい」人が 53％を占めた．「入ってみたい」と回答した人のうち，「雑木林に自由に入れる代わりに，落ち葉掃きなどで雑木林を保全し，落ち葉を畑に入れることを手伝って欲しいと言われた場合，手伝ってみますか」の問いに 76％が「手伝っても良い」と答えている．また，同じく「入ってみたい」と回答した人のうち，「雑木林のない畑が続く景観と，雑木林のある畑の景観と，どちらがお好きですか」の問いに，98％が「雑木林のある景観」と回答した．

「入ってみたくない」と答えた人の理由は「危険，汚い，ゴミがたくさんある，物騒，暗い，虫が嫌い」などが 20％に達した．

　高い相続税などで農業の維持が苦しくなっている雑木林を，自治体（所沢市，埼玉県など）が，公費で購入して保護することに賛成しますか（表 1.5）？

表 1.5

賛成しない	賛成する	わからない	未回答	総計
36(8％)	303(66％)	112(24％)	8(2％)	459(100％)

「賛成する」との回答が全体の 66％を占めた．「賛成する」と回答した人のうち，「安い輸入野菜と，割高でも生産者がわかる野菜とではどちらを買いますか」の問いに，「割高でも生産者がわかる野菜」と回答した人が 81％であった．また，同じく「賛成する」と回答した人のうち，「雑木林に自由に入れる代わりに，落ち葉掃きなどで雑木林を保全し，落ち葉を畑に入れることを手伝って欲しいと言われた場合，手伝ってみますか？」では，「手伝っても良い」と回答した人が 78％であった．

　雑木林のない畑が続く景観と，雑木林のある景観と，どちらがお好きですか（表 1.6）？

表 1.6

雑木林のある景観	畑だけの景観	未回答	総計
408(89％)	16(3％)	35(8％)	459(100％)

「雑木林のある畑の景観」が好きだとの回答が全体の 89％を占めた．エステシティに住む人々は，雑木林を好ましい景観として評価していることがわかる．もともと雑木林に代表される，武蔵野の自然が好きな人々がエステシティに入居していることがわかる．

　三富では，冬場の防風林にもなる雑木林の落ち葉を掃いて畑の赤土に入れ，黒い豊かな土に変えて地域の環境を守り，時代を先取りし

た自然と共生する循環型の野菜作りをしている農家の方もいらっしゃいます．荒地を新畑に開拓した300年以上前から，雑木林をセットにした地割りを，どの農家も並べて持って，伝統的な緑のある自立的な生産と，独特な景観保護への努力を続けてきました．もしこうした伝統的な生産の三富野菜だったら，積極的に買ってみますか？

「買ってみる」71%，「特に買わない」が22%である．

三富がこうした伝統的な地割りの景観だったことを「知っていた」56%，「知らなかった」が42%を占めた．

農民から都市民へのアプローチが積極的になされている三富地域にあって，近隣の都市側住民は，農村側との交流を積極的に行っているのであろうか．

三富産野菜を購入したことのある人は77%と高いものの，三富での祭りやイベントに参加したことのある人は20%にとどまっている．三富で300年以上も伝統的な農業が営まれてきたことを知っていた人は54%，知らない人は42%であった．身近にある自然や，隣にある文化に触れることが少ないことが明らかになった．

一方で，雑木林のある畑の景観が好きであると回答した人は89%，今後三富野菜が近所で販売されたら買うか，との問いに対して，買うと回答した人は80%，雑木林を公費で購入して保護していくことに賛成する人は66%，といずれも多数を示した．雑木林に入ってみたい，と回答した人は53%で，雑木林に自由に入れる代わりに，落ち葉掃きなどで雑木林を保全し，落ち葉を畑に入れることを手伝って欲しいと言われた場合，手伝ってもよいと回答した人も53%に達している．多くの住民は三富の伝統的農業，景観や自然を保全していくことに共通した意識をもっているといえる．

農業従事者と都市住民が交流し，支援しあう地域社会を構成するには二つの要素が必要である．第1に地域社会の住民同士が互いに置かれた立場や目的意識，または行動に対する心理的な共感基盤をもつこと．第2に地域社会にキーパーソンと呼ばれる未来を見据えた価値基準と情念をもち，歴史づくりに積極的に参入する人物が存在することである（市川 1963）．

落ち葉掃きを通した都市部住民へのアプローチはすでにはじまり，その輪は広がりつつある．そしてこのアンケートに示された都市部住民側の，雑木林の価値への認識や公有林化への高い関心は，双方が接近，交流へ向かおうとする認識―理解―実践への下地がしだいに整ってきていることを示しているように思える．

放置された雑木林は，適切なオルガナイザーあるいは，双方にキーパーソンの登場を待って，自然と環境を守ることに価値をおく地域社会の形成へ向け動きだすことであろう．

(3) レパートリーグリッド法による景観評価基盤からの考察

三富での調査ではその独自の風景，景観を農業者と都市側住民がそれぞれどのように評価しているか，を讃井（1990）が提案するレパートリーグリッド発展手法を用いて分析を試みた．その一部を紹介する．

レパートリーグリッド発展法とは，認知心理学の考え方に基づいた臨床心理学の面接手法であるレパートリーグリッド法を，空間評価研究にも応用可能な形に改良発展させたものである．実際の空間利用者が空間を評価する際の単位（評価項目）を，それらの関連性と優先順位を表す構造に従い，回答者自身の言葉を用いて抽出することを目的としている．

被験者に対して，その空間を評価させて，その評価の理由を尋ねることで，一連の評価の流れをみつけることができる．たとえば「山が見える」→「眺めがよい」→「心地よい」というような物理的特長→印象→総合評価という流れである．このような一連の関係は，要素と要素を結び合わせ

たネットワークとして表現することができる（讃井 1990）．

三富の景観上の特徴として農民と都市住民に共通に指摘されているのは，「ヤマ―畑―屋敷」の構成である．そしてこの風景の構成が，循環農業の生産基盤をつくりあげていることも同様に両者間の共通理解となりつつある．景観作りの大切さを知り，農業を体験するための「学習の場」，地域の景観作りについて，検討するための「議論の場」，そこで得た成果，結論を現場で実践するための「活動の場」，これらの三つの「場」を整えて，住民，農家，行政，NPOが協力し，推進していく＝「共創」の営みが，これからの三富の景観保持に不可欠な条件となるであろう．

（4） 農村住民の描く農村空間の風景・景観

落ち葉掃きに参加している30歳代，40歳代の農業後継者5名に景観インタビューを試みた（図1.17）．

「農業継続」の義務感に起因するとみられる強いプレッシャーが，若手農業後継者の景観評価に反映している．「倉庫」―「苦渋の選択」―「時代の流れ」が示すように，農業を続ける決意やプレッシャー，仕方なく雑木林を売って倉庫を立ててしまった自分に対する自戒の言葉，同時にそうした判断を擁護する言葉が交互に現れる．

生まれて育った土地，子どもの頃遊んだ雑木林．農業従事者たちを景観保持へと向かわせる意識のなかには「幼い頃の思い出」「生き物との暮らし」などの幼児体験による原風景がある．幼いころの体験はいまもなお，その色，匂いさえ思いだすことができるほど鮮明なものである．雑木林のある風景が，日常の暮らしと一体化している．景観インタビューには必ず，子どものころの雑木

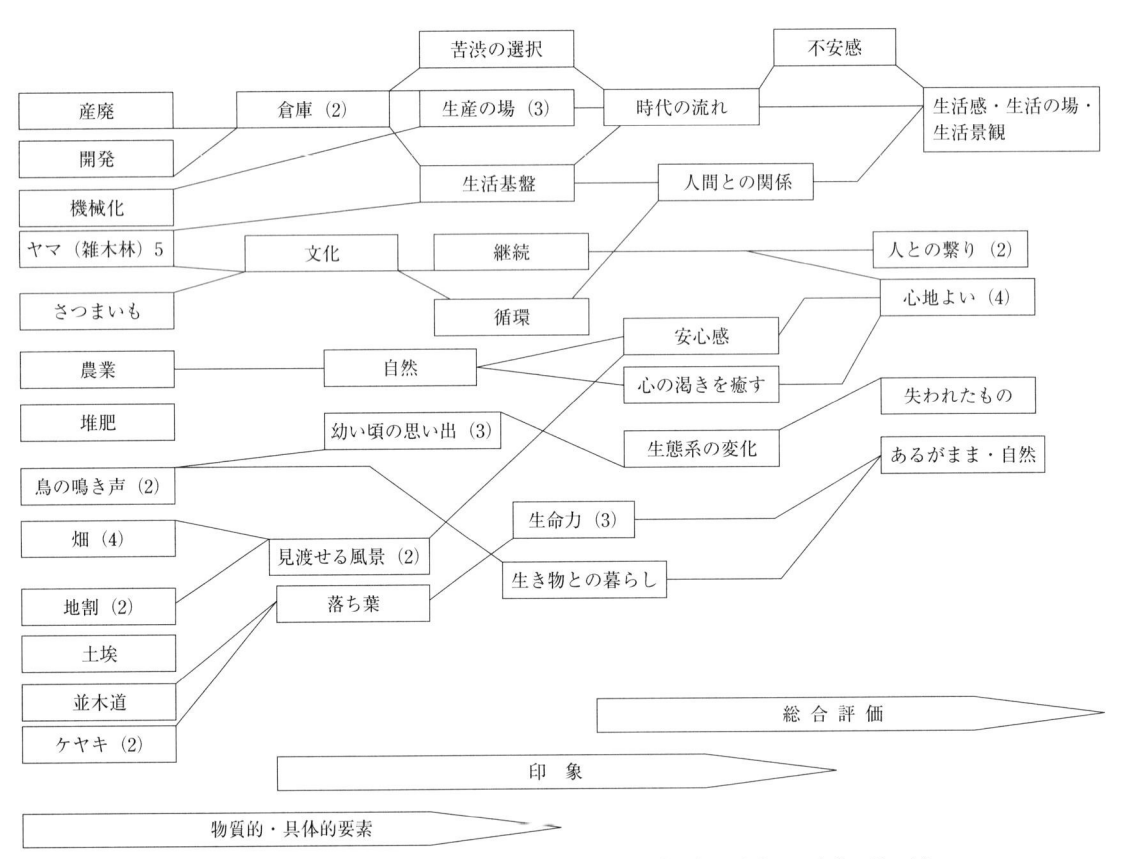

図1.17　農村空間の定性的評価構造モデル（評価者：若手農家30歳代，40歳代，計5名）

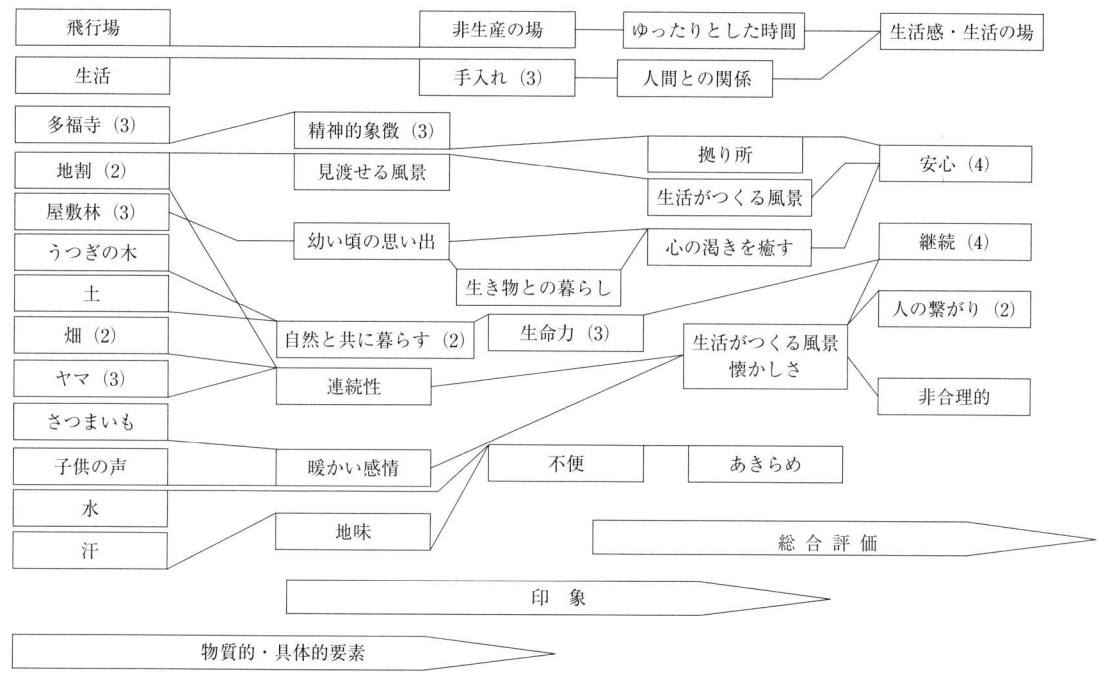

図1.18 農村空間の定性的評価構造モデル（評価者：農家50歳代〜70歳代，計5名）

林での体験が語られる．

　50歳代から70歳代の農民5名の評価に示された「汗」「地味」「水がない」などの言葉には，営農の苦労が滲みでている．先祖が営んできた行為を，自分の代では決して止めないという信念が言葉から浮かび上がる（図1.18）．畑のなかに設けられた代々の先祖の墓が，働く農民の背中をいつも見守っているとの意識がある．畑のなかにある墓の存在は，三富の地域社会にとって大きな意味をもっている．人間の生命の循環をも象徴しているし，経済的な割に合わない農業の継承という，農民に背負わされた十字架の影でもある．他に特徴的だったのは「不便」「あきらめ」など，マイナス思考が目立つ点である．彼らが農業を続けていくうえでの支障がこういった言葉につながるのであろう．本来は，それほど恵まれた営農地ではなかったのである．

　景観インタビューでは，「雑木林（ヤマ）」—「連続性」—「生活がつくる風景」という表現が多くみられた．このことから雑木林は共有財・コモンズではなく個々の農民が自分の家族の力で守ってきた私的財産である，との考え方がうかがえる．川や水路，田んぼの畦をムラが協力して維持する水田稲作と異なり，三富では農民は誰かと協力しないと暮らしていけないという状況にはなかったのである．彼らにとっての雑木林の景観は，入会地とか共有地などのような社会的意味が込められたコモンズとしての景観ではなく，虫や小鳥の声，また美しい緑色をイメージする自己の所有財産として認識されている．

（5）　都市住民の描く農村空間の風景・景観

　都市住民のうち三富の循環型農業に対して知識がある人は，雑木林に風景の一部ではなく，農業継続のための重要な要素，コモンズとしての価値を見いだしている．しかし，循環型農業の知識がまったくない人にとっては，雑木林は単なる畑の背景にすぎない．目にみえる物像は，その主体のフィルターによって，まったく違ったとらえかたをされている（図1.19）．

　雑木林は目に優しい．雑木林は新鮮な空気を提供してくれる．雑木林の緑は爽快な気分をもたら

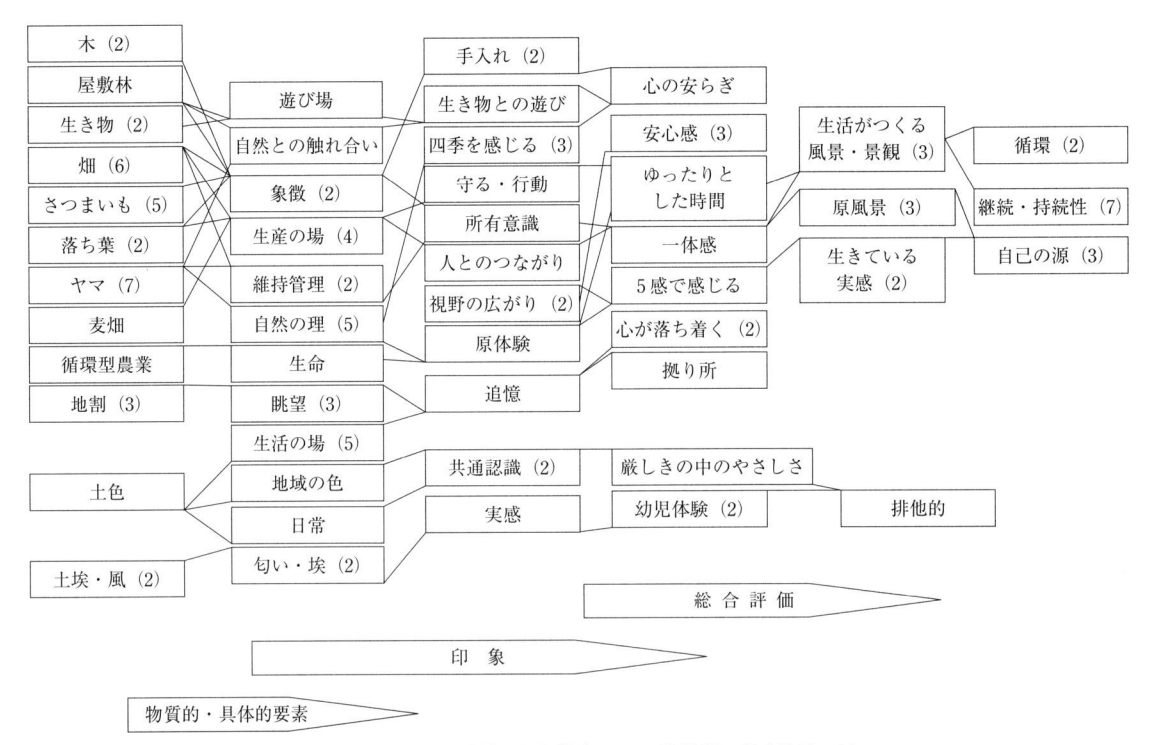

図 1.19 農村空間の定性的評価構造モデル（評価者：都市住民9名）

してくれる．雑木林に対して「遊び場」「自然とのふれあい」といった言葉は出てくるが，農業従事者のアンケートに表現されている「生活が作る風景」「手入れ」などの認識は示されない．雑木林は，都市住民にとって主体的にかかわるものでなく，ましてや生活を連想するものでもない．農民が雑木林の手入れをしながら，自然と主体的にかかわっているのとは対照的に，新興住宅地の住民は主体性をもって雑木林とかかわってはいない．

農業に対しても，抽象的に緑の象徴としてとらえている．「土・風」など避けては通れない生活の場を取り巻く半自然として，農地の存在をとらえている．冬の朝夕の通勤時に，冷たい風とともに吹きつけ舞い上がる土，洗濯物や干した布団を赤く染めてしまう土への苦情が多い．

三富の循環型農業に対して，多少の知識がある都市住民の景観のとらえかたは，若手農業従事者の意識と共通する部分が多い．農業を体験しているか，知識としてのみ理解しているかの差はあるが，雑木林，畑，落ち葉，サツマイモなどの要素に対しての感じ方は農民と共通している．

三富の景観上の特徴として共通に認識されているのは，「ヤマ―畑―屋敷」が一体となり整然と連なる景観の構成である．そしてこの景観の構成要因が，循環型農業の生産基盤をつくりあげていることも，多くの人の共通理解となりつつある．このような共通認識が，農業従事者と都市消費者の相互理解，補完意識の展開可能性を示唆しているのではないだろうか．

c. 仮説の設定と検証の結果

都市住民と農村住民は物質的，精神的な暮らしを営むうえでなぜお互いを必要とし，連携を模索しつつあるのか．お互いを評価する価値律に歴史的な変化が起こりつつあるのではないか．その変化の核心部を，都市近郊農業地域でいまも持続的な農業生産を行う三富新田をフィールドに，都市

と農村の双方から三つの課題に沿い分析，統合を試みた．

① 農村地域と都市部の交流を通して「共生コミュニティー」成立の可能性： 若手農業後継者グループが，都市住民を受け入れての体験教育活動を思い立った趣旨と，参加した都市住民の支援意識を分析した．「キーパーソン」によって地域住民全体がお互いに共感を高め，行動のエネルギーとしていることが，事例調査と統計的調査とにより例証された．

② 持続可能な地域社会の観点から，地域の景観を分析し，その特色，魅力，都市・農村住民の景観への認識の相違と共通点とを，認知心理学を応用したレパートリーグリッド発展手法を用いた調査により検証した： 375間（675 m）× 40間（72 m）の地割りに屋敷林，畑作耕地，雑木林（ヤマ，平地林）が整然と連なる自活型の農業生産，農業景観を維持することの誇り，訪れる都市住民が抱く，景観と文化の魅力の維持への願いを明らかにした．

③ 循環型有機農業の歴史的な形成過程の分析と，現状への多面的な評価を明示した： 雑木林の落ち葉鋤き込みによって，畑作の地力を保持する循環型農業の安全で安心な農産物作り，そして水，土，緑を身近に引きつけ，生産と消費活動を循環させて維持していこうとする身土不二，地産地消の概念が，都市住民によって農民と共有されていることが仮説-検証により証明された．

本論が課題とする社会の思考の枠組み（パラダイム）の転換を示す状況分析には，長谷川公一が提唱するフィールドを重視する環境社会学の環境運動論の分析法が有効であろう．

地力と自給率を回復する循環型農業を，身土不二，地産地消といったスローガンに結びつけ，農業の多面的機能の価値への認識を促そうとする試みが，1995年1月からはじめられ「体験落ち葉掃き運動」の契機となった．

環境保全に関する不満に基づいてなされる，変革志向的な集合行為が環境保護運動である．環境運動のもつ社会的な意味は，問題の所在を可視的にし，他の地域での類似する環境問題の発生を抑制する予防機能をさらにもつことであろう．

体験落ち葉掃きの特色は，階級闘争型の労働運動や，体制変革志向的な運動と対比される新しい社会運動であり，担い手は地元農家と地域の都市部住民である．また食の安全という，環境リスク回避型の行動でもあり，生活の場を争点とする．さらに，そこで目指される価値は，生態系の重視，自然との共生，持続可能な社会などが志向されていて，経済成長優先の大量生産・大量消費・大量廃棄を否定するものである．そうした行為様式は，限定的な自己表出性であり，静かな落ち葉掃きである．

これらの特色は，担い手，争点，価値志向，行為様式ともに，環境運動の側面に当てはまり「魅力的な例示的実践」を含むものである．

環境省自然保護局は産業廃棄物焼却炉が集中し，ダイオキシン汚染問題が起きた三富新田北部のくぬぎ山一帯を，小泉純一郎首相が重点施策として位置づける自然再生型公共事業として全国のモデル地区に指定し，里山再生事業に着手した．自然保護の市民団体も企画・運営に参加し，放置されている産廃焼却施設を撤去し，炭焼きやシイタケ栽培を試みる．2001年6月に森林林業法が成立し，1964年の木材輸入自由化以来，37年ぶりに旧林業基本法が改正された．林業の多面的機能の評価がなされ，林業経営基盤の強化が謳われた．しかし，施策の対象は山間地林業に置かれ，平地林は，このような動きに連動して，今後の検討課題に回された．三富新田の「ヤマ」の再生は，その最初の施策例となろう．

埼玉県の「緑の三富地域づくり懇話会」は，2001年4月12日の提言で「平地林を保全するための新たな制度および基金の創設」「平地林保全を目的とした新たな財源の検討」を打ち出した．

2001年6月の県定例議会の一般質問に答え，土屋知事はつぎのように述べた．「私も落ち葉掃

きを体験して参加者たちの笑顔に接し，この地域に対する人々の思いを感じた．市民農園や案内板の設置など具体的に動き出しているものもあり，庁内を挙げて検討させ，300年前の面影を次の世代に残し，また安全・安心・信頼できる農業モデルとなる三富地域つくりに努めてまいりたい．相続税を支払うために，素晴らしい平地林を手放さざるを得ない現状を憂慮しており，国に働きかけてきた．政党レベルの税制調査会でも，初めて検討事項に平地林の相続税軽減が入った．一定の理解と成果が見え始めている．今後も緑豊かな三富地域づくりに，あらゆる困難を乗り越えて全力で取り組んでまいる決意だ」

文化の伝承から生態系の維持まで，農業が培う多面的な機能への認識を軸に，農民と都市民の共生空間の創造，可能性を示す実例となることを期待したい．

この小論は，早稲田大学アジア太平洋研究科のプロジェクト研究「環境と持続可能な発展」に加わった大学院生たちがまとめた報告書「三富のみどりと景観を守る調査」（原俊次，平山修一ほか）に拠り作成した． ［原　　　剛］

文　献

市井三郎：哲学的分析，岩波書店（1963）
市井三郎：歴史の進歩とは何か，岩波書店（1971）
讃井純一郎：空間の評価基準をとらえる——居間の評価構造．建築・都市計画のための空間学（日本建築学会編），井上書院（1990）

第2章　農村自然環境復元の新たな動向

2.1 農村における自然環境劣化の要因と復元の方向

　水田農業を主体とするこれまでの日本の農村は，長年にわたる農林業生産と生活の営みのなかで，「二次的自然」と呼ばれるような豊かな自然環境を育んできた．しかし，1960年代以降の農業・農村構造の急激な変化と農業技術の近代化によって，農業の生産性や農業者の生活は大きく向上したものの，農村地域の豊かな自然生態系や生物多様性の劣化が進み，最近ではその保全や復元が農村政策や国土環境政策のうえでも緊急かつ重要な課題となってきている．

　本節では，農村における自然環境劣化の要因とその保全・復元の必要性および今後の対応策のあり方を概説し，次節以下の具体的な各種関連動向の理解に役立てたい．

a. 自然環境の保全・復元の必要性とその背景

　一般に，自然生態系や生物多様性などの自然環境の価値については，その地球的・地域的・人間的な見地からみて，① 人類の生存の根源としての価値，② 有用な生物資源の確保，③ 地域環境のアメニティの形成，④ 人間としての教育的・文化的価値，などがあげられており，近年，この自然環境に対する保全・復元の必要性については，国民的・全人類的な理解と認識は急速に広がりつつあり，本来自然に恵まれているといわれてきた農村環境についてもその例外ではない．

　農業・農村についてみると，旧農業基本法（1961年）には農業と環境に関する記述はほとんどなく，またそれを受けた土地改良事業の計画設計基準などにおいても，生活環境との一体的整備については若干の記述はあるものの，自然環境の保全についてはほとんど触れられておらず，この問題が関係者の関心を集めるようになったのはここ十数年来のことである．

　とくに，1992年の「国連地球環境サミット」で「持続可能な農業・農村開発」が謳われるとともに，「生物多様性条約」が結ばれたことが大きく影響し，日本においても「生物多様性国家戦略」が策定され，また，1993年に定められた環境基本法では，そのなかの四つの長期目標の一つとして「共生（健全な生態系の維持，自然と人間の共生）」が掲げられた．最近では，旧国家戦略が抜本的に見直され，農村の主要部分である里山の自然再生・保全などを重視した「新・生物多様性国家戦略」がとりまとめられ公表されている．

　一方，農業・農村サイドでも1999年に定めら

れた「食料・農業・農村基本法」を受けた基本計画においては，環境保全型農業の推進とともに，農業の生産基盤の整備について，「生態系等の自然環境の保全や美しい景観など環境との調和に配慮しつつ，事業の効率的実施」が述べられ，さらに2001年に改正された土地改良法では，その第1条（原則）に「環境との調和への配慮」が新たに盛りこまれるに至った．

また，最近（2002年）では議員立法によって，関係3省（環境省・農林水産省・国土交通省）の共管による「自然再生推進法」が成立公布され，生物多様性の確保を通じて自然と共生する社会の実現と地球環境の保全に寄与するため，関係機関・諸団体・NPOなどが参加した「自然再生事業」が推進されることとなった．

このような背景や日本社会の成熟と価値観の変化などもあって，近年失われつつある農村地域の自然生態系や生物多様性の保全・復元は，農薬・肥料の節減や畜産廃棄物の処理改善などによる環境保全型農業の推進とともに，今後の国土環境保全や農政推進上の大きな課題であり，国家的命題ともなってきているわけである．

b. 農村の自然環境構成要素

日本における農村の自然環境要素としては，二次的自然としての，農業生産に必要な水田・畑・水路・道路・ため池・畦畔・防風林などの農地，そこに住む人たちに必要な家屋・庭・生垣・屋敷林・家庭菜園・社寺林などを含む集落，里山を主体とする林地などのほか，本来の自然である湖沼・河川・湿地・原野などが含まれる場合も多い．そして，近年の農業・農村をめぐる各種の社会経済や技術の進展が，これらの諸要素が本来もっていた自然環境としての優れた内容や機能を著しく低下させてきているのである．

欧米の農村に比べ，これらのなかでもっとも大きな地位を占めているのが，水田・水路・ため池・湿地などの水に関連した環境要素である．これは日本の気候が温暖多雨であるとともに，農業生産の主体が水田農業であり，図2.1のように春から秋にかけての一定期間，地域に多量の水が供給され，広い面としての水を湛え，また過剰な水を排水するなど，大小さまざまな川・水路・池などが縦横に走り配置されており，それが地域の物質循環や住民の生活とも多面的にかかわっているためである．

ちなみに，最近の農林水産省の調査によると，わが国における農業用排水路の総延長は約40万km（地球円周の10倍）に及び，農村の環境にとって水および水辺がいかに大きな地位を占めているかがわかるであろう．そして，この水辺周辺には多くのビオトープなどが形成され，そこには水生昆虫・水生動物（魚類・貝類・両棲類）・水辺植物などの野生動植物が多数生息し，農村における生物の多様性を豊かなものとしている．

しかし，この水辺環境についても，近年の自然環境としての劣化傾向は著しく，このおもな要因としては，次項でも述べるように，周辺地域の土地利用の変化・水質の悪化・水利施設の整備などがあげられている．したがって，現在各地で展開されはじめた農村における自然環境復元の主たる

図 2.1　水の湛えられた水田地帯（全土連資料より）

対象も，この水辺に関連したものが大半であり，今後ともその傾向は変わらないものと考えられる．

c. 農村の自然環境劣化の要因

近年，上述したような水田を主体とする農村地域においても，その自然生態系や生物の多様性が貧しくなっているのは確かであり，昔に比べて水田の中・水路・畦畔・ため池・周辺里山などに生息する野生の植物・小動物・昆虫などの種類や数が減り，シンボル生物としてのホタル・トンボ・メダカ・ドジョウ・カエルなどの姿をあまり見かけなくなった地域も多い．

昨年公表された「新・生物多様性国家戦略」によると，日本の生物多様性に危機をもたらした原因としては，① 人間活動や開発行為が直接もたらす種の減少・絶滅，あるいは生態系の破壊・分断・劣化を通じた生息・成育域の縮小・消滅，② 生活・生産様式の変化や人口減少などに伴い，自然に対する人為の働きかけが縮小撤退することによる里地里山などにおける環境の変化，③ 近年問題が顕在化するようになった移入種などによる生態系の攪乱，をあげている．

この原因を農村地域についてもう少し具体的に考察してみると，自然生態系や生物多様性の劣化の要因としては，そのおもなものとして次の三つをあげることができる．

(1) 農村地域の土地利用の変化

現在日本の耕地面積は479.4万ha（2001年）であるが，面積のピークであった1960年以降の水田を含む農地の転用・改廃は，図2.2に示すように約200万ha（この間に開墾・干拓などによる農地の造成・拡張が約100万haあったので実質減は約100万ha）に及び，そのうちの過半は都市化（宅地・工場・交通用地など）によって失われたものである．その結果，かつては多様な生物のすみかであった農地そのものが減少するとともに，混住化に伴う生活・生産廃棄物などによる周辺環境（水路水質など）への悪影響がさらに生態系の弱体化を招いてきた．このことからみると，日本における農村地域の豊かな自然生態系を消滅・悪化させてきた最大の要因は，経済成長に伴う国土の無秩序な開発利用にあるのであって，農業の生産方式や技術の近代化だけがその原因ではないことを知っておく必要がある．

また一方，農業自体における土地利用変化も一定の要因となっていることも無視できない．すなわち，1960年代後半からはじまった都市への人口流出に起因する農村人口の減少と高齢化や米の生産過剰に伴う減反政策は，農地の耕作放棄を促進し，単年度の不作付地を加えた放棄地率は，全農地面積の12.5%（2000年度）に達し，そこでは人間の手を加えることによって維持されてきたこれまでの生態系や生物相を弱体化させる要因ともなっている．また，米過剰に伴う水田の畑作物栽培への転換など農地の利用形態が変わることによって，夏季の水環境の変化が生態系に影響を与

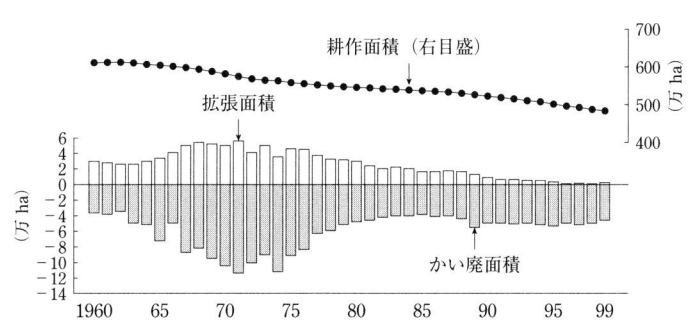

図 2.2 耕地面積および拡張・かい廃面積の推移（資料：農林水産省「耕地及び作付面積調査」）

えている場合も生じている．

これら土地利用の変化による生態系劣化を防ぎ改善するためには，農村地域の計画的な土地利用と食糧自給率の向上を目指す農地の積極的活用などの総合的な農村政策が不可欠であり，単なる技術的対応のみでは困難であるといわざるを得ない．

(2) 農薬・肥料の多投入と畜産廃棄物の不適切処理

多くの食料を安定的かつ安価に生産し国民に供給するためには，特別な有機農法などを除くと，その生産過程において最小限の農薬・肥料の使用は避けることはできず，これらの多用が近年の農村の生態系衰退の大きな原因の一つとなってきた．とくに農地およびその周辺の生態系に大きな影響を与える農薬については，その病害虫や雑草への防除効果を期待するあまり，新しい化学物質である農薬が大量に使用された時期があり，これが水田を主体とする農村の生態系を大きく損なってきたことは否めない事実である．

しかし，最近では，農薬の人体に及ぼす影響については，未解明な環境ホルモンなどを除き，その安全生が確保されるようになってきており，また，生物農薬との併用による総合的防除技術（IPM）も環境保全型農業の一環として普及しはじめている．ただし，人間以外の野生生物や生態系への農薬の影響については，これまで欧米に比べて研究が立ち遅れていたが，最近ではこの影響と対策について環境省を中心に研究・検討が急がれており，すでに「農薬生態影響評価検討会」の第 2 次中間報告（2002 年 5 月）も出され，水生生物とくに魚類などへの生態影響の観点から，新たな農薬の使用規制も検討されはじめている．

肥料の多使用や畜産廃棄物（糞尿など）の不適切な処理は，とくに水域における窒素・燐などによる水質悪化，とくに富栄養化による生態系への影響が問題となってきたが，現在，農水省が新たな法律を制定し，化学肥料から堆肥などの有機肥料への転換や畜産糞尿処理の改善など，環境保全型農業の推進に努めており，これが農村における生態系の保全・復元にも大きく役立つことが期待されている．

(3) 土地改良によるビオトープなどの減少

農業の生産性向上にとって，その生産基盤である農地や水利条件の整備を主として行う土地改良は不可欠な行為であり，これまでも多くの努力と予算が投入され，農村の生産・生活環境の近代化に大きく貢献してきた．しかし，農村の物理的環境を大きく改編するこれまでの土地改良は，農業生産性と事業投資効率を優先したものであったために，その整備の内容や技術は生態系などの自然環境保全への配慮に乏しく，これが農村の自然環境を劣化させた要因の一つと指摘されている．

とくに，農村地域に面的に広がる農地の区画・用排水・道路などを一体的に整備する圃場整備事業は，区画の拡大整備に伴って，旧来そこにあった多くの小川・水路・畦畔・農道・池・湿地・雑木林などのビオトープ（野生動植物の生息空間）構成要素が整理統合されて，図 2.3 の右側のような整然とした耕地組織となるため，それまで水田やその周辺に安定的に野生生物が生息していたビオトープが喪失・分断されて，その地域の生物相が貧困化する場合がある．これに対しては，生産目的以外の土地利用として，ある広がりの単位ごとにビオトープ的な場所，すなわち池・水辺・草地・雑木林などを計画的に保全・創出したり，圃場と周辺の里山をつなぐ回廊（コリドー）として役立つような，水路・道路・並木・河畔林などの配置や構造についての検討や試行的実施がはじまっている．

また，圃場整備や排水改良に伴って実施される湿田の乾田化が，水田およびその周辺に常時または一時的に生息する生物や渡り鳥にとってのビオトープ的機能を失わせ，生物多様性の劣化の原因となっているとの指摘もある．しかし，農作業の機械化にとって湿田の乾田化は必須の条件整備で

図 2.3 水田圃場整備の完了前後の状況（岐阜県・揖斐川左岸地区）（農林水産省提供）

あり、この問題への対策としては、イネ収穫後の秋冬期にも地域の一部の水田に水を貯めたり、排水路に水を流したりすることなど、湿田状態に代わる環境対策や圃場の水管理を工夫することが考えられており、すでに一部の地域では冬季に渡り鳥の飛来が復活するなどの成果をあげはじめている。

近年の土地改良のなかで、自然環境の保全上からもっとも関心を集めているのが、圃場整備や水利整備における水路のコンクリート化に伴う生物生息場所の喪失・劣化の問題である。これまでの農業用排水路は、水利機能や維持管理を重視した三面張りコンクリート水路や管水路が主体であり、また、水路中にも大きな落差工を設ける場合が多かった。しかし、これが水中や水辺に生息する魚・小動物・昆虫・植物などにとっての生息場所を奪い、農村の生態系を弱体化させてきた大きな原因の一つと考えられている。このため、現在では石積みや多孔質材料による護岸、水の流速を多様化させる水路構造、魚などの遡上を助ける落差工などの研究開発が進み、各地での試行的事業実施が展開されはじめている。

d. 農村における自然環境復元の方向

冒頭でも述べたように、いまから30～40年前までは、日本の水田を主体とする農村地域では、農耕と共存した「二次的自然」とも呼ばれる豊かな自然環境が維持・保全されてきていた。しかし、上述してきたように、近年、農業の生産性向上と自然生態系保全との矛盾が顕在化し、今後の農村の環境を考えるうえで、この問題の解決は避けて通ることのできない重要な課題となっている。

昔に比べ、ここまで日本の社会・経済構造が変化し、農業・農村自体も大きく変貌してしまった現在、いまさら生産性の低い昔の農業生産形態に後戻りしたり、すべての農村をかつての「二次的自然」状態に戻すことは、現実的には困難といわざるを得ない。今後は、農村にまだ残されている各種ビオトープなどの自然環境を極力保全・修復するとともに、農業・農村関係者の発想の転換と新たな技術開発によって、失われた自然環境の復元や新たなビオトープなどを創出し、生産性が高くかつ自然環境にも恵まれた、いわば「三次的自然」ともいうべき農村空間の創造を目指すべきではないかと考えられる。

図 2.4 は、このような日本における農村の自然環境の変遷と今後の保全・整備の方向を簡潔に示したものである。里山など日本の原風景ともいわれる「二次的自然」は、その自然環境や景観としてはたいへん優れたものであるが、その維持・保

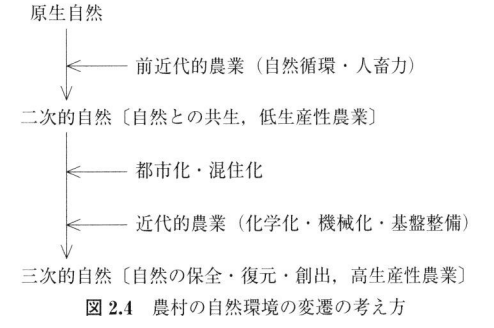

```
原生自然
   │
   │←── 前近代的農業（自然循環・人畜力）
   ↓
二次的自然〔自然との共生，低生産性農業〕
   │
   │←── 都市化・混住化
   │
   │←── 近代的農業（化学化・機械化・基盤整備）
   ↓
三次的自然〔自然の保全・復元・創出，高生産性農業〕
```

図 2.4 農村の自然環境の変遷の考え方

全が可能であったのは，そこで営まれる農業や生活が物質の自然循環に依拠し，人畜力による低生産性農業であったためといえる．それが近年の急速な農村地域の都市化や化学化・機械化・基盤整備などの農業技術の近代化によって，農業の生産性や農業者の生活は飛躍的に向上したものの，長い間安定的に維持・保全されてきた「二次的自然」がしだいに失われ，農村の自然環境の復元があらためて強く求められてきたのである．よって，今後はこの向上した高生産性農業を維持しながら，なおかつ豊かな自然環境を保全・復元・創出するという困難な課題を解決し，「新・二次的自然」あるいは「三次的自然」ともいうべき新たな考えに立った農村環境の創造に挑戦しなければならない．

ここでいう「三次的自然」の具体的イメージとしては，たとえば，一つの集落（旧村程度）の広がりのなかで，農地には高生産性農業を可能とする高度な土地改良を行うとともに，その整備地区のなかや周辺には，従来すんでいた野生生物などが生息・移動しやすい水路・農道・畦畔・ため池・河畔林・親水施設などのビオトープやコリドーを適切に保全・整備・配置し，その地域全体と

しては豊かな生態系や景観が保持しうるような，新たな農村空間を創出していくことが考えられる（図2.5参照）．そしてその地区内においては，しっかりした持続的農業が営まれるとともに，行政機関・農業者・農村住民，場合によってはNGOなど都市住民を含む関心ある人たちによって，水辺などのビオトープの復元と永続的維持管理が図られることが必要である． ［中川昭一郎］

文　献

環境省：新生物多様性国家戦略，ぎょうせい（2003）
環境省水環境部：我が国における農薬生態影響評価の当面の在り方について（第2次中間報告）（2002）
杉山恵一，中川昭一郎監修：農村ビオトープ，信山社サイテック（2000）
田園環境創造研究会編集協力：自然と共生する田園環境の創造に向けて，公共事業通信社（2003）
中川昭一郎：農村の二次的・三次的自然の保全と創出．食料主権，山崎農業研究所・農文協（2000）
中川昭一郎：農業農村整備とビオトープの保全と創出．農業土木学会誌，**69**(9)（2002）
中川昭一郎：環境保全型農業と農村環境整備．環境保全型農業の課題と展望，大日本農会（2003）
(社) 農村環境整備センター：特集・農村生態系と保全技術．農村と環境，No.16（2000）
農林水産省：生きものたちの住む農村を目指して（2002）

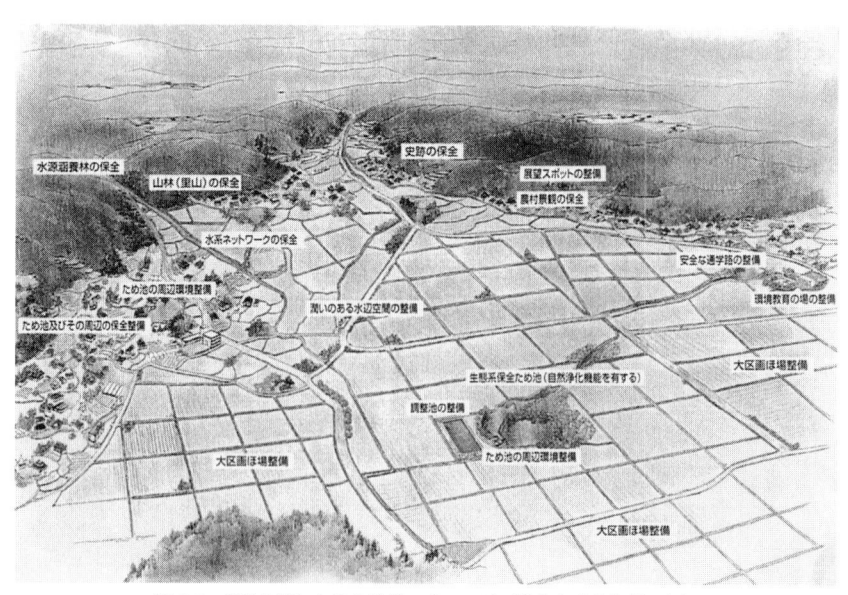

図2.5　農村地域における整備のイメージ（農林水産省資料より）

2.2
農業農村整備における環境重視の施策展開

わが国農村の自然環境は，長い年月により営まれてきた農業により成り立った二次的自然である．そこでは水田などの農地のほか，二次林である雑木林，鎮守の森や用水路，ため池，畦や土手・堤といった，人の適切な維持管理により成り立った多様な環境がネットワークを形成し，多くの生物の生息・生育の場となっている．2003年に実施された「田んぼの生き物調査」によれば，わが国に生息する淡水魚約300種類のうち94種の生息が農村地域において確認されている．

2002年4月の改正土地改良法の施行により，生態系を含む環境との調和への配慮が法的に土地改良事業の事業実施の原則として位置づけられ，平成15年度（2003）よりすべての農業農村整備事業は自然と共生する田園環境の創造に貢献する事業内容に転換された．まさに，わが国の農業農村環境は大きな転換点を迎えようとしている．

配慮すべき環境や整備内容は地域の実情に応じて検討されるべきものであるが，一般的な調査，計画の考え方，手順や内容について，先導的に国が一定の考え方を示すことは，環境配慮の取組みを全国で進めていくためには不可欠であると考えられる．このため，農林水産省食料・農業・農村政策審議会農村振興分科会農業農村整備部会技術小委員会において，「環境との調和に配慮した事業実施のための調査計画・設計の手引き」の検討，とりまとめが行われた．

本節では，手引きをとりまとめるに際して検討が行われた背景と，農業農村整備事業を実施する際の環境との調和の基本的考え方や実効性のある仕組みについて記述する．

a. 検討の背景

(1) 地球環境問題と持続可能な発展

1980年代後半以降，地球温暖化，希少生物の減少などの地球環境問題が顕在化した．1992年6月には，地球環境問題への国際的な関心の高まりを背景に，「地球サミット」がブラジルのリオデジャネイロにおいて開催され，「持続可能な発展」の理念と行動計画（アジェンダ21）の国際的な合意が形成された．

近年，わが国においても，国民の意識は，物の豊かさから心の豊かさを重視する方向に転換しつつあり，将来のわが国のあるべき姿として「国土や環境の保全」「自然との共生」や「循環型社会の形成」などが求められるなど，環境との調和への要請が高まっている．

(2) 農業，農村と環境

農業は，自然の物質循環を生産力の基礎としており，適切な農業生産活動の維持により国土の保全，水源の涵養，自然環境の保全などの多面的機能が発揮されている．また，近年，良好な環境で生産された農産物など，安全・安心な食料に対する国民のニーズが高まっている．

さらに，農村は，国民への安定的な食糧供給機能のほかに，国民の新たなライフスタイルの実現を可能とする自然との触れ合いの場としての評価が高まりつつある．

一方，近年，農村地域においても，生息・生育地の縮小や分断化などによる野生生物種の個体群の絶滅の危機の進行や，過疎化や高齢化などに伴

う農地や森林の管理水準の低下などによる水質，水量，水辺環境にかかわる問題などが生じている．

農業農村整備事業の実施に際しては，これまでも，個別事業地区ごとに，環境に配慮した事業の実施を図ってきたところであるが，さらに，近年，国民の環境に対する関心が高まるなか，各種公共事業の実施に際して環境との調和に対する要請が増している．

(3) 生態系に配慮した農村環境整備の取組み

農業農村整備事業においては，1991年頃から農村地域の自然環境に配慮した各種の事業制度が創設されてきている．そのうち，農村地域の生態系に配慮した整備に資するおもな事業としては，水環境整備事業（1991年度創設），農村自然環境整備事業魚道整備型（1993年度創設），農村自然環境整備事業ビオトープ型（1994年度創設），農村自然環境整備事業総合型（1995年度創設），地域環境整備事業（1999年度創設）などがある．

また，1994年度には，都道府県において環境保全に対する基本的な考え方および農業農村整備事業における基本的対応方針を定める「農業農村整備環境対策指針（環境対策指針）」，1997年度には，農村地域における環境保全のためのマスタープランである「市町村農業農村整備環境対策指針（農村環境計画）」の策定に対する助成制度が創設された．

この農村環境計画においては，現況の生態系，環境などに関して評価を行ったうえで，地域として保全すべきエリア，環境に配慮して整備すべきエリア・施設，生産性向上を重視して整備すべきエリア・施設を区分して図面に表現した広域的環境整備計画図を作成することとしている．

(4) 食料・農業・農村基本法と土地改良法改正

わが国の農業農村を取り巻く環境は，食糧自給率の低下，農業者の高齢化，農地面積の減少や農村の活力の低下などにみられるようにたいへん厳しいものがある．しかし，近年，心の豊かさやゆとり，安らぎといった経済面にとどまらない価値を重視する傾向が定着し，また，食品の品質・安全性に対する国民の関心が高まるなかで，食料・農業・農村政策は新たな対応が求められるようになってきた．

このような状況を踏まえ，1999年7月「食料・農業・農村基本法」が制定された．新基本法は，国民全体の視点から政策を遂行することを重視し，「食料の安定供給の確保」「多面的機能の発揮」が農業・農村に期待される役割であることを明確にするとともに，その基盤をなす「農村の振興」と「農業の持続的な発展」を政策の理念として位置づけ，そのもとに講ずべき施策の基本方向を明らかにしたものである．

また，土地改良事業を実施する際に環境との調和への配慮を原則とするとともに，農村の混住化の進展に伴い，地域のコンセンサスを得るにも農家だけでは十分でなくなりつつある状況を踏まえ，2001年6月「土地改良法」が改正された（2002年4月施行）．新土地改良法では，「事業実施にあたっての環境との調和に配慮する原則」や「事業計画の策定に対し，地域住民をはじめ広く国民が意見を提出できる手続き」などをおもな改正点としている．これにより，従来からの事業の目的を達成しつつ，可能なかぎり農村の二次的自然や景観などへの負荷を回避し，低減するための措置を講ずることが求められることになった．

b. 農業農村整備事業の実施に関しての環境との調和の基本方針

(1) 環境との調和への配慮の視点
i) 農業農村整備事業と環境との調和

わが国の農村においては，水田などの農地のほか，二次林である雑木林，鎮守の森や屋敷林，生垣，用水路，ため池，畦や土手・堤といった，多様な環境が有機的に連携し，多くの生物相が育ま

れ多様な生態系が形成されるとともに，良好な景観を形成してきた．わが国の農村の環境は，図2.6に示すように，このように適切な維持管理のうえに成り立った二次的自然を基調とするものであり，その保全や回復を図ることが，国全体として良好な環境を維持・形成するうえでも重要である．

とくに，農業は生産力の基礎を自然の物質循環のなかに置いており，環境への適切な働きかけによって，環境を管理・整備するという特質を有している．このため，適切な農業生産活動が行われることにより，国土の保全，水源の涵養，自然環境の保全，良好な景観の形成などの多面的機能が発揮されているが，一方では，化学肥料や農薬の不適切な使用などにより，農業が環境に負荷を与える場合もある．

また，灌漑排水事業や圃場整備事業などの土地改良事業は，生産基盤の整備を通じて，農業生産性の向上，農業経営の合理化などを目指すとともに，持続的な農業生産活動を可能とすることにより自然環境の保全などの多面的機能の向上にも資する．さらに，農村の生活環境の整備を行う農業集落排水事業などは，水質の改善などにより，良好な環境の形成に資するものである．一方，経済性や管理上の効率性を重視した工法による事業の実施に伴い，生態系や景観などへの負荷や影響を与える側面も有している．

このため，可能なかぎり環境への負荷や影響を回避・低減するとともに，良好な環境を形成・維持し，持続可能な社会の形成に資するためには，農業生産の基盤や農村地域の生活環境の整備を担っている農業農村整備事業の実施に際しても，事業の効率的な実施を図りつつ，さらに環境との調和への配慮を進めることが必要である．

ii） 目標とする農村の環境

わが国の農村においては，豊富な自然環境のなかで，農業生産を中心とした経済的活動とそこで暮らす人々の生活の営みが自然と調和して行われ，さらに環境の適切な維持管理により，二次的自然が形成・維持されてきた．

環境との調和への配慮に際しては，このような，人と農の営みと自然との共生により形成・維持されてきた良好な環境を念頭に置いて，地域ごとにその特性に応じた農村の環境を目標として描くことが必要である．

iii） 参加と共生による循環型社会の形成

農業農村整備事業の実施に際しては，受益農家，地域住民，企業，NPO，関係行政機関などの広範な関係者の参加と連携が必要である．

農村地域における農業生産活動を中心とした経済活動およびさまざまな社会活動と自然環境との共生を図ることにより，大気，水，土壌，有機資源などの循環を維持・増進することを基本的な理念とすべきである．

iv） 環境への負荷の低減と良好な環境の形成

土地改良事業をはじめとする農業農村整備事業においては，農業生産性の向上などの目的を達成しつつ，地域全体を視野において，可能なかぎり農村の二次的自然や景観などへの負荷や影響を回避し，低減するために適切な措置を講ずることが必要であり，事業における環境との調和への配慮は図2.7に示す「環境配慮の5原則」を基本とする．また，自然生態系の保全を検討する際には，生物の産卵，ふ化，成長および越冬に応じた移動などを考慮した生息空間の広がりを考慮する必要がある．さらに，「生物生息空間の形態・配置の六つの原則」を考慮して生息域のネットワークを

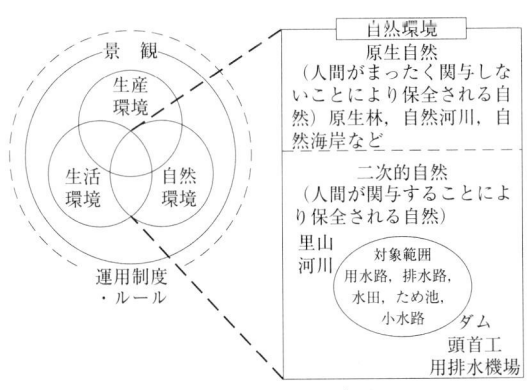

図 2.6 農村環境の概念図

2. 農村自然環境復元の新たな動向

環境配慮の5原則

- **回避（avoidance）**
  行為の全体または一部を実行しないことにより、影響を回避すること
  → **湧水池の保全**
  湧水など環境条件がよく、繁殖も行われているような生態系拠点は、現況のまま保全

- **最小化（minimization）**
  行為の実施の程度または規模を制限することにより、影響を最小とすること
  → **生態系に配慮した用水路**
  水辺の生物の生息が可能な自然石および自然木を利用した護岸とし、影響を最小化

- **修正（rectification）**
  影響を受けた環境そのものを修復、復興または回復することにより、影響を修正すること
  → **魚道の設置**
  落差工により水路のネットワークが分断されている状況を魚道の設置により修正

- **影響の軽減／除去（reduction/elimination）**
  行為期間中、環境を保護および維持することにより、期間を経て生じる影響を軽減または除去すること
  → **一時的移動**
  環境の保全が困難な場合、一時的に生物を捕獲・移動し、影響を軽減

- **代償（compensation）**
  代償の資源または環境を置換または供給することにより、影響を代償すること
  → **代償施設の設置**
  多様な生物が生息する湿地などを工事区域外に設置し、同じ環境を確保

図 2.7　環境への影響を緩和する方法

負担や影響の回避、低減
A → C
良好な環境が保たれている箇所に、施設を新設する場合等

失われた環境の回復
良好な環境の形成

B → C
環境に一定の負担がかかっている箇所で、施設を更新する場合等

●環境との調和のイメージ

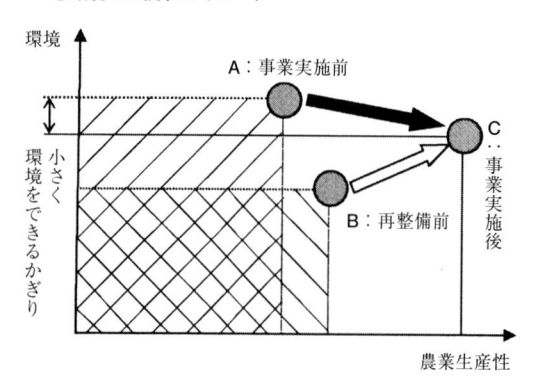

A：事業実施前
B：再整備前
C：事業実施後

環境
小さく環境をできるかぎり
農業生産性

図 2.8　環境との調和のイメージ

適切な形で確保することが必要である．

また，図2.8に示すように，状況に応じ，これまで失われた環境を回復し，さらには良好な環境を形成するという視点も必要である．

v) すべての事業の実施に際しての配慮

2001年に改正された土地改良法においては，事業実施の原則として「環境との調和への配慮」が追加された．また，国民の環境への意識の高まりも踏まえ，今後は原則としてすべての農業農村整備事業の実施に際して，環境との調和への配慮を実現することが必要である．

vi) 透明性が高く，実効性のある仕組みに基づく配慮

環境影響評価法に基づく環境アセスメントは，対象事業，評価対象項目の選定，影響予測方法の検討などについて明確なルールが定められるとともに，これらの各段階において，国民や関係行政機関の意見を聴いて，事業者自らが環境アセスメントを実施する仕組みとなっている．

農業農村整備事業においても，事業規模などを考慮し，透明性の高い明確な手順に従い，受益農家と地域住民など関係者の意見を踏まえ，事業申請者や事業主体が環境との調和への配慮を行うための実効性ある仕組みが必要である．

(2) 配慮すべき環境要素

i) 環境要素の種類

環境の要素には，大気，水，土壌などの環境の自然的構成要素や，野生の動植物の個体群やそれらが構成する生態系，さらに人と自然との豊かな触れ合いの場や景観などが含まれる．なお，水質が生態系に与える影響など，これらの環境要素は互いに密接に関連するものであることに留意が必要である．

ii) 環境要素の選定の考え方

各種農業農村整備事業の実施に際しての環境との調和への配慮においては，これらの配慮すべき広範な環境要素を対象として，地域住民や関係者の意見を聞きながら配慮の対象とする環境要素の選定を行うことが必要である．

その際，その地域において身近に存在する，もしくはかつて身近に存在した野生動植物種や景観などを配慮すべき環境要素とすることが望ましい．

(3) 調査，計画，実施の各段階における環境との調和への配慮

i) あらゆる局面での環境との調和への配慮

環境への負荷を低減し，環境保全上の支障を未然に回避するためには，諸外国で取り組まれている「戦略的環境アセスメント」の概念も参考にし，事業の実施の段階においてのみならず，政策決定や上位計画の決定など，早期の段階から環境配慮を意志決定プロセスに織り込むことが有効である．

また，環境への影響の予測には不確実性があることから，事業実施中や完了後においても，環境との調和への配慮のために講じた対策の効果の発現状況などについて，適宜フォローアップすることが必要である．

ii) 農村環境に関するマスタープラン

諸外国においては，国土計画に関連して環境保全に関する計画を国や地方レベルで策定し，これに基づき，各種施策や個別事業の実施に当たって環境への配慮を行っている事例もみられる．

わが国の農業農村整備事業においても，環境との調和への配慮の際には，長期的，広域的な視点から，各地域・エリアごとの環境保全上の役割を明確に示したマスタープランに基づくことが有効である．

(4) 地域住民などの役割

i) 受益農家，地域住民，市町村，都道府県などの役割

土地改良事業は受益農家の申請に基づき実施されるが，実施手続きのなかで，地域住民からの意見書提出など，関係市町村，都道府県との合意形成のプロセスを経て実施されているが，農村の生

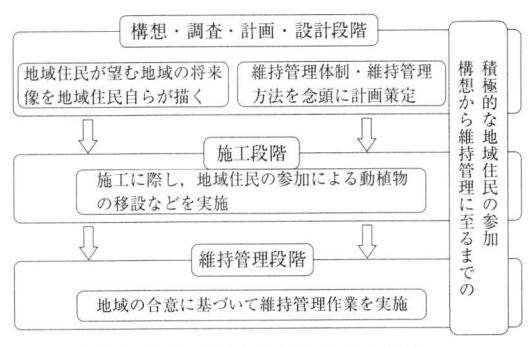

図2.9 構想段階からの住民参加の必要性

活環境の整備を行う事業については，図2.9に示すように，環境調査，事業計画策定や事業実施の早い段階から地域住民や有識者の参加を得て，環境整備の内容や維持管理方法などについて，合意形成を図ることが必要である．

農村の環境は地域住民や国民全体の共有の財産でもあることから，環境との調和の検討に際しても，受益農家のほかに地域住民などの参加や，関係行政機関との連携を図ることが必要である．

ii) 地域住民の参加の促進

農家を含む地域住民が環境配慮に主体的に取り組むためには，幅広い世代にわたる地域住民が地域の環境の価値を認識することが重要であり，そのためには，「田んぼの学校」など，地域住民自らが地域の環境の状況とその価値についてともに学ぶことができるような環境学習の機会を充実させることが有効である．

とくに，農業や地域の自然環境への関心と理解を高め，感性豊かな子どもたちを育むことが重要である．

c. 実効性のある仕組み

これまで記述した環境との調和の基本方針を踏まえ，農業農村整備事業の施行および維持管理における環境との調和，実効性のある仕組みとするためのプロセスの概要は図2.10に示すとおりである．以下，図2.10に示す要点を記す．

(1) 調査，計画，実施の各段階における環境との調和への配慮の仕組み

i) 農村地域の環境保全に関するマスタープランに基づく環境との調和

環境との調和への配慮を実効性のあるものとするためには，あらかじめ農村地域の環境保全に関するマスタープランを策定しておくことが有効な手法の一つである．図2.11にはマスタープランの一例である「田園環境整備マスタープラン」を示す．

このマスタープランは，全国一律のものではなく，各地域の社会経済状況や自然環境の特徴を考慮して，市町村，都道府県などの地方自治体が農家を含む地域住民の意見を十分聞いたうえで，環境保全に関する他の施策や計画との整合性を図りつつ，策定されており，平成16年度（2003年度）末には全国2436市町村で策定されたところである．

ii) 調査，計画段階での環境との調和への配慮

環境への配慮は，事業の概略が定まる前のできるかぎり早期から行うことが有効であることから，調査，計画の段階から環境配慮を行うことが必要である．

環境との調和への配慮については，地域の状況に応じて検討されるべきものであるが，これまで十分な経験が積まれていないため，環境との調和への配慮の観点での調査，計画や設計の手順，内容について，先導的に国が一定の考え方を示すことも，環境との調和への取組みを促進するための有効な手段である．このため，2002年より「環境との調和に配慮した事業実施のための調査計画・設計の手引き」の取りまとめと公表を行っている．

iii) 事業計画書の審査の仕組み

農業農村整備事業の施行に関する基本的な要件として，これまでの「事業の必要性」「技術的可能性」「経済性」などとともに，「環境との調和への配慮」を新たに加えることが必要である．

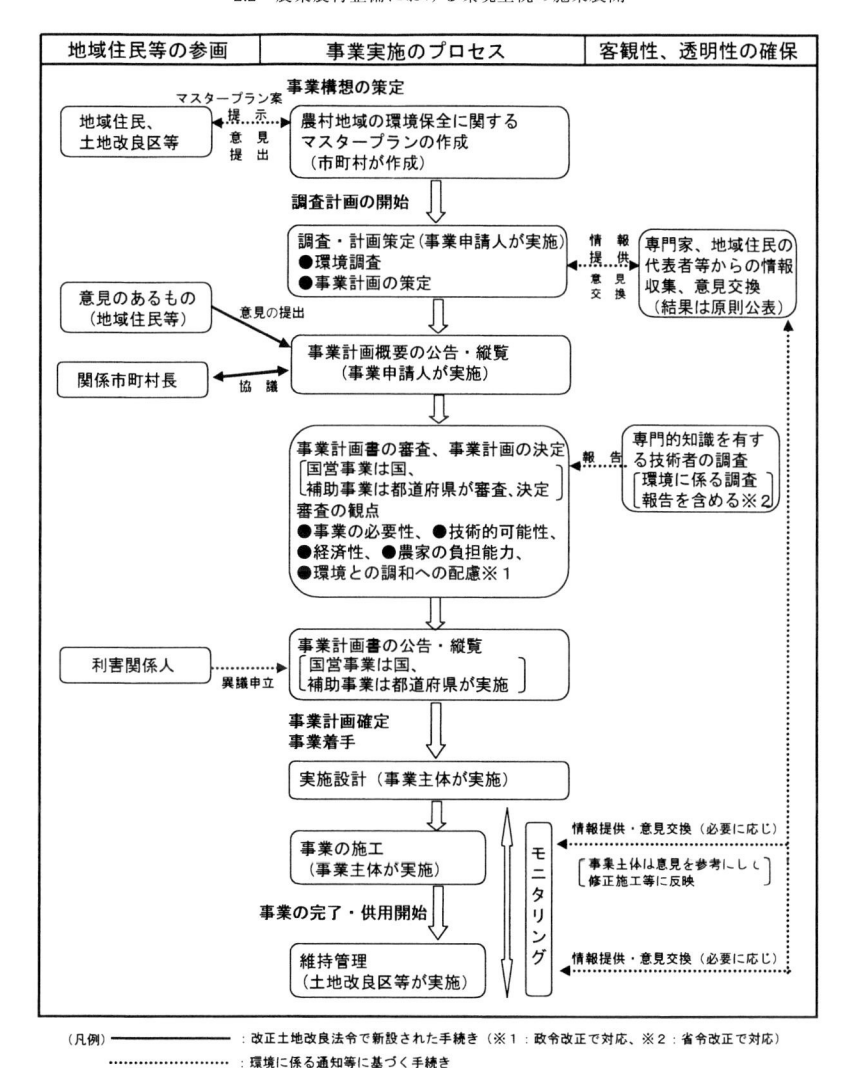

図2.10 環境との調和のための実効性ある仕組み

このため，事業計画書に環境との調和への配慮の内容を記載するとともに，国などが事業計画の適否の審査を行うに当たって報告を求めることとしている専門技術者の報告書に，環境との調和への配慮に関する内容を追加するなどの措置を講じた．

iv) 環境との調和に配慮した事業実施，維持管理およびモニタリング

環境との調和への配慮を実効性のあるものとするためには，事業の実施中や，事業完了後の維持管理段階においても環境との調和への配慮を行うとともに，環境への影響や環境保全対策の効果についてモニタリングを行うことも有効である．

とくに，維持管理に際しては，土地改良区などが地域住民の参加や協力を得て行う新たな体制を確立することも有用である．

(2) 地域住民などの意向の反映

i) 地域住民などの意向の把握と事業計画への反映

2001年の土地改良法改正により，地域の意向を踏まえた事業計画の策定のため，事業実施手続きに地域住民などの意見書提出や関係市町村との協議が加えられた．この新たな仕組みを活用し，

図2.11 田園環境整備マスタープランの例（口絵8参照）

個別事業計画における環境との調和への配慮の内容についても，市町村・地域住民などの意向が反映されている．

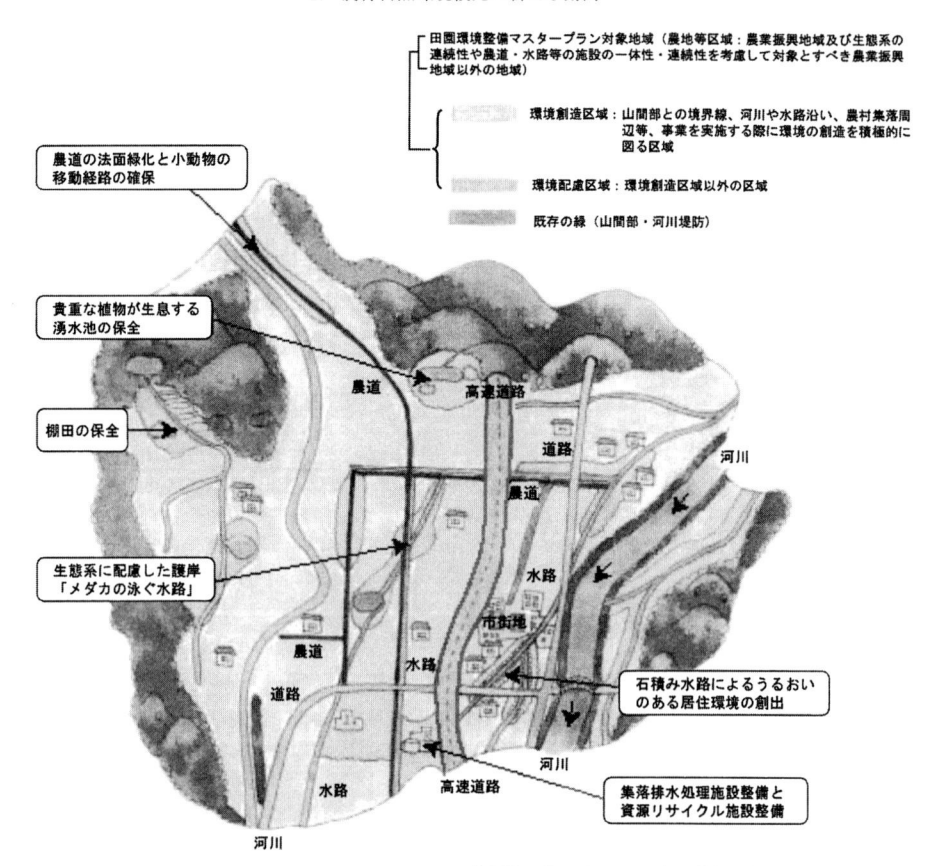

また，法に基づく手続きのほかに，事業計画策定や事業実施に際して地域住民などの参加を促進し，地域の合意形成を図ることとしている．

具体的には，計画策定や事業実施に際して，できるかぎり非農家を含む地域住民などの広範な関係者の意見を聞く機会を設けることが望ましい．このため，「田園環境整備マスタープラン」の策定に当たっては，地域の広範な関係者の意見を聞くこととしている．

ii) 適切な費用負担のあり方

環境との調和に配慮した整備を行う場合，配慮にかかわる部分の経費が増加し，受益農家の負担の増加につながることが多いが，環境との調和への配慮は受益農家以外の地域住民からの要請に基づく場合が多く，またその便益は広く地域住民全般に及ぶものであることを念頭に置き，適切な負担のあり方を検討していくことが重要である．

(3) 客観性，透明性の確保

i) 環境に関する十分な情報収集と意見交換

自然との共生の持続性を確保するとともに，客観性と透明性を確保しつつ事業の円滑な推進を図

るためには，事業の実施に先立つ調査・計画に際して，専門家・地域住民の代表などから環境に関する情報を収集するとともに，意見交換を行うことが必要である．

また，必要に応じ，事業の実施中および事業完了後においても，専門家・地域住民の代表などから環境に関する情報を収集するとともに，意見交換を行うことも有用である．

収集した情報や意見交換の結果については，透明性の確保の観点から，原則として公開とすることが望ましい．

以上の観点から，各農政局や都道府県に「環境に係る情報協議会」が設置され，環境に関する情報収集と意見交換を行っている．

ii) 環境に関する専門家の活用

環境との調和の検討に際しては，図 2.12 に示すように，環境に関する豊富な知見を有する者を相談員として活用することも有用である．このためには，技術士，大学・高校・小中学校の教員，博物館学芸員，環境保護団体や NPO のメンバーなどに対し，各種事業の実施に際して相談を行うことも有効である．

d. 今後の展開方向

（1） 環境保全型，循環型社会の形成

農業と自然環境との共生をさらに進めるため，今後，農業のもつ自然循環機構を生かし，環境保全型農業・循環型農業に資する整備を目指していくことが必要である．

具体的には，有機性廃棄物の循環利用に資する整備や，化学肥料・農薬の適切な利用を可能とする持続的な農業生産に資する整備，健全な水循環の形成に資する整備などを進めていくことが課題である．

（2） 多様な農村環境の回復

中・長期的には，わが国の農村地域においてか

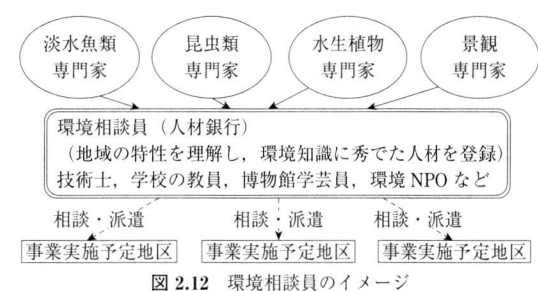

図 2.12 環境相談員のイメージ

つて存在した，自然と人間との共生により形成・維持されてきた良好な生態系・景観などの環境を回復することも必要である．

多様性のある健全な自然生態系の再形成のためには，地域ごとに，その特性に応じた段階的な目標を掲げ，農村の二次的自然の回復を目指すことも有効である．

（3） 技術的知見の蓄積

環境との調和を進めるに当たっては，地域の環境の目標を設定する際に必要となる生態系や景観などに関する基礎的情報が不足しており，その蓄積が必要である．

また，環境に関する評価，予測の手法や工法についても十分な知見の蓄積や開発に努めることが必要である．

さらに，環境との調和への配慮を担う人材の確保，育成も今後進めていくことが必要である．

本節は多田（2002）のシンポジウム講演要旨をもとにとりまとめたものであり，この原稿作成に当たっては長利洋氏（（独）農業工学研究所農村環境部長）に多大のご協力を得た．記して謝意を表する．　　　　　　　　　　　　［多田浩光］

文　献

多田浩光：農業農村整備における環境との調和への新たな取組み．2002 自然環境復元シンポジウム「農村における自然環境復元の具体化に向けて」，11-25（2002）
農林水産省：環境との調和に配慮した事業実施のための調査計画・設計の手引き（2002）
農林水産省：環境との調和に配慮した事業実施のための調査計画・設計の手引き（第2編）（2003）

2.3
生物多様性国家戦略における里山重視

　熱帯雨林の急激な減少，種の絶滅への危機感が国際的に高まったことを背景として，1993年にリオデジャネイロで行われた国連開発会議（地球サミット）に併せて生物多様性条約が採択された．同条約の目的には，「生物多様性の保全」「持続可能な利用」「遺伝資源から得られる利益の公正かつ衡平な配分」が掲げられている．

　この条約に基づき，日本は，1995年に生物多様性国家戦略を策定し，その後の自然環境，社会経済の変化を受けて，2002年4月に新しい国家戦略を策定した．新国家戦略は，近年の生物多様性の保全上の危機を踏まえて，湿地などの保全の強化，里山という新しい概念の導入，自然再生の推進を掲げている点が特徴である．

　新国家戦略において記述された里地里山の保全について，その概要を紹介する．

a. 生物多様性国家戦略見直しの背景

　日本の生物多様性保全にかかわるこの10年の環境や社会経済の動向をみてみると，大きな特徴として，①「生物多様性条約」の採択など国際社会の流れを強く受けて国内施策が進められたこと，②優れた自然風景や貴重な生態系の保護に加えて，種の絶滅の回避，生物多様性の保全といった視点が国内施策に導入されたこと，③各省が，環境や自然の保全，配慮を積極的にその施策に内部化しつつあること，④地方公共団体に先駆的な動きがあり，NGOの影響が増大したこと，⑤それらの背景として，わが国社会全体が成長型から安定・成熟型へと転換しつつあるなかで，とくに里地里山や干潟など身近な自然に対する国民意識の急速な高まりがあること，の5点があげられる．

　こうした大きな状況の変化を受けて，「自然と共生する社会」を政府一体となって実現していくためのトータルプランとして国家戦略を見直し，2002年に新しい国家戦略を策定した．

　見直しに当たっては，生物多様性の現状と社会経済状況にかかわる分析を行っている．その概要はつぎのとおりである．

(1) 日本の生物多様性の特徴

　日本の国土はユーラシア大陸の東側に位置する弧状列島である．日本列島はモンスーン地帯に位置し，温暖で雨の多い自然条件のもとに成立する植生は，大部分が森林である．日本では，南から北に向かって常緑広葉樹林，落葉広葉樹林，常緑針葉樹林がほぼ帯状に配置され，垂直的な推移もこれとほぼ同様である．さらに，有史以来の人間のさまざまな営みによって，かなりの部分が代償植生に置き換わっている．このような代償植生の一部は環境を多様にすることにより，結果的にわが国の生物多様性を高める方向に働いてきたと考えられる．

　わが国の既知の総種数は9万種以上といわれており，日本は狭い国土面積にもかかわらず，豊かな生物相を有している．維管束植物の種数について，わが国と同程度の面積を有するドイツ（約35.7万 km^2）と比較した場合，ドイツの種数が2632種であるのに対してわが国は5565種となっている．哺乳類についてみると，ドイツが76種に対しわが国は188種，爬虫類では，ドイツが

12種に対しわが国では87種が生息している．さらに，固有種の比率が高いこともわが国の動植物相の特徴である．

(2) 生物種の現状

環境省でまとめた絶滅のおそれのある種のリストでは，絶滅危惧Ⅰ類およびⅡ類に分類されている種が，動物で669種，植物などで1994種であり，脊椎動物および維管束植物の分類群のそれぞれ2割前後が絶滅危惧種に選定されている．このなかには，メダカに代表されるように，長年にわたって人為により環境が維持されてきた里地里山に生息・生育する身近な種や水辺の種が多く選定されている．その減少の要因としては，生息地破壊や分断化，人間の働きかけの縮小に伴う環境悪化，乱獲，移入種の影響，植生遷移の進行などが指摘されている．

(3) 生態系の現状

わが国においては，環境省の調査結果に基づき，全国土を覆う1/50,000レベルの現存植生図が整備されている．それぞれの植生タイプが国土面積に占める割合をみると，森林（自然林，自然林に近い二次林，二次林，植林地）は全土の66.6%を占めており，そのうち自然林は国土の17.9%で，これに自然草原を加えた自然植生は19.0%と国土面積の2割を切っている．二次林（自然林に近い二次林を含む）は23.9%，植林地は24.8%，二次草原3.6%，農耕地は22.9%，市街地などは4.3%である．

自然林や自然草原などの自然植生は，急峻な山岳地，半島部，離島といった人為の及びにくい地域を中心に分布している．平地，丘陵，小起伏の山地などでは二次林や二次草原などの代償植生や植林地，耕作地の占める割合が高くなっている．また，大都市の周辺では，市街地など面的にまとまった緑を欠いた地域が広がっている．

自然林および二次林は，昭和30年代，40年代に量的に多くの面積が減少してきたが，近年は，量的な減少の程度は鈍くなってきている．一方，一つひとつの森林のまとまりの面積は減少しており，生息地の分断化が進行しつつある．手入れ不足による人工林や二次林の荒廃など，野生生物の生息・生育環境の質的な悪化も懸念されている．

表 2.1 絶滅のおそれのある野生生物（RDB種）の種数

分類群		評価対象総種数 (a)		絶滅	野生絶滅	絶滅危惧種 (b)	準絶滅危惧種	情報不足	(b/a)
動物	哺乳類	約	200	4	0	48	16	9	24.0%
	鳥類	約	700	13	1	90	16	15	12.9%
	爬虫類		97	0	0	18	9	1	18.6%
	両生類		64	0	0	14	5	0	21.9%
	汽水・淡水魚類	約	300	3	0	76	12	5	25.3%
	昆虫類	約	30000	2	0	139	161	88	0.5%
	クモ類・甲殻類等	約	4200	0	1	33	31	36	0.8%
	陸・淡水産貝類	約	1000	25	0	251	206	69	25.1%
	動物 小計			47	2	669	456	223	
植物等	維管束植物	約	7000	20	5	1665	145	52	23.8%
	蘚苔類	約	1800	0	0	180	4	54	10.0%
	藻類	約	5500	5	1	41	24	0	0.7%
	地衣類	約	1000	3	0	45	17	17	4.5%
	菌類	約	16500	27	1	63	0	0	0.4%
	植物 小計			55	7	1994	190	123	
	動物・植物合計			102	9	2663	646	346	

注：種数には亜種・変種を含む．
出典：「総種数」は環境省，植物分類学会等による．「絶滅のおそれのある種数」は，環境省レッドデータブック等による．

（4） 社会経済の現状

わが国の総人口は，少子化を主因に増加の伸びが鈍化しており，2006年には，約1.3億人をピークとして減少に転ずるものと予測されている．同時に高齢化が急速に進み，2016年には4人に1人が65歳以上という超高齢化社会になるといわれている．少子高齢化により，全国的には地域の担い手の減少と高齢者の増加という形で地域社会が大きく変容することが考えられる．

人口の動態に関しては，全国的には人口移動が沈静化する傾向だが，都市への人口集中は継続し，1995年から2000年までに農家人口が10.8%減少しているなど，農山村人口の減少が続いている．このような人口の移動を背景に，大都市およびその近郊においては，開発による身近な自然環境の減少や廃棄物の量の増加などが課題となっている．山村部においては，森林所有者の94%が保有面積20 ha未満と森林所有規模がきわめて小さく，社会経済情勢の変化から，林家における家計費に占める林業所得の割合は1割程度に過ぎなくなってきており，今後森林所有者の不在村化や林家の世代交代が進み，自ら適切な施業・管理を行うことのできない森林所有者が増加するおそれがある．さらに，過疎の進む農村部では，農林地の管理放棄などに伴い耕作放棄地において鳥獣が増加し，鳥獣被害の増大も問題となっている．

全国の地価は1991年をピークに下落傾向に転じており，都市近郊における林地や農地の都市的土地利用への転換は，全体として鈍化する傾向にある．しかし，大都市周辺の里地里山などでは，商業立地，住宅需要などで市街地の拡大は依然として進行し，一定の地域では土地利用転換が続いている．

一方，経済の動向についてみると，失業率が戦後最高を記録するなか，労働力人口は2005年頃を頂点に減少し，経済成長に対する労働力増加分の寄与が見込めなくなるなど，中長期的には，かつてのような高い経済成長率を期待することはできなくなっている．

（5） 国民意識，社会的意識の変化

1世帯当たりの人数は現在3.24人であり，一貫して減少する傾向が続いている．都市部への人口の集中は，高度経済成長期に比較すれば緩やかにはなったが，確実に進行しており，少人数世帯を基礎とする都市型のライフスタイルは，生活時間帯や嗜好の多様化をもたらしてきた．家計消費支出のなかで自動車関連費用や教養娯楽関連費用，外食費などの占める割合がとくに増加してきたことなど，趣味や余暇活動における快適性や利便性を重要視する傾向が窺える．経済の高い成長が見込まれないなか，この傾向が強まるかどうか不明な点もあるが，情報化の進展により，余暇において個別の情報や嗜好をさらに深く追求する流れは，今後も続くものと考えられる．また，環境や施設を含めた居住空間そのものの快適性，いわゆるアメニティの向上への欲求がますます高まることが予測される．

こうした変化を背景に，都市化が進み日常のな

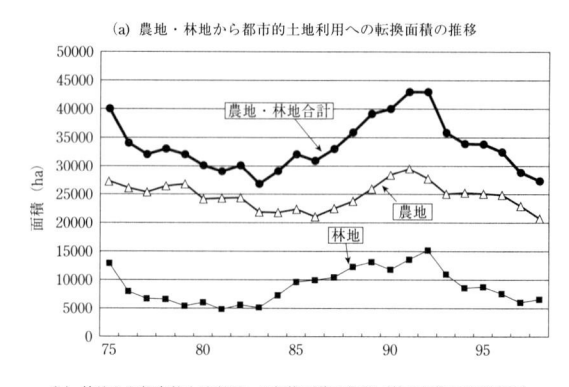

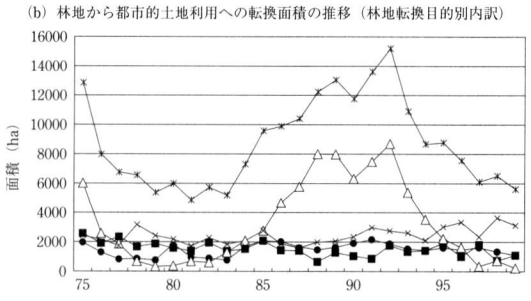

図2.13 土地利用転換面積の推移（土地白書などより作成）
(b) ●：工場・事業場用地，■：住宅・別荘用地，△：ゴルフ場・レジャー用地，×：公共用地（道路・ダムなど），＊：計．

かで自然に親しむ機会が減少するにつれて，生活の利便性を希求するよりも自然とのふれあいを重視するという自然志向の高まりもみられる．たとえば，旅行に関しては，自然や野生生物とのふれあいを通じて自然環境に対する認識を深めていくエコツーリズムや，農山漁村地域を中心に自然，文化の体験，人々との交流等を目的としたグリーンツーリズムへの関心が高まっており，修学旅行においても農業体験や自然体験などの体験学習が実施されている．

また，農山村地域での自然的暮らしの体験や田舎暮らしへの志向も増加し，定年帰農現象も起きている．一方で，都市においてもガーデニング，ベランダ緑化，屋上緑化，壁面緑化など，身近な建築空間で生きものとのふれあい環境を創造することに対する意識も高くなってきている．学校ビオトープづくり，市民参加による里山管理，湧水の保全・管理行動も積極的になってきており，自然に対する意識変化が窺える．

わが国の社会経済は成長型から安定・成熟型に転換し，産業構造や国民の意識も確実に変化してきている．時代が大きな変曲点にあることを基本認識として，今後の生物多様性の保全と持続可能な利用を考えていく必要がある．

b. 国家戦略における里地里山の位置づけ

国家戦略は「第1部　生物多様性の現状と課題」「第2部　生物多様性の保全及び持続可能な利用の理念と目標」「第3部　生物多様性の保全及び持続可能な利用の基本方針」「第4部　具体的施策の展開」「第5部　国家戦略の効果的実施」の5部から構成されている．

里地里山を中心に，国家戦略における記述を整理するとつぎのようになる．

（1）生物多様性の危機の認識

新国家戦略の第1部では，今日私たちが直面する生物多様性の問題点を，その原因から大別して「3つの危機」として掲げている．

① 第1の危機：　さまざまな開発による生息地の破壊や乱獲などの人間活動による生物や生態系への影響であり，その結果，数多くの種が絶滅の危機に瀕している．現在でも依然もっとも大きな影響要因といえる．

② 第2の危機：　里地里山の生活・生産様式の変化，人口減少に伴い，人間活動が逆に縮小し，二次林の放置や耕作地の放棄が進み，一方人工的整備の拡大も重なった結果，二次的自然の質が劣化し，メダカやカタクリなど本来身近にみられた動植物が激減するといった問題が起きている．

③ 第3の危機：　「ブラックバスの影響」に象徴される新たな問題である．国外からさまざまな生物が移入され，在来種の捕食，交雑，環境攪乱などの影響が増大している．環境ホルモンなど化学物質の生態系影響の問題もあげられる．

（2）生物多様性保全の理念

生物多様性は，それ自体に価値があるといえるが，新国家戦略では人間と生物多様性の関係や保全の意味を整理し，四つの理念としてまとめている．

① 人間生存の基盤：　地球上の生物は，生態系という環のなかで深くかかわりあい，つながりあって生きている．そして二酸化炭素の吸収，気温湿度の調整，土壌の形成，水源の涵養など，さまざまな機能により，人間にとって欠くことのできない環境基盤を整えている．

② 世代を超えた安全性・効率性の基礎：　生物多様性の保全は，自然性の高い森林を保全し，水源地を汚染することなく安全な飲み水を提供し，災害を未然に防ぐこととなり，世代を超えて人間生活の安全性を保証する．

③ 有用性の源泉：　われわれの生活は，食料，医薬品，燃料など，多様な生物を利用することにより成り立っており，多様な生物を育む自然は，

教育・芸術・レクリエーションなど，有用な価値の源泉となる．

④ 豊かな文化の根源： 地域の文化は，地域の生物多様性に根ざしており，多様な生物や文化は，地域ごとの資産として，今後の地域活性化を支える鍵となる．

(3) 保全と持続可能な利用の基本方針

生物多様性の危機を解決していくため，新国家戦略では，山奥の原生自然や貴重種など特定の対象だけでなく，里地里山や都市など身近な地域にも積極的に光を当て，生物多様性に関する施策の対象を国土全体に拡大することに力点を置いている．そして，今後展開すべき施策の方向として，① 絶滅，湿地の減少，移入種問題などへの対応としての「保全の強化」，② 保全に加えて失われた自然をより積極的に再生，修復していく「自然再生」，③ 里地里山などの身近な地域における「持続可能な利用」，の三つを掲げた．この三つの方向に沿って，今後5年の間に新たに展開する具体的な施策・事業をできるだけ盛り込み，実践的な行動計画としての役割を強化している．

(4) 里地里山地域の位置づけ

里地里山等中間地域は奥山自然地域と都市地域の中間に位置し，自然の質や人為干渉の程度においても中間的な地域であると，国家戦略では位置づけている．

里地里山は，さまざまな人間の働きかけを通じて環境が形成されてきた地域であり，集落を取り巻く二次林と，それらと混在する農地，ため池，草原などで構成される地域概念である．この中間地域には二次林や農地の優占する里地里山のほかに人工林が優占する地域なども含まれる．里地里山の中核をなす二次林だけで国土の約2割，周辺農地などを含めると国土の4割程度と広い範囲を占めている．二次林や水田，水路，ため池などがモザイク状に混在する環境が絶滅危惧種を含む多様な生物の生息・生育空間となっており，都市近郊では都市住民の身近な自然とのふれあいの場としての価値が高まってきている．同時に人間の生活・生産活動の場でもあり，多様な価値や権利関係が錯綜する多義的な空間である．

里地里山では，焼畑耕作や稲作が導入されてから数千年にわたる人間の自然への働きかけによって，二次林を中核とする二次的自然環境が形成，維持され，その結果，ミドリシジミ類やイチリンソウなど氷河期の温帯林に起源をもつ遺存的な動植物も温存されてきたといわれている．水田耕作や水路維持管理の方法，二次林の管理方法など，地域ごとに異なる伝統的な管理方法に適応して多様な生物相が形成され，奥山とともにわが国の多様な生物相を支える重要な役割を果たしてきた地域といえる．しかし，昭和30年代以降，生活や農業の近代化に伴い，薪炭林や農用林としての経済的利用価値が低下した結果，二次林は手入れや利用がなされず放置されるようになり，また農地や水路の形態も変化してきた．農山村人口の減少などにより昭和50年代頃から耕作放棄地も増加している．

こうした変化に伴い，サシバ，メダカ，ギフチョウ，カタクリなど，この地域特有の多様な生物の生息・生育環境の質が低下しつつあり，絶滅危惧種が集中して生息・生育する地域の5割前後が里地里山に分布することもわかってきた．

二次林は植生のタイプや立地条件によって，管理されずに放置された場合の遷移の状況や生物多様性保全上の問題の発生状況が大きく異なる．積極的に手を入れて二次林を維持する地域と手入れをしないで自然の遷移にゆだねる地域を区分するなど，里地里山の自然的・社会的特性に応じた取扱いを行うことが必要である．

農業は，農薬・肥料の使用方法や生産基盤整備の手法によっては，生産活動域や周辺地域の生物多様性に影響を与えうるものである一方，自然界の循環機能や生物多様性と深いかかわりをもって成立するものであり，また農地を含む里地里山が生物多様性を支える基盤的な地域でもあることか

ら，生態系の健全性の維持や生物多様性保全などに配慮した生産手法を普及したり生産基盤整備における配慮を推進する必要がある．林業についても，森林を生態系としてとらえ生物多様性の視点を含む多面的な機能が発揮され，将来のニーズにも永続的に応えうるように持続可能な方法により行う．人工林も立地特性に応じて，長伐期化，複層林化，針広混交林化などにより生態系としての機能を高める取組みを進める．

里地里山等中間地域では，地形，土壌，水分条件などの自然環境基盤の違いや人間活動の干渉の程度に応じて，多様で比較的小さな単位の生息・生育空間がモザイク状に存在している．こうした空間を有機的に関連づけることにより，この地域の生物多様性の質は飛躍的に向上する．農地に隣接して小さな湿地や樹林地などを効果的に配置することだけでも生物相がはるかに豊かなものになる．山あいの谷間に細長く分布する谷戸地形は微妙に異なる水分条件に対応して多様な生物が分布するポテンシャルをもっている．こうした谷戸のポテンシャルを生かして多様な生息・生育空間を設けることができる．水田，水路，河川などの間の段差を解消し，生物の行き来ができるようにすることもメダカやナマズなどの水生生物の生息にとって重要である．

このように，この地域がもつポテンシャルを生かしながら，また地域ごとに培われてきた伝統的な知識，技術にも学びながら，地域特有の生物相を支える生態系の質を高めていく．また，この地域は国土の中間に位置することから，生物多様性保全上，奥山自然地域の緩衝地帯であり，都市地域への生物供給源としての意味ももっている．この地域の生物多様性の回復に当たっては，奥山や都市地域との生態的関係を併せて考えることも大切である．

(5) 里地里山の保全と利用のための制度

里地里山の保全にかかわる問題への制度的対応はかならずしも十分とはいえない．里地里山の保全にかかわる全国的な保護地域制度としては，自然公園，自然環境保全地域，鳥獣保護区，保安林，緑地保全地区，風致地区，名勝・天然記念物などのさまざまな制度があるが，里地里山のような中間地域全体の保全や土地利用調整の機能を統一的に果たしているとはいえない．このうち，都市近郊での開発圧力に対して有効な保護地域制度

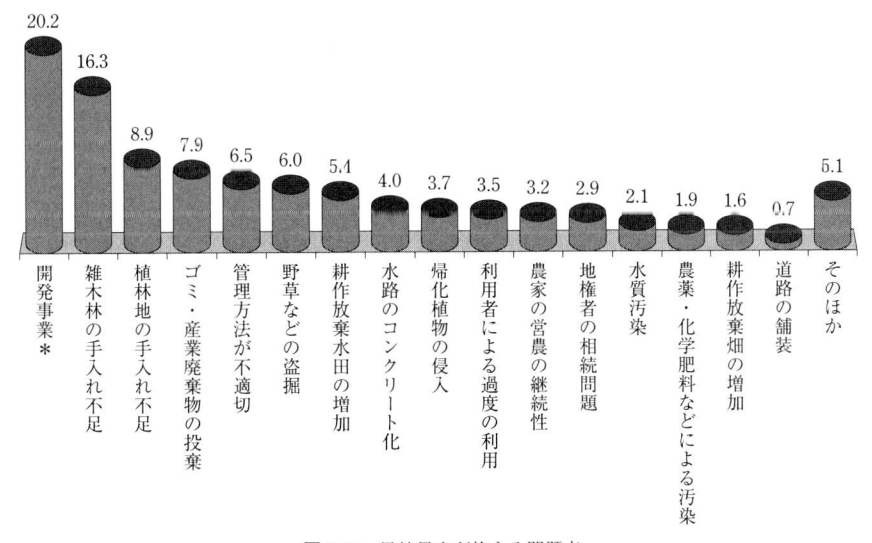

図 2.14 里地里山が抱える問題点
環境省による活動団体アンケートの結果．数字は回答数 682 件に占める割合 (%)．
＊：宅地，道路，ゴミ処分場，ゴルフ場など．

としては，たとえば都道府県自然環境保全地域や緑地保全地区があるが，全体規模は決して大きくない．

また，里地里山の維持管理のための土地所有者の経済的負担を軽減する措置や公有地化の措置としては，たとえば，緑地保全地区などに指定された土地については相続税などの軽減措置が講じられており，都市緑地保全法に基づく土地の買い入れ制度などにより公有地化が推進されている．地方公共団体においては，横浜市などで大都市周辺の里地里山を対象として「市民の森」を指定し土地所有者と奨励金交付を伴う使用契約を結び，住民参加型の里山維持管理活動を支援・推進している例もあるが，一部の地方自治体などで制度化されているに過ぎない．

多様な生物の生息生育空間や自然とのふれあいの場として重要である里地里山を現在および将来にわたって保全・利用するとした場合，重要なのは管理を誰がするかということである．農林業の生産活動などの人為が加わることによって維持されてきた里地里山の保全は規制措置だけで達成されるわけではなく，持続的維持管理のため，農家や土地所有者による従来からの生産・管理活動に加え，多くの主体，たとえばNPOや地域・都市住民の幅広い参加・協力を進めることが必要である．

たとえば，霞ヶ浦では，NPO，地域住民，研究者などが一体となって，水辺環境をアサザの植栽により再生するとともに，消波のための粗朶（そだ）の需要を創出し，その採取を通じて流域の里山の管理を推進している．知多半島に位置する愛知県美浜町では，近年，広大な里山が竹（モウソウチク）の繁茂により，かつての生態系と景観を失いつつあったため，町が中心となって竹を有効活用することを目的とした竹の炭焼き活動をはじめ，老人クラブや地域の子どもたちを巻き込んだ活動となっている．島根県三瓶山などでは，草原環境を維持するための野焼きの際，NPOや市民が延焼を防ぐ防火帯の整備にボランティア参加するなど，新たな形の保全の取組みが地域において進められている．

(6) 今後の取組みの方針

里地里山を取り巻く以上のような現実を踏まえると，里地里山の保全と持続的利用を将来にわたって進めていくためには，国土全体における保全の方向性を明確にする必要がある一方，保全や利用に関する全国一律の水準を設定するのではなく，地域ごとの自然的・社会的な条件に応じた方策が重要である．つまり，人の生活・生産活動と地域の生物多様性保全とがうまく調整されるようなシステムが，それぞれの地域において必要ということである．

国土における取扱いのマクロな方向として，以下のような基本的方針が考えられる．

① まず，農山村を中心に里地里山の中核をなす二次林が放置された場合の対応については，地域の自然的・社会的な特性を踏まえることはもちろん，マクロな考え方として二次林のタイプごとに，つぎのように大まかに区分して取り扱うことが生物多様性保全上効果的である．奥山地域に比較的近いミズナラ林およびシイ・カシ萌芽林はそもそも人為干渉が比較的小さく，手入れをしないでも自然林に移行するのが一般的であり，自然の遷移にある程度委ねる地域としてとらえられる．一方，コナラ林およびアカマツ林はこれまで薪炭材や燃料などとして積極的に活用されることによって維持されており，放置されると，一般的に常緑広葉樹林に移行しカタクリなどの林床植物が消失したり，タケ・ササ類の侵入や低木林のやぶの形成によって更新が阻害されるなど生物多様性が低下することから，行政，NPO，地域住民・都市住民などの支援・協力を得つつ，生じている問題や地域特性に応じ，手を入れて二次林を維持管理する地域としてとらえられる．

② 維持管理が必要な里地里山については，たとえば，生活や生産活動に必要な道路，農業基盤施設などの整備，または農林業の実施に当たって

二次林の植生タイプ別分布図

二次林タイプ
- ミズナラ林　（18242）
- コナラ林　　（22526）
- アカマツ林　（22738）
- シイ・カシ萌芽林（8441）
- その他　　　（5034）

（）内は3次メッシュ数
3次メッシュは1km四方

*里地里山の中核を成す二次林として、植生自然度7の二次林（ミズナラ・コナラ・アカマツ等）と植生自然度8のうち、シイ・カシ萌芽林を対象とする。

*これらの二次林は合わせて約770万haで、全国の約21％を占める。

①ミズナラ林（180万ha）
本州北部を中心に比較的寒冷で高標高の地域に分布し、人為干渉が比較的小さい。
放置すると、やがてミズナラやブナの自然林に移行する。

②コナラ林（230万ha）
本州東部を中心に中国地方日本海側などに分布し、薪炭林として積極的に活用されてきた。
管理せずに放置すると常緑広葉樹林に移行し、林床に見られるカタクリ、スミレ等の植物が消失することもある。
また、タケ類やネザサ類の侵入・繁茂によって、更新や移行が阻害され森林構造の単純化を招く

③アカマツ林（230万ha）
西日本を中心に、コナラ林より乾燥した土地にも分布する。
燃料等として広く利用されてきた。管理せずに放置するとやがて常緑広葉樹等に移行する。
マツ枯れによる一斉枯死を招いた場合には、ツツジ等の低木のやぶが形成され、生物多様性が低下する。

④シイ・カシ萌芽林（80万ha）
南日本を中心に比較的温暖で低標高の地域に分布し、
常緑樹の薪炭林として活用されてきたが、人為干渉度は比較的小さい。
放置すると常緑広葉樹の自然林に移行する。
タケ類の侵入が見られる場合もある。

二次林の構成比

自然度区分	3次メッシュ数	構成比(%)
自然林・自然草原（自然度10、9）	69,817	18.9
自然林に近い二次林（自然度8）よりシイ・カシ萌芽林を除く	11,157	3.0
二次林（自然度7）及びシイ・カシ萌芽林	76,981	20.9
人工林（自然度6）	91,414	24.8
二次草原（自然度5、4）	13,120	3.6
農耕地（自然度3、2）	84,522	22.9
市街地（自然度1）	15,999	4.3
全国合計	368,727	100.0

二次林の植生タイプ別・地方ブロック別メッシュ数

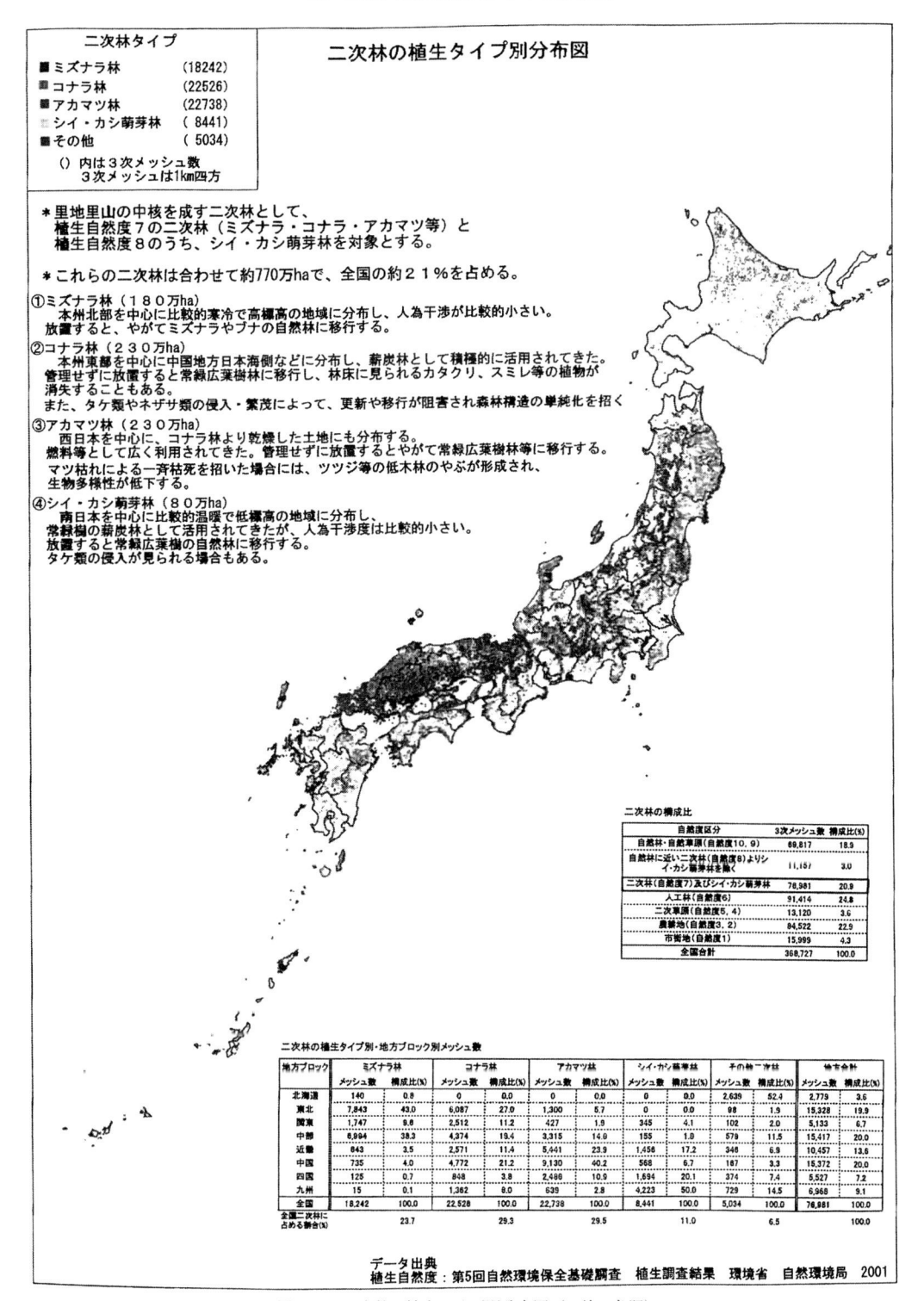

地方ブロック	ミズナラ林 メッシュ数	構成比(%)	コナラ林 メッシュ数	構成比(%)	アカマツ林 メッシュ数	構成比(%)	シイ・カシ萌芽林 メッシュ数	構成比(%)	その他二次林 メッシュ数	構成比(%)	地方合計 メッシュ数	構成比(%)
北海道	140	0.8	0	0.0	0	0.0	0	0.0	2,639	52.4	2,779	3.6
東北	7,843	43.0	6,087	27.0	1,300	5.7	0	0.0	98	1.9	15,328	19.9
関東	1,747	9.6	2,512	11.2	427	1.9	345	4.1	102	2.0	5,133	6.7
中部	6,994	38.3	4,374	19.4	3,315	14.6	155	1.8	579	11.5	15,417	20.0
近畿	643	3.5	2,571	11.4	5,441	23.9	1,456	17.2	346	6.9	10,457	13.6
中国	735	4.0	4,772	21.2	9,130	40.2	568	6.7	167	3.3	15,372	20.0
四国	125	0.7	848	3.8	2,486	10.9	1,694	20.1	374	7.4	5,527	7.2
九州	15	0.1	1,362	6.0	639	2.8	4,223	50.0	729	14.5	6,968	9.1
全国	18,242	100.0	22,526	100.0	22,738	100.0	8,441	100.0	5,034	100.0	76,981	100.0
全国二次林に占める割合(%)		23.7		29.3		29.5		11.0		6.5		100.0

データ出典
植生自然度：第5回自然環境保全基礎調査　植生調査結果　環境省　自然環境局　2001

図 2.15　二次林の植生タイプ別分布図（口絵 7 参照）

の農薬使用などについては，地域の生態系の機能を損なわないよう配慮を徹底すること，農村，道路，河川・水路などの整備では，地域内の小単位の野生生物生息・生育空間を有機的に結びつけるとともに，都市地域と奥山自然地域をつなぐ生息・生育空間のネットワーク形成を促進すること，機能の低下している里地里山の環境を再生・修復していくことなどにより，里地里山地域の人間活動と自然との共存を確保していくことが重要である．

③ なお，里地里山の問題は地域の生活，文化などにもかかわる問題である．それらの広範な問題を一体的，総合的にとらえていくことが必要であり，それぞれの地域における問題解決に向けての科学的情報に基づく社会的合意の形成が不可欠である．里地里山の課題は，農業，林業，都市内の緑地など，さまざまな分野を含むことから，関係する省庁間の連携も欠かせない．

(7) 重点的な施策

上記の基本方針を踏まえ，規制措置に加え，NPO活動の支援，風景地として管理を行うための地権者との協定，助成や税制措置などの経済的な奨励措置の活用，里地里山の自然再生事業の実施，都市と農山村の交流による農林業の支援や地域の活性化，社会資本整備における環境配慮の徹底，資源の有効活用などの施策が必要であり，里地里山の再評価を前提として，関係省庁により総合的に対応することが重要である．

このため，新国家戦略では，当面，以下のような具体的施策を推進する旨，記述している．

二次林の約13％が自然公園内にあるなど，自然公園内にもかなりの里地里山が含まれていることから，国立・国定公園において，管理が行き届かなくなった里地里山を対象に，国，地元自治体，NPOなどと土地所有者とが管理協定を結ぶとともに特別土地保有税の免除などの経済的な奨励措置を講じるなどの施策を具体的に実施しつつ，問題点を整理分析するなどして，里地里山問題に取り組む．

水田，畑，雑木林，草地などで構成される農村地域においては，各地域で社会経済的な状況や自然環境の特徴を考慮して，農家を含む地域住民の意見を十分聞いたうえで，農村地域の環境保全に関するマスタープランを策定し，ため池の保全，生態系に配慮した水路の整備，水辺や樹林地の創出など，農業農村整備事業などにより多様な野生生物が生息できる環境との調和への配慮に努める．里山林では，身近な里山林などが持続的に利用・整備されるよう，市民の参画を得た森林整備などに対する助成を行うほか，森林の維持管理の育て親を都市住民などから募集し，森林所有者と都市住民などが連携・協力して保全・利用する体制を推進する．また，農林水産省と環境省が連携・協力して，農村地域における自然環境や野生生物の情報を把握するための「田んぼの生き物調査」の実施を引き続き推進する．

里山や棚田などの農耕地の景観は，人々が自然とかかわるなかで育まれた文化的な所産であるため，文化庁では，これを新しい概念の文化財としてとらえ，文化庁が農林水産省の協力を得つつ，これら農林水産業に関連する文化的景観の指定や保護のあり方について検討を進める．

都市近郊の里地里山においては，たとえば，埼玉県くぬぎ山地区（川越市，所沢市，狭山市，三芳町の4市町にまたがる平地林）において，産業廃棄物処理施設の集積などにより失われた武蔵野の雑木林を再生することなどを内容とする自然再生事業を，関係省庁や関係自治体が連携・協力し，市民参加も得ながら積極的に実施する．また，都市地域の里地里山については，緑地保全地区などの指定拡大や公有地化を推進するとともに，市民緑地制度や2001年に創設された管理協定制度を活用し，地方公共団体やNPO法人などの多様な主体による良好な維持管理を推進する．

里地里山の保全・利用については国民的合意形成が前提となる．このため，環境省では，今後，里地里山の代表的な生態系のタイプごとに市民

（地域住民および都市住民）参加のモデル事業を実施することなどにより，行政，専門家，住民，NPOなどのあらゆる主体が一体となって里地里山の保全・利用に合意形成のうえ取り組むための実践的手法や体制，里地里山の普及啓発・環境学習活動などのあり方について，具体的な検討を進める．

おわりに

以上，里地里山の保全と利用について，新国家戦略における記述を整理した．

新国家戦略は自然と共生する社会を実現するための政府のトータルプランであり，今後，国はここに示された方針に沿って里地里山の保全を進めていくこととしている．

長年にわたる人間の関与により成立し，維持されてきた里地里山は，多様な価値をもつ．今後は多様な主体により維持・活用されていくことが重要である．そのためにも，各地域において，里地里山の保全にかかわる具体的な取組みが，さらに進められることが期待される．　［堀上　勝］

2.4-1
農村自然環境の保全・復元に関する研究の進展
──農村生態学分野──

a. 農学と生態学

「農村における自然や生態系」の研究がこんなに注目されはじめたのはいつからであろうか．学生時代から，田畑の生態系の実体である生物群集の構造と機能を探究してきたが，各方面からさまざまな仕事がくる．農業にかかわる生態学の分野（農業生態学とここでは呼ぶ）は，もちろん筆者がはじめたわけではない．わが国では，多くの先輩たちによって，もう半世紀以上前からはじめられていたし，世界的に見ても Agroecology（たとえば Altieri1983）は生態学の一つの潮流である．たとえば，1960年代に出版された『応用生態学（下）』（沼田，内田 1963）などの頁をめくればわかるであろう．わが国の著名な生態学者の編者によるあとがきには，「生態学は応用分野（農・林・畜・水産など）と深い関係をもって発展してきた」と述べられている．

筆者がおもに研究してきた「水田の生物群集」に関する研究も同様に長い歴史がある．生態学の分野で，群集という形で構造論や機能について論ずるには，そこにいる生物種の記載であるとか，無機的環境の現象記載であるとか，博物学的な研究があるとないとでは大違いである．表2.2には機会あれば筆者が示す水田生態系におけるわが国の記載例を示した．水田の生物相に限っているが，この種の博物学的研究は20世紀前半から行われてきたのである．種の記載は，表2.2に載せたものがまた最近改訂増補され，日新月歩の状況にあるが（たとえば，矢野 2002），このような蓄積はたいへん重要である．わかりやすい例でたとえれば，ある森の写生画をうまく描くためには，少なくとも森を形成する植物何十種かを判別し認識して描かなければ，よい写生画にはなりはしないであろう．

この章で紹介する Ecology（生態学）という生物学の一分野は，自然誌学とか博物学（Natural History）といわれる古典的学問を土台にして発展してきた．生物界の経済（生態系生態学），社会（個体群・群集生態学），生活（生理生態学），歴史（進化生態学）を網羅する知識体系を探究する一大学問分野になっている（Krebs 2001）．欧米の有名大学で，Ecology and Systematics という学部があるのは，こういった博物学と生態学の歴史的関係が現れている．

表2.2 これまでの主要な分類群ごとの水田における記録種数に関する事例（日鷹 1998）

分類群	調査場所	サンプルサイズ	調査方法	種数	栽培環境	引用
節足動物門	徳島県下	24筆	すくい取り法	450	BHC普及当初	小林ほか（1973）
水生昆虫	高知県下	2筆	水盤トラップ枠法	15	試験場圃場	伴，桐谷（1980）
天敵類	全国		文献レビュー	155	～1960年代	安松，渡辺（1964）
クモ	全国		採集記録	77	様々	八木沼（1965）
原生動物門	東京都下	2筆	採水検鏡	25	伝統栽培	黒田（1930）
線虫綱	東京都下	1筆	採土検鏡	48	伝統栽培	今村（1932）
プランクトン	長野県下	1筆	採水検鏡	25	伝統栽培	倉沢（1955）
魚類	京都府下	2筆	トラップ・見取り	24	圃場未整備	斉藤ほか（1988）
鳥類	全国		文献レビュー	101	様々	田中道明（私信）
植物	全国		文献レビュー	174	様々	笠原（1977）

また，しばし生態学（Ecology）は，学問分野としてというよりは，カタカナのエコロジー（運動）と混同される．もちろん，生態学者が自然保護の現場で運動に連動することがあるから，生態学とエコロジーは重なる部分が実際にある．最近台頭してきた保全生態学（Conservation Ecology）は，学問分野の生態学と，自然を保全したり蘇らせる運動が協働しようというものである（鷲谷，矢原 1996）．生態学は応用科学と一線を画する学問ではないことは，国際的な教科書でも強調されている（ベガンほか 2003）

ここでは農業生態学（世界的には Agroecology と呼ばれる）の視点から，農村における自然環境の保全・復元に関する研究の進展を半世紀にわたって駆け足で振り返ってみたいと思う．

b. 農業生態学の概観

(1) 自然誌系博物学：身近な自然への入口

博物学は身近な自然から辺境の地まで，ありとあらゆる事象や物品を収集・整理し大系化することが仕事である．日本列島は古くから人が住み着き，自然から資源を利用して現在に至るわけで，厳密な意味で人間が利用しなかった自然などないに等しいという考え方に反論することは難しい．まさにここで取り扱っている農村の田舎の自然を含む「身近な自然」が満ちあふれていたのが，日本列島の自然であった．実際にこの身近な自然は，古くから生物学者の興味を惹くものであった．すでにその萌芽は江戸時代の本草学に見られ，いまでは環境省のレッドリストにあげられている農山漁村の生物たちが写生画，文章で記載されている（たとえば，磯野 1988）．明治以降に導入された近代科学のなかには西洋の Natural History が当然含まれていたわけであるが，それが農学分野で開花しはじめるのは昭和の初期頃からである．先の表2.2のなかで東京大学の駒場農場の田園をおもな舞台に，生息種の分類，生活史の記述など博物学的な記載が行われはじめた．

このような生物種の記載的研究には終わりがない．なぜならば，身近な自然でさえ新種が現在でも発見されるくらい多様性に富み，われわれの地道な努力なくしては達成できない．たとえば，表2.2のなかで水田における節足動物相のデータがあるが，わずか6カ所の徳島県下の水田で450種もの昆虫・ダニ・クモがすくい取り法という限られた動物しか採集できない方法で得られている（小林ほか 1973）．この種の研究を水田に限って行うだけでも，たいへんな労力と多くの人材が必要なのである．ましてや，種の同定のみならず生活史の記載ともなれば，多大な労力を要することになる．自然誌学のわが国の現状は欧米に比べお話にならないほどお粗末であり，水田の昆虫誌の研究者は非常に少ない（矢野 2002）．水田の植物誌は，水田雑草を中心に笠原（1977）の記載にはじまり，日本雑草学会を中心に研究が進められている．

表2.2では水田圃場の内部の生物相ばかりを掲載したが，土壌生物の記載も進められてきた．農耕地でともすると見逃しがちな土壌中の生物相であるが，栽培方法との関連で土壌動物学や微生物の研究蓄積も行われている（たとえば，渡辺 1983；日鷹，中筋 1990；Nakamura et al. 2000）．

わが国の場合，まず自然史系部門を含む博物館が少なすぎて，現状では1県1自然史系博物館さえできていない．ましてや農村における博物学教育となると，農機具の保存・展示くらいで終わっている．農村の身近な自然史を探究する人口は非常に少ない．学会などで訪れたときに案内された連合王国の片田舎の博物館では標本箱が並んでいたりするが，そういう文化的環境は日本の田舎で出会えるだろうか．種の多様性からいえば，南北に長く位置し，寒冷地から亜熱帯までの多様な気候条件に恵まれ，島嶼でありながら生物地理学的に複雑な日本列島は，ヨーロッパよりも多くの自然誌系博物館があって当然のはずである．

(2) 応用生態学：農学における生態学の台頭

博物学において歴史的な浅さを露呈しているわが国ではあるが，欧米にも勝るほどの実績を上げてきた分野がいくつかある．農学分野における生態学者の活躍はその一つであろう．その内容は，前述した『応用生態学（下）』に読みとることができる．ここでは，とくに動植物の数と分布の成因の機構を探究する個体群生態学分野に注目したい．田畑における病害虫・雑草・害獣などの有害生物問題はいつの時代でも共生関係といった言葉で片づけられる代物ではない．化学合成農薬の登場で一見解決されたかに見えた病害虫問題は，周知のように農薬問題という難題を生み出した．農業にかかわる生態学は，農薬問題における合理的解決法の一つである総合防除において重要な役割を担い発展した．日本の先人たちがつくった学会である個体群生態学会は，いまや世界的に評価される学会になっている．

農薬は非科学的に使いすぎれば，生態系やわれわれの健康を攪乱するだけでなく，有害生物個体群に無益な抵抗性を発達させ，薬剤の効力期間さえも短くする．リサージェンス（誘導多発生）といって無闇な薬剤防除は，かえって有害生物の個体群密度を上昇させてしまうこともあるくらいである．誘導多発生の裏には，天敵相に破壊によるカスケード効果や遺伝的，生理学的な抵抗遺伝子群の増加など，生態学の基礎研究課題が含まれている．現在でも農薬の環境汚染，新たな抵抗性個体群や侵入有害生物の台頭は後を絶たず，現在もその対応のための基礎研究が行われている．このように減農薬のための生態学者の取り組みの発端は，有機塩素系農薬（BHC，DDT，PPCなど）によるダイオキシン汚染への解決への努力からはじまった（桐谷，中筋1977）．これら非選択性農薬の生態系への影響を，生物多様性への影響（前出の小林ほか1973），生態濃縮，農薬の環境影響評価など各方面から科学的に解明していった（桐谷ほか1970）．いまでも1980年に使用禁止された有機塩素系農薬が水田土壌や河川，沿岸域を汚染している実態（脇本1998）を考えると，生態学者の果たした役割は大きい．なぜならば，日本が禁止した後でも，つい最近までこれらの有機塩素系農薬を使用していた国々は結構多いからである．

林学の分野においても，個体群生態学はその威力を発揮してきた．里山林であるアカマツ林の松枯れは農薬の空中散布による環境問題を起こしてきたが，適切な最小限の防除のためには発生予察が欠かせない．ここでも松枯れ伝播のモデルが開発され，農薬散布量を最小限にくい止めようとする技術に使われた（富樫1996）．

植物生態学者の分野でも応用上たいへん重要な発見がなされている．伐採時の樹木の密度調節や水稲の栽培理論にも，密度効果の理論が応用されている．また里山の植生分析の基礎になった植物社会学の研究もさかんに行われた（吉良1971）．

以上のように，農村をフィールドにした個体群あるいは群集レベルの生態学は，農村現場に生じた様々な問題と向き合いながら発展していった．

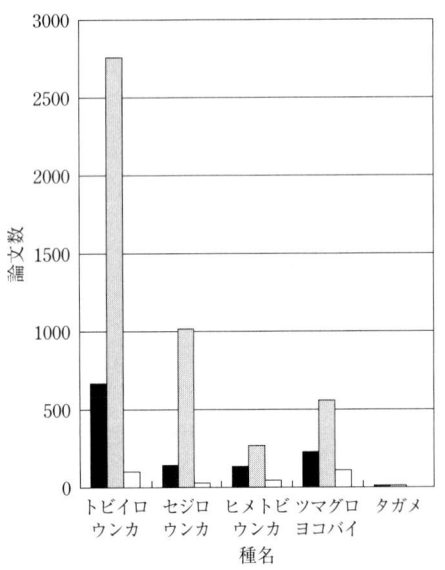

図2.16 同じ半翅目に属する水田害虫ウンカ，ヨコバイ類4種とただの虫タガメの学術論文数の比較

各データベースの検索年はAglicola（■）が1970〜2003年，Cab（☐）が1973〜2004年3月，日本応用動物学会（☐和文誌1957〜2000・英文誌1966〜2000の二つのジャーナル）である．タガメの検索数は9，10，0件であった．

またこの時期に生物多様性にもっともかかわり深い群集の動態をあつかった農学者も少なくはなかった．たとえば，小林ほか（1973）の論文は，有機塩素系農薬散布の生物群集への影響を評価しようとしたものである．このような手法は，帰納的現象論で演繹的でないため，応用上重要な予測性や説得力に欠けるためか，多くの研究がなされたが個体群の陰に隠れてしまった．また個体群をあまりに重視したために，有害生物か有益生物のどちらかしか研究題材にしない風潮がこの後しばらく続くことになったという考え方もある．

(3) 1980年代：個体群から生物多様性へ

個体群生態学の農学における成功は，国の病害虫発生予察事業として発展し，害虫や病気の発生量をより精度を高めるための研究が進み，同時に農村現場に発生予察技術が浸透していった．県単位で200カ所にも及ぶ発生予察田を半旬ごとに巡回し，個体数変動を推定する事業が進められたり（那波1987），農業者自らが虫見技術によって減農薬を進めたりした（宇根ほか1989）．また天敵の活用や誘導多発生を未然に防ぐ取り組みなども精力的に試験研究された（矢野2003）．より選択性をもたせた農薬の最小限の散布で，天敵などは殺さずより自然の個体群制圧機能を活かそうとする研究開発が進み，実際害虫には効くが，一部の有力天敵のクモ類には効かない農薬が開発されたりした（日鷹，中筋1990）．しかしすべての問題が解決されたわけではなかった．有益な生物種と有害な生物種へのケアーはなされているが，それ以外の多数の種に対する配慮まではなされていない．すなわち個体群生態学の陰で群集生態学の視点で田畑を見つめる必要性があった．ここで大学や試験研究機関と現場の普及員が協働した動きが広島と福岡で起こった．虫見技術革命とでもいうべき新たな動きであった（宇根ほか1989）．

当時筆者は，農薬が連用されていない田畑や伝統的耕作様式に特有な生態系が残されていないかに興味があり，自然農法や有機農法，焼き畑などの希少な農耕地の研究を進めていた．欧米ではAgroecologyと呼ばれる分野が80年代に台頭し，この種の研究が第3世界諸国をおもな舞台に行われていたが，日本では誰も研究していなかった．たとえば，合鴨も紙マルチも微生物資材も用いない伝統的色彩の残された有機農法や自然農法を実施していた農家圃場には，一般圃場では見られない生物相や病害虫抑止機能，作物抵抗性が発見されていった（詳細は日鷹，中筋1990）．たとえば，作物体上の動物群集を害虫種・有益種（天敵），ただの虫に従来の知見から分類し示すと，伝統的な農法圃場では，害虫個体群が未然に抑止され，ただの虫の世界が広がっていた．最重要害虫であるトビイロウンカ類を強力に抑止していたのは，ウンカシヘンチュウと呼ばれる線虫の一種で一般の水田ではなかなかお目にかかれない種になっていた．この線虫は，1932年に田園自然史創成期に駒場の水田で線虫を日夜研究し若くして他界した今村博士が発見記載，生活史を記載した種であった（今村1932）．

このような研究は日本応用動物学会で発表されるが，反響は大きく，広島県農試の那波らは栽培法の修正をも視野に入れた新段階の総合防除を指向するようになる（那波1994）．これと同時に農村の現場で，農業改良普及員たちがリーダーシップをとった減農薬運動（宇根1987）が福岡をはじめに，佐賀，広島といった西日本各地に広がっていった．研究者たちが発見した知見，ただの虫，総合防除の理論と技術が，現場の農家たちがもつ虫見板という農具の上でつながっていった．当時大学院生の筆者は，『現代農業』に50回にも及ぶ「田んぼワクワクランド」なる連載を行ったのがこの時期であった．農業試験場の研究者たちもこれに参加した．広島県では，筆者との共同研究で，ただの虫をも含む種群に対する選択性農薬の影響評価を行った．この基礎研究・応用研究・農業現場が一体となった成果は，農家向けの図鑑の作成という形で，農村の自然史の新たな一歩を記した．しかし，その後世に出た長期残効型農薬

と合鴨農法の爆発的な開発普及で，虫見版の利用は一時的に下火になっていく．

(4) 1990年以降：里地生態学創成期

この時期に日本生態学会に大きな変化が訪れた．筆者の研究発表は水田や焼き畑を題材にしていたことに変化はないが，人里の自然の研究がかなり注目されるようになった．80年代は応用生態学が陰の薄い感じのする分野であり，研究フィールドは人里というよりは，深山幽谷のほうに多くの生態学者が魅入られていたと思う．ところが90年頃を境に里山や水田の研究を行う研究者が増え，研究会やシンポジウムが開催されるようになり，現在に至っている．その成果は，総論的には守山（1997），各分類群ごとのレビューとしては江崎，田中（1998）あるいは農業環境技術研究所（1998）などにまとめられている．そこでの大きな関心事は，人里の自然の生物多様性とその成因などに関する研究であり，在来の人里の豊かな自然を保全することがその根底にある．農薬依存農業はもちろん，圃場整備や開発行為（中池見問題）に対してさまざまな議論が行われている．

この最近の生態学会の動きのなかで，宇根ほか（1989）が指摘した農業上，有益か無益かには関係なく，ただの生きものたちの生活に研究者の目が本格的に注がれはじめることになった．水田に関していえばラムサール条約に水田が保全対象になったこともあり，このような田畑のただの生きものたちの保全への関心が高まっていった（日本生態系協会1995）．その背景には，ブラジルの地球環境会議（1989）で生物多様性というキーワードが世界中に広がったことと無縁ではない．このような国際世論は，各国の農業政策にも影響を及ぼした．1995年当時EC諸国は，生物多様性保全を楯にアメリカとの農産物貿易交渉（GATT）で，小麦畑の絶滅危惧種の保全を取り上げ，輸入量を削減しようとするなどの手段を用いた．筆者が参加したEUのワークショップでは，この種の発表が数多くなされ，当時水田の害虫や天敵の話をした筆者はカルチャーショックを少なからず受けたのは事実である．この動きは，遅れること5年後に37年ぶりに改訂された新しい農業基本法（1999）に盛り込まれることになる．

c. 農村生態工学の現状と課題

(1) 農業生態学の役割

あの利便性一辺倒であった圃場整備事業でさえも土地改良法改正で生態系に配慮しなければならなくなった．農薬法の改正もあり，より環境に配慮した適正な使用が生産者にも義務づけられようとしている．自然再生推進法の対象に農村環境も盛り込まれた．このように法律の網かけをみると人里の自然や生物多様性は豊かさを取り戻せるかのように思えてしまうが，現実はそうたやすくない．現状を冷静に見れば生態系に配慮する事業が机上の空論になりかねない状況にある．なぜならば，あまりに未知の課題が山積しているにもかかわらず，それに取り組む効率的な行政・研究そして農村の現場の体制がほとんどできていないからである．行政面は筆者は門外漢なので，ここでは研究面について述べるが，田畑の害虫や天敵ならばある程度の知見の蓄積があっても，ただの虫や草や動物たちに関する知見の集積は，たいへんこころもとない．たとえば科学論文のデータベースで，害虫のウンカ類と筆者が最近研究するただの虫タガメの科学論文数を比較してみたらよくわかるであろう（図2.16）．これではタガメとどうつきあっていいのか具体的な道は見えてこない．

総合防除で成功をおさめ，ダイオキシン汚染を現状レベルにくい止めた桐谷らは，「基礎こそ最大の応用」であるいう名言を残している（桐谷，中筋1977）．あの有機塩素系農薬問題への代替技術総合防除の技術体系化のために，優れた人材を国が指定試験という形で早急に集め，基礎研究を展開したことが結果的によかったのだ．当時高知県の片田舎の研究所に，錚錚たる面々の昆虫学者

が自然に集まり日夜研究し現場の人々と協働していった（桐谷，中筋1977）．

(2) ハード技術導入中心から管理へ

生態系や生物種の基礎的な知見集積が重要な役割を果たすことは，歴史的に証明されていることであるが，集積が乏しいなかで基礎研究だけをいまやろうというのでは現実的ではない．そこで，基礎研究はこれから充実させていかなければならないことを前提に，現状で最大限できることを考えてみよう．この半世紀の農業生態学の歴史から，近年はじまった農村環境の保全や再生の事業が学ぶべき点がある．

筆者は農業工学の出身ではないが，この4年間，農業生態学の専門家という肩書きでさまざまな水田生態工学事業に参加させていただいた．農村生態工学の現場で感じるのは，「農村整備事業にかかわる行政・技術・現場の人々」と「多種多様な生物たちとの間」に厚い壁が存在することである．最近，養老（2003）は，都市化によって「自然と人間」の間に巨大な壁ができてしまっていることを嘆き，いかにこの壁（バカの壁の一つ）を薄くするかが環境問題の解決へのポイントであると指摘している．農業技術も近代化で，複雑な生物多様性や生態系を無視する方向にエネルギーを費やし，自然と人間の間の壁を厚くしてきた（日鷹2000）．この壁を乗り越え，意識（ソフト）・技術（ハード）両面から改革・構築するとなると相当の努力が必要で，それをやろうというのが農村生態工学の事業である．2003年度末に農業土木学会に農村生態工学の部会が発足した．

水田生態工学の現地検討会や研修に参加して，いつも疑問に思うことがある．それは農村の現場で「自然と共生」「自然に配慮」なんて安易にいってしまってよいのだろうか，ということである．

誤解を招かないためにいっておきたいが，農業工学の分野だけが「自然と人間の間の壁」が厚いわけではない．生物系の農学分野でも昨今遺伝子組換え体作物，外来生物の放逐利用，この半世紀問題になってきた農薬問題など，ヒトと生物多様性の間には違った側面で農業工学同様の壁が存在している．たとえば，減農薬技術を例にあげよう．猛毒のダイキシンを含む殺虫剤DDT，BHCを農村現場から使用禁止できたのは世界中の応用昆虫学者など多くの科学者・技術者たちが取り組んできた総合的害虫管理（IPM：integrated pest management）があってこそであったが（桐谷，中筋1977），いまでも減農薬や遺伝子組換え作物などの問題への研究や実践は行われている．なぜならば，農業生産と農村生態系の間には，ともすると双方が矛盾しがちな壁が日常存在しているからである．害虫たちの動向をモニタリングしていると，つぎつぎと農業生産現場で新たな問題が生じるのである．

ヒトのハビタットである農村フィールド現場で，簡単に「自然と共生」「生態系や生物多様性に配慮」などというような一言で安直に片づけられない「自然と人間の複雑な関係」が存在する．なぜならば，生物特有の適応とか，種の多様性あるいは生物社会や生態系が複雑なものであること，そしてこれまでの歴史からそういえるのである．フィールドは複雑で，複雑なものは複雑として見ようとする謙虚な姿勢の科学が必要なのではないだろうか．では，具体的にどうすればよいのだろうか．それは先に述べたIPMの思想から学ぶ点があると考える．

複雑なものを単純化して理解するのが科学の効能であるに違いない．いわゆる分析をここで捨てろとはいわない．生態学者もまた複雑な自然を単純化して理解しようとするが，反面，研究で得た見解が本当かどうか疑うことに関しても得意である．どういうことかというと，生物や生態系のモニタリング（監視）に労力と時間を費やし順応的に生態系を粘り強く管理（順応的管理：adaptive management）するのである（矢原，川窪2002）．

なぜ生物や生態系のモニタリングがまず必要なのか，減農薬で成功を収めたIPM（総合的有害生物管理）の場合を例に考えてみよう．害虫個体

群が農業生産の邪魔にならない密度レベルならば，「害虫」は「ただの虫」であり，ときには天敵を滋養する意味では益虫だったりする．だから，要防除密度以下ならば防除をしないで我慢するのが得策であるという合理性が成立する．実際80年代の百姓たちに普及した虫見技術は，減農薬稲作を広めた（宇根ほか1989）が，それは水田の生態系をよく観察する重要性が農村現場に認識されたのである．さらに「ただの虫」が「害虫化」しないような栽培法，品種選択あるいは誘導多発を招かないような防除技術の基礎研究・普及がいまも進められている．モニタリングを軽視して，抵抗性品種だけで害虫防除が可能かというとそうはいかない．抵抗性品種を加害できる系統が害虫側に現れ，生産現場は混乱する．すなわち，虫を見て個体数や分布，遺伝子構成を丹念に調べあげ，防除技術体系を構築するという「管理」の思想がIPMの技術の根幹を支えている．害虫をめぐる生態系を監視し続けることが，害虫をただの虫にする合理的な道である．農業生産を行ううえで，防除を否定することができないならば，減農薬へのあくなき追求が必要である．減農薬は「防除よりも管理」で成功し，「管理」の根幹は，生態系モニタリングに他ならない．桐谷と中筋（1977）は，「防除よりも管理」をスローガンに掲げ，順応的管理を現実のものとした．

　農業土木の分野で，栽培あるいは病害虫分野の「防除」に当たるのは何であろうか？　水田生態工学事業の現場に参加させていただいて思い当ったのは整備時の「大改修」と表現したくなるハード技術の導入である．整備事業では，現地にブルドーザーが搬入され，もとあった水田，畔，水路，小川，里山林縁部が，景観の原型をとどめないレベルにまず整地され，そこに新たな構造物が造成される．この工事過程を見ていると，「防除」でいえば，1970年代以前の有機塩素系非選択性農薬による無差別防除が重なる．

　水田生態工学では，整地後の造成物が魚類や両生類の生存のために配慮しようとする努力が試行錯誤されているが（3章参照），これは防除では防除対象害虫種の密度を低減させ，環境に配慮した防除手段（選択性殺虫剤・性フェロモン・品種選択など）を投入するのに似ている．ただし農薬以外の防除手段を組み合わせて害虫を抑えただけではIPMとはいわない．天敵やただの虫に影響が出ないようにする，安全といわれていた化学物質の生態系や人体への影響は追求し続ける．すなわち，食料生産のために必要な防除に伴う環境・社会的なリスクをつねに監視するモニタリングこそ，単なる「防除」から「管理」への転換なのである．そういう意味では，筆者の見た農村生態工学の現状は，「大改修」であって「管理」ではない．しかし整備事業は，農村現場で必要な場面は「防除」同様あるわけであるから，環境・社会両面のリスクのモニタリングシステムを構築し，適正な農村生態系管理に脱皮させる必要がある．最近，桐谷（1998；2004）は，IPMを発展させ，IBM（integrated biodiversity management）を提唱した（3.3-2「昆虫」に詳細）．管理重視の思想が，農村生物多様性の場面でも浸透するのはこれからであろう．

d. 誰が生態系モニタリングを担うのか？

　生態系に配慮した工法のマニュアルは考案されはじめた．このこと自体いいことであるが，生態系モニタリングがあって活かされるし，モニタリング事業は誰かがそのフィールドに張り付いて実施しなればならない．前述した病害虫発生モニタリング事業では，たかが十数種の害虫個体群を対象に1県内で200カ所以上の水田を半旬（5日間隔）で巡回調査したうえで，防除が必要かどうかなどの基礎情報を集めた．そのために，病害虫防除所，農業改良普及所，農業試験場病虫部による生物モニタリングシステムができたのである．さらに虫見板がそれを現場で飛躍的に高度化させる（宇根ほか1989）．農村生態工学で配慮する対象

である生物多様性は，おそらく何百種もの，しかも分類群の異なる動植物とその共生系（群集）であるのだから，防除とは異なってたいへんなモニタリングシステムが必要なはずである．

多くの人にとって罪悪感と重労働感を伴う「防除」を「管理」に仕立てあげたのは生態系モニタリングであり，それを農村生態工学でどう構築していくかが求められていると思う．環境省の事業ではレンジャー（自然保護監視員）というシステムがあるが，自然再生推進事業でもこの経験は活かされるだろう．しかし農水省における自然再生推進事業ではどうだろうか？ 行政改革で農業改良普及員も減り，誰が複雑な農村生態系のモニタリングを実践し教育普及していくのだろうか．

1980年代の減農薬における虫見技術ブームは，現場の栽培者に主体的なモニタリングを，宇根（1987）のような農業改良普及員，農学技術者たちがサポートした市民協働体制によるところが大きかった．これまでの民間や公的機関の田んぼ生きもの調査者，コンサルの方々の努力，そして生態学者など生物学系の専門家の協力を無駄にしないためにも，各方面で生態系モニタリングシステムつくりに本気で取り組む時期にきているのではないだろうか．農村の自然環境復元には，現場にモニタリングシステム構築が早急に求められるところである． ［日鷹一雅］

文　献

磯野直秀解説：鳥獣虫魚譜，八坂書房（1988）
今村重元：二化メイ虫及びウンカに寄生する糸片虫（2）．応用動物学雑誌，**4**，176-179（1932）
宇根　豊：減農薬のイネつくり，農文協（1987）
宇根　豊，日鷹一雅，赤松富二：減農薬のための田の虫図鑑—害虫・益虫・ただの虫，農文協（1989）
江崎保男，田中哲夫：水辺環境の保全—生物群集の視点から—，朝倉書店（1998）
笠原安夫：日本雑草の系譜．第2回雑草防除シンポジウムテキスト（日本雑草防除研究会編），pp.35-67（1977）
吉良竜夫：生態学からみた自然，河出書房新社（1971）
桐谷圭治，中筋房夫：害虫とたたかう—防除から管理へ，NHKブックス（1977）
桐谷圭治，湯島　健，金沢　純：生態系と農薬，岩波書店（1970）
桐谷圭治：総合的有害生物管理（IPM）から総合的生物多様性管理（IBM）へ．研究ジャーナル，**21**(12)，33-37（1998）
桐谷圭治：ただの虫を無視しない農業，築地書館（2004）
小林　尚ほか：昆虫，**41**，359-373（1973）
富樫一巳：松枯れをめぐる寄生—病原体—媒介者の相互作用．昆虫個体群生態学の展開（久野英二編著），京都大学学術出版会，pp.285-303（1996）
那波邦彦：個体群生態学会会報．**43**：1-17（1987）
那波邦彦：ウンカ．おもしろ生態とかしこい防ぎ方，農文協（1994）
日本生態系協会編：ビオトープネットワーク（2），ぎょうせい（1995）
沼田　真，内田俊郎編：応用生態学（下），古今書院（1963）
農林水産省農業環境技術研究所編：水田生態系における生物多様性（農業環境研究叢書第10号），養賢堂（1998）
日鷹一雅，中筋房夫：自然・有機農法と害虫，冬樹社（1990）
日鷹一雅：日本生態学会誌，**48**(2)，167-178（1998）
日鷹一雅：自然と結ぶ—「農」にみる多様性．農業生態系のエネルギー流の過去・現在・未来，昭和堂（2000）
ベガン，M.ほか著，堀道雄監訳：生態学—固体・固体群・群集の科学，京都大学学術出版会（2003）
守山　弘：水田を守るとはどういうことか？ 農文協（1997）
矢野宏二：水田の昆虫誌，東海大学出版会（2002）
矢野宏二：天敵—生態と利用技術，養賢堂（2003）
矢原徹一，川窪伸光：保全と復元の生物学，文一総合出版（2002）
養老孟司：いちばん大事なこと—養老教授の環境論，集英社新書（2003）
脇本忠明：ダイオキシンの正体と危ない話，青春出版社（1998）
鷲谷いづみ，矢原徹一：保全生態学入門，文一総合出版（1996）
渡辺裕之：土壌動物のはたらき，海鳴社（1983）
Altieri, M. A.: Agroecology—The Scientific Bases of Sustainable Agriculture, 2nd. eds., Wastview（1983）
Krebs, C. J.: Ecology—The Experimental Analysis of Distribution and Abundance, 5th. eds., Benjamin Cummings（2001）
Nakamura, Y. et. al.: Long-term changes in the soil properties and the soil macrofauna and mesofauna of an agricultural field in northern Japan during transition from chemical intensive farming to nature farming. J. Crop Production, **3**(1), 63-75（2000）

2.4-2
農村自然環境の保全・復元に関する研究の進展
——造園・緑地分野——

　農村の自然環境の保全・復元にかかわる研究は，生物学的・生態学的なアプローチと景観的な視点からのアプローチの研究とに大別できるが，ここでは前者について日本造園学会誌（「造園雑誌」「ランドスケープ研究」）を対象として，造園・緑地分野における最近の研究動向の進展についてまとめる．

　こうした研究領域に関する趨勢は，特集や研究会活動にみることができる．1989年に『農の育む自然と資源』が特集され，農村地域に農業および農村生活を通じて維持されてきた自然や生物資源について造園学分野から，緑地学的に再評価し，農村空間整備への視点が整理された（井手ほか 1989）．

　農村空間における水田，畦畔，水路，ため池をはじめとする農地は，保水機能，洪水調整機能，国土保全機能，環境保全機能，景観保全機能，生態系保全機能などの公益的機能があるなかで，生態系における生物生息空間としての機能が再認識されているが，これは人間と自然が共存するなかで維持されてきたものである．こうした農山村空間や都市近郊の里山地域を対象として，人間と生きものの関係に着目し，『里山と人・新たな関係の構築を目指して』（1998），『農村空間の保全にむけて』（2000），『自然と文化の融合に向けたランドスケープ・エコロジーの展望』（2000），という特集テーマが続いており，こうした分野への社会的関心の深まりとともに研究領域の拡大の動向がみられる．

　つまり，中山間地域の農村環境の自然とともに，都市化が進展するなかで，かつて農村空間であった里山・里地という地形的・地理的特長をもった都市近郊の農村的自然環境に喪失の危機が迫っているということである．

　また，1995年以降の生物多様性国家戦略が推進されるなかで，里山や湿地などの生態系やそこに生息する種を対象とした保全・復元が主題に取り上げられるようになり，『生物多様性と造園学』（2001），『生態系のレストレーション』（2002）という特集が企画され，海外における理論的な研究，湿地の再生事業，生態ネットワーク計画の策定などの実例が紹介され，人間活動を目的とした開発により劣化したり，喪失したりした自然環境の生態系を人為によって健全な状態に復元することを目的とした生態系の復元にかかわる研究が増えてきている．

　学会誌で取り上げた特集テーマとともに，分科会的な討議の場での研究会活動も活発に進められてきた．(社)日本造園学会全国大会分科会（1988～1993年）において，まず生きものを扱うという観点からの技術の再考を目的として，『生き物技術としての造園』をテーマに，生きものの種の問題，動物を主として生きものと共生する技術について，ホタル，トンボ，カエル，カメ，水鳥，小魚がすむ水辺づくり，里山保全のための柴刈りボランティアの活用などの先進事例研究がされるとともに，生きもの技術の技術化の課題，技術が生きもの環境に問題を引き起こさないような環境倫理について討議された．つまり，研究の対象地は，農村環境に限定されることなく，人間の活動がかかわっている自然環境や生物資源の保全を目的とした領域へと研究が展開していったのである．

　これは引きつづき，1994～1997年の『保全生

物学とビオトープ計画』の分科会に発展し，生きものにかかわるときの基本的な考え方をビオトープ計画に位置づけて，保全目標，保全水準，目標種の選択などについて討議し，生きもの技術について認識の共有化をはかっている．

さらに，1998年からは（社）日本造園学会研究委員会の一つ「生態工学研究委員会」の活動へと進展し，学会全国大会の分科会において継続的に討議された．ここでの一連のテーマは，『生態工学の技術観』（1998），『生態工学の最先端技術』（1999），『エコロジカルネットワークの計画手法と生きものの視点』（2000），『生態工学における雑木林と市民活動—21世紀の展望—』（2001），『自然再生事業のあり方に関する提言』（2002），『移入種問題と造園』（2003）と進展し，生きものや生物学の視点から計画技術への展開や現実の環境問題への対応がなされている．

このように農山村の自然環境の保全・復元に関する研究は，多面的な側面からなされてきたが，これらは時代性，社会性も反映して展開してきている．まず空間計画の立場からの研究がなされ，農村計画全体のなかでの自然環境や自然資源を保全する，あるいは都市化のなかでの都市近郊の緑地保全という観点からの研究がみられた．

また，都市のスプロール化による市街地の拡大や農山村の開発による土地利用の改変，農業形態の変容などが進むなかで，多様な公益的機能とともに，生態系における生物生息空間としての機能が再認識され，生物相に対する関心が深まり，生息地としての自然環境の評価や実態的研究がなされた．

対象となる空間も，農山村というとらえ方から，今日では一般化している「里山」「里地」という空間概念が加わってきた．それらは，時代や研究内容によって変化しており，薪炭林などの農用林地，都市周辺の二次林地，農山村の過疎地域の未利用地などさまざまであり，その構成要素や規模，質も多様で，人為的管理のもとで形成されている薪炭林などの森林，平地農村から農山村にある森林，二次林の成立基盤である丘陵地，雑木林やため池，田んぼ，集落などを含んだ農業生産環境などの概念になってきた．

そして，都市化や土地利用の変化に伴う二次林の植生変化，人為的な管理が特定の生物種，種の多様性に与える影響などの究明，二次林の植生管理計画の提言など自然環境や自然資源の保全のための植生管理手法や評価手法が究明され，さらに人間活動により喪失した自然環境の生態系を健全な状態に復元するための技術研究へと展開してきた．

こうした農村の自然環境の保全・復元にかかわる研究領域の大きな枠組みのなかで，最近の研究成果を具体的にみると，つぎのような研究動向がみられる．

一つは，生物の生息地としての農村自然環境の評価に関する研究である．ホタルやカエル，アメンボ類などの生物の個体数を指標として，水田耕作地の水路や畦畔の生物生息環境の評価（渋江ほか1995；鈴木ほか2002），湿地の水面面積，周辺土地利用，湿地水面上の樹冠および植被，汀線部周辺の素材や面積などを指標として，生物の生息に配慮した淡水湿地環境整備の評価（山尾ほか2002）など，多様な生物の生息環境の実態評価に関する研究がされている．

二つめは，農村の自然環境の維持における伝統的な農地管理技術や農地管理手法の生物学的な評価である．農地の整備方法が畦畔植物相の種の多様性に及ぼす影響や伝統的な畦畔管理と畦畔草地群落との関係（大窪ほか2002；松村ほか2002），チョウ類を指標として水田畦畔地の植物相と生物生息地としての環境の評価（川村ほか2002），植物群落の組成と物理的な畦畔構造との関係から草刈頻度が植物種の多様性保全や群落形態に与える影響評価（飯山ほか2002）など，基盤整備の有無や管理手法の違いにより，畦畔草地の群落の質的変化を明らかにするなど，伝統的な生産形態や

生活形態と生物相の生育環境との関係の究明である．

　三つめとして，都市の周辺部や近郊に存立している二次林の植生管理と種の多様性の関係に関する研究である．都市における二次林は，身近な自然のレクリエーション空間として価値が見直されているが，地域における生物相の種の多様性を保全していくうえで二次林の維持管理が重要な意味をもっており，皆伐などの人為的な管理行為の後の植生回復過程やその効果（島田ほか 2002；鈴木ほか 1996, 1997），下草刈りや間伐などの管理の影響（加藤ほか 1997），農村集落における段丘崖斜面樹林の保全の構造（四方 1996），林床植生と土壌硬度との関係から裸地化した二次林の林床植生の回復手法の検討（根本ほか 1997），湿性休耕田の植物相の保全と在来農法に基づく粗放管理による維持・保全の労力，管理頻度の関係（山田ほか 2002）など，伝統的な土地利用や管理形態に対応した林地の植物相の特徴が究明されている．

　また，分断され残存している二次林を対象に，薪炭林や農用林としての管理放棄がされた植生の遷移過程に配慮した多様な植生が成立する管理手法の提示（大久保ほか 1996）など農村開発や市街化などによる都市周辺に残存する二次林の分断化の影響，さらに植栽管理計画を立案することの重要性を提示した研究（島田ほか 2002）がされている．

　四つめとして，河川環境における自然資源の保全や植生管理に関する研究である．1990 年に建設省（現国土交通省）が「多自然型川づくり」事業を推進したが，治水機能と利水機能のほかに，生物の生息空間，緑地資源，環境教育，レクリエーションなどの環境にかかわる多様な機能をもった河川環境を対象として，砂州の保全，緩傾斜化，表土の埋戻し，目標植生に適した低水敷，湾入部の形状の保全，造成形状など，画一的な標準断面を避け，河川生態系の保全に配慮し，早期に多様な植生が回復できる河床の掘削工事を試みた実験的研究（田村 2002），河川堤防の法面植生に与える植栽管理と刈り取り頻度との関係（浅見ほか 1995），都市近郊の近自然小河川における抽水植物の水質浄化の有用性（三瓶 2003）などの究明がされている．

　五つめに，生物種の生息や生態系の成立の可能性の診断や評価，種の多様性や生態系の復元に関する研究である．復田による休耕田の種の多様性の復元の可能性の究明（中本ほか 2002），絶滅種の危機の回避を目的とした植物種の個体群とその生息地の復元研究，さらに生態学的立地区分からみた湿地植生計画（日置ほか 1999）など，ビオトープ計画の造成適性を評価する研究が行われるようになった．

　また，生態系復元の目標設定のフレームとして，生態系復元のモデル設定と環境ポテンシャルの評価の組合せによる統合型の復元目標の設定方法（日置 2002）が示された．そして研究対象という視点では，日本の国土からアジア地域へと広がり，多様な気候環境下での農業形態と植生回復との関係（大黒ほか）などが究明されている．

　六つめは，自然環境の環境評価の把握や分析手法に関する研究である．鳥類分布の調査を事例とした広域的な環境整備のための生物相の分析方法に関する研究（一ノ瀬ほか 1995）など，生物相の保全を目的として，広域的な地域環境計画においての対象空間の規模に応じた生物相の分析や評価の手法の究明がされている．

　以上のような研究動向に加えて，90 年代以降は，農村空間の保全・管理を目的とした施策の整備，市民の参加に関する研究が進められてきている．農村の自然環境の保全・復元にかかわる課題解決には，生物学的・生態学的な手法によるアプローチだけでなく，行政施策や市民参加など社会学的な手法によるアプローチも不可欠になっている．

　　　　　　　　　　　　　　　　［金子忠一］

文　　献

倉本　宣，本田裕紀郎：我が国における生物多様性保全に

関する研究動向．ランドスケープ研究，**64**(4)(2001)

深町加津江，佐久間大輔：里山研究の系譜―人と自然の接点を扱う計画論を模索する中で―．ランドスケープ研究，**61**(4)(1998)

深町加津江：農村空間における生物相および景観の保全に関する最近10年間の研究動向．ランドスケープ研究，**63**(3)(2000)

山本勝利，大久保 悟，井手 任：日本および東アジアにおけるランドスケープ・エコロジーの最近の動向．ランドスケープ研究，**64**(2)(2000)

横張 真，井手 任：造園・緑地学分野における農村土地利用・緑地計画の系譜．造園雑誌，**52**(3)(1989)

なお，以上の文献において，農村の自然環境の保全・復元に関する既往研究のレビューが，下記の特集テーマ分野領域において詳細になされ，関連する多数の文献リストも掲載されているので参照されたい．また，(社)日本造園学会は，2001年より隔年で造園における調査・計画・施行・管理などにかかわる技術についての論説・技術報告を対象とした『造園技術報告集』を刊行している．

『特集・農の育む自然と資源』造園雑誌，**52**(3)(1989)

『特集・里山と人・新たな関係の構築を目指して』ランドスケープ研究，**61**(4)(1998)

『特集・農村空間の保全にむけて』ランドスケープ研究，**63**(3)(2000)

『特集・自然と文化の融合に向けたランドスケープエコロジーの展望』ランドスケープ研究，**64**(2)(2000)

『特集・生物多様性と造園学』ランドスケープ研究，**64**(4)(2001)

『特集・生態系のレストレーション』ランドスケープ研究，**65**(4)(2002)

2.4-3
農村自然環境の保全・復元に関する研究の進展
──農業土木分野──

　わが国の農業は，高度土地利用・高生産性農業を追求してきた．その結果，圃場整備や機械化などの農業の近代化により，農業者を重労働から解放するとともに，農業の生産性や農業者の生活水準は大きく向上した．その一方で，近年では水田やその周辺で普通にありふれていたホタル，メダカ，フナ，ドジョウなどの生きものの減少が報告されるなど，二次的自然とも呼ばれる農村地域の豊かな生態系が失われつつある．

　農業土木学は，時代の要請に対応した事業を支援する応用科学として研究成果の利活用，事業現場からの研究課題の抽出など，行政との深いかかわりのなかで進展してきた．水田の圃場整備を軸として農業土木分野における事業の変遷と農村自然環境の取組みについて紹介する．

a. 農業土木技術の変遷と環境とのかかわり

　終戦直後の食料難の時代には，食料増産を徹底的に追求すべきとの社会的要請のなか，「食料増産対策事業」として農地拡大を目指した農地開発や灌漑排水事業を中心とした事業，技術展開が行われた．1949年には「土地改良法」が制定され，土地改良事業の制度的整備が行われた．

　昭和30年代の高度経済成長期を迎えると，農村と都市とにおける住民の所得格差が増大し，その是正を目的として1961年に「農業基本法」が制定され，「所得の均衡」「生産性の向上」「農業構造の改善」「農業生産の選択的拡大」が掲げられた．これを受け，1963年に「圃場整備事業」が創設された．それまで単独で行われていた区画整理，農道整備，暗渠排水などの農地の整備を総合的な計画のもとに一元的に実施することにより，労働生産性を向上させ，近代的農業展開の基盤をつくる事業へという大きな方向転換であった．食料増産対策事業は「農業基盤整備事業」と名称が変更された．

　昭和40年代には米の過剰生産が生じ，稲作転換，休耕が奨励されるようになった．その一方でダイズなどの畑作物の自給率は低迷を続けていた．水田を畑地として利用できる水田汎用化対策が重視され，排水対策に主眼が置かれた．このため暗渠排水の積極的導入，暗渠排水の効果をあげるため排水路の掘り下げ，用水路のパイプライン化も盛んとなった．

　平成に入ると，生産効率の追求だけではなく，自然環境や生態系の保全，農村環境の維持・創造に十分な配慮が求められるようになってきた．農業基盤整備事業は，「農業農村整備事業」という名称になり，生産基盤整備，農村整備，農地保全管理の三本の柱建てを明確にして事業が進められた．1991年には親水機能，景観保全，快適性に配慮した「水環境整備事業」，1994年にはため池・湖沼などを中心とした生態系空間ネットワークづくりを目的とした「自然環境保全対策事業」などが創設され，環境に配慮した整備が取り組まれはじめた．

　1999年7月に，新たな農業基本法である「食料・農業・農村基本法」が制定され，「環境との調和に配慮しつつ，事業の効率的な実施」が盛り込まれた．これを受け，2002年4月に施行された土地改良法では，生態系を含む環境との調和への配慮が法的に土地改良事業の事業実施の原則と

して位置づけられた．2003年度より，すべての土地改良事業は自然と共生する田園環境の創造に貢献する事業内容に転換された．したがって，圃場整備など水田整備の計画・実施に当たっては，事業本来の目的達成に重大な支障を及ぼさない範囲で，環境配慮の手法を積極的に取り入れることとなった．

b. 圃場整備による水田生態系への影響

圃場整備による環境へのインパクトは，農村生態系に以下の影響を与えている．

(1) 区画整理・規模拡大化による問題

農地拡大においては，平地林や湿地の開発やあるいは既存の水路，湿地などの整理統合により，直線を基調とする整然とした新たな水田がつくられる．このため，従前の水辺空間，畦畔，雑木林，ため池などの生息空間，移動経路は減少，孤立，消滅する．その結果，ビオトープは単調化し，生物相が単純化する．

(2) 用排分離とコンクリート化による問題

きめ細かな水管理，維持管理を容易にするために水路システムの大幅な改造が行われる．そのため，生物の基本的な生息条件である食餌，休息，避難，移動，産卵などの要件が維持されなくなってきている．圃場整備でもっとも問題が指摘されるところである．

水路系は用水路と排水路は分離され，水路素材は，素掘り土水路から水理的，経済的に優れる平滑なコンクリートに置きかわり，矩形断面で直線的な水路構造となった．この結果，水路内では，流速の増大や流れ構造の均一化，植生の消失などにより生物の生息に適さない環境となっている．傾斜地では，落差工が水路内に設置され，魚類の移動経路を分断化するなどの影響が生じる．

用水系統のパイプライン化に伴う開水面の減少，また河川から取水するための堰や排水路と河川の接続部分など，地域の水系（河川）と用排水路間での生物の移動を阻害する状況が生じている．さらに，非灌漑期には，水路への送水は止められ生物にとって死活問題となる．

(3) 乾田化による問題

収穫期の機械導入を可能とするよう水田の地耐力を高めるため，暗渠による地下水位のコントロールが行われる．秋から春先まで圃場は，乾燥した状態が続き，カエルなどの水田を利用する湿地性の生きものは，生息空間を喪失することになる．乾田化の効果をあげるため，水田と排水路の落差が大きく設定され，その結果，水田と水路との間で水生生物の移動が阻害されることになる．

c. 水田生態系の保全・復元技術

農業土木分野においては，省力化，増産といった効率主義を念頭においた圃場整備，乾田化などの研究が多くなされてきた．一方，農村生態系を含む農村環境整備が農業土木の事業や学問の対象となったのは一部の先駆的な研究を除けば，1990年代になってからである．農業農村整備事業のなかでの農村環境への配慮は，水環境，生活環境，生態系保全，資源，リサイクルなど，どちらかといえば景観，親水あるいは水質など非生物的なものに焦点が当てられていた．圃場整備による農村生態系への影響に対して早急な解決策が求められるなか，配慮すべき環境要素，対象生物種は多種多様にわたる．農業土木分野で生態系を扱う研究は，水田や水路の魚類保全に関する工学的研究から進められてきた．

(1) 水田を利用する魚類とネットワーク

水田まわりに生息する魚類は，多くの場合雑魚として扱われてきた．そのためその生態系は不明なことが多く，まず生活史や生息条件を明らかに

しようとする研究が進められた.

魚類には河川だけを生息域とするものがいる一方，図2.17に示すように，水田まわりだけを生息域とする魚や水田まわりが重要な生息域となる魚も数多く，水田・農業用水路の重要性を示している（端1998）.

藤咲らは，栃木県鬼怒川中流域の水田地帯をフィールドとして水田地帯に生息する魚類，水田地帯の環境特性の関係を解明すべく研究に取り組んでいる．このなかで，藤咲（1999）は，農業用水路と水田，河川といった水田地帯の水域間構造の役割を，圃場整備に伴い改変する過程と対比させて，ドジョウの再生産の推移を定量的に把握することによって明らかにした．

そのなかで魚類の生活史における空間スケール（行動圏）のとらえ方として，三つの視点をもつことの重要性を指摘している．

ミクロスケール：魚類の再生産（産卵），採餌，稚魚の成育，退避などのハビタットを形成する条件・構造を評価する視点.

メソスケール：河川および小水路・水田といった異なる水域間の移動により生活史を全うできる条件・構造を評価する視点.

マクロスケール：河川との往来によって個体群を維持，回復する条件・構造を評価する視点である.

(2) 水田小型魚道

水田を産卵場，また生息の場として利用する魚にコイ，ナマズ，フナ，メダカ，ドジョウなどがいる．圃場整備により排水路と水田との落差が大きくなり，これらの魚にとって往来は不可能な状況となった．また水路に設置される落差工により，そこから上流に魚が遡上できない状況が生じている．このような，分断化された水田地帯の生態系ネットワークを，小型魚道を使って再接続する一連の試みが，端（1999）によってはじめられた．

端は，水路と水田との間に幅60 cm，プール水深30 cm，落差10 cmの段差を5段としたアイスハーバー型の小型魚道（図2.18）を考案し，休耕田に魚類を遡上させる効果について実証試験を試みた．

1997年および1998年の調査では，コイ，フナ類，ナマズ，ドジョウ，メダカなどが水田への遡上を確認された．最盛期には，約2週間で総数1000尾程度の遡上が確認された．また，体長3 cmのメダカの遡上も確認された．

鈴木（2000）は，圃場整備が進められた水田地帯でドジョウなどを水田に遡上させるための小規模水田魚道の開発を行った．開発に当たっての留意点として，① 対象魚は，ドジョウやフナ類，メダカなどの小型魚類，② 魚道内の水量は少な

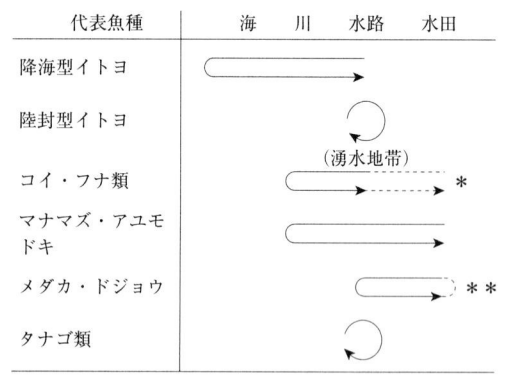

図2.17 魚類の移動からみた水路・水田の位置づけ（矢印の終点は産卵の場を表す）
　　＊水田への遡上が可能なら水田で産卵する．
　　＊＊水田でそのまま生活する．

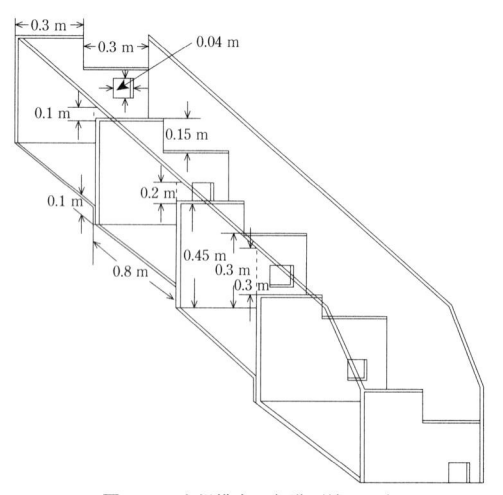

図2.18 小規模水田魚道（端1999）

く，その規模は小さい，③魚道の管理者は農業従事者，④管理者の手間を考慮して，魚の移動する灌漑期のみに設置し，非灌漑期は取り外せるような移動が容易なものであることが望ましい，⑤構造が単純で，材料なども入手しやすく安価であることとした．

現場に設置した遡上水路の観測結果から，ドジョウの遡上行動の特徴として，一気に遡上するのでなく「休憩」と「移動」があり，休息場所を必要とすること，遡上の際には麦藁や小杭の「引っかかり」が必要であることを明らかにしたうえで，小規模魚道の開発を行った（図2.19）．魚道を流れる水の様子から「カスケードM型」と命名している．この魚道は底生魚には向いているものの水深が浅いため，遊泳魚に不向きであり，さらにプールタイプの魚道の開発を行った（図2.20）．流下する流れの様子と隔壁の配置から「千鳥X型」魚道と命名している．各魚道の特徴が表2.3に整理されている．

圃場整備の完了した現地に設置された（図2.21）小規模魚道内において，魚類の遡上・降下が観測され，ドジョウについては水田および排水

図2.21 排水路と連結する千鳥X型魚道

路内での再生産が確認されている．

(3) 圃場整備に伴う保全の取組み

秋田県では，圃場整備事業の実施に当たり保全対象種としてイバラトミヨ雄物型（絶滅危惧種1A）を指定し，生息が確認された地区では生息環境に配慮した対策工法を実施している．事業で実施したミティゲーション対策のなかで（図2.22，表2.4），神宮字，佐藤（2003）は，代償措置として創出した保全池（図2.23）の繁殖場と摂餌場としての効果を，①営巣調査，②個体数推定と標識魚の移動確認，③肥満度から評価し，繁殖場としての機能の向上の一方で，個体数密度

図2.19 カスケードM型魚道　　図2.20 千鳥X型魚道

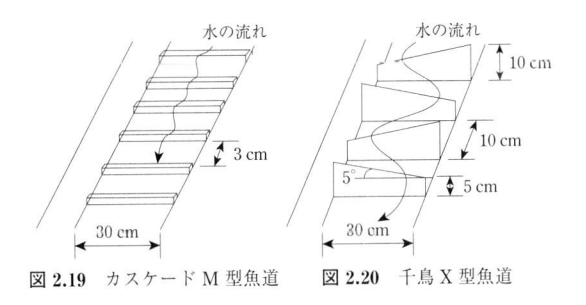

表2.3 小規模魚道に関する知見

	カスケードM型魚道	千鳥X型魚道
タイプ	ストリームタイプ	プールタイプ
特徴	斜面に粗度をもうけた簡単な構造	隔壁が斜めに切れ込んでいる
対象魚	底生魚	底生魚，遊泳魚
遊泳形態	ドジョウは小流量では匍匐型．流量が増えるにつれて，遊泳型に推移	底生魚，遊泳魚ともに遊泳型
その他	ドジョウは粗度を休憩の場所としても使用．現場での施工が簡単	魚道内流速シミュレーションによる設置諸元の検討が行われている

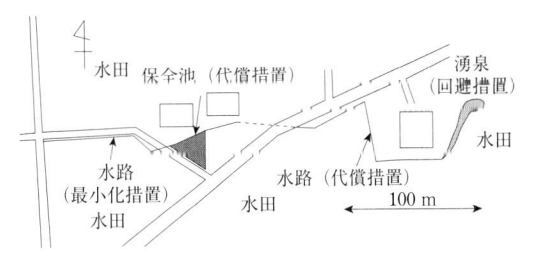

図2.22 調査対象地の概要

表2.4 ミティゲーション対策と実施区間

	計画・設計・施工時の対策	実施区間
回避	湧水処理を行わず，現状のまま保全	湧泉
最小化	底質を保全，空石積護岸の施工	水路
影響の軽減	営巣時期を避けた工事 濁水流入防止	水路・保全池
代償	耕作放棄地を保全池用地として創出	水路・保全池

図 2.23 保全池

が高いことによる餌資源不足を指摘している.

おわりに

開発行為が，自然環境に何らかの影響を与えることは避けられない．圃場整備も同様である．生物相や景観の保全など農村地域のもつさまざまな機能が認知されるなか，圃場整備に当たっては，効率化を目指した整備方向は維持しつつも，農村の自然や景観に与える負荷の回避，低減を図るなど生態系との共存，共生を目指す道を模索しなければならない．

生態系保全のための技術の開発に当たっては，開発行為に伴う生態系の変化予測が必要とされるが，生物の生息条件がきわめて多様な条件に規定されることもあり，現状では研究段階にある．したがって，生態系保全技術の開発は，試行錯誤的なアプローチにならざるを得ない．現場への適用後，モニタリングによって効果を評価しつつ，必要に応じて改良が加えていけるような事業制度が必要である．

土地改良区が管理する農業水路は延長にして，全国に 4 万 km，さらに農村にはその 10 倍以上の農業用排水路がある．農村地域の重要な地域資源でもあり，これらを活用した生態系を含む農村環境保全の方策が望まれる．現在，水路などの更新の時期を迎え，基幹施設を含め，今後施設の改修が予定されている．復元技術を盛り込む千載一遇のチャンスであろう．

[奥島 修二]

文 献

神宮字 寛, 佐藤重孝：圃場整備事業におけるイバラトミヨ雄物型の保全手法と評価. 農土講演要旨集，46-47 (2003)

鈴木正貴, 水谷正一, 後藤 章：水田生態系保全のための小規模水田魚道の開発. 農土誌, **68**(12), 19-22 (2000)

中川昭一郎：圃場整備と生態系保全. 農村ビオトープ（自然環境復元協会編），信山社サイテック (2000)

端 憲二：水田灌漑システムの魚類生息への影響と今後の展望. 農土誌, **66**(2), 15-20 (1998)

端 憲二：小さな魚道による休耕田への魚類遡上試験調査. 農土誌, **67**(5), 19-24 (1999)

藤咲雅明, 神宮字寛, 水谷正一, 後藤 章, 渡辺俊介：小河川・農業水路系における魚類の生息と環境構造との関係. 応用生態工学, **2**(1), 53-61 (1999)

第3章　農村自然環境の現状と復元の理論

3.1　農村の自然復元

　かつてわが国の平野部の大部分は水田によって覆われ，山間部にも棚田が広がっていた．山腹や丘陵は薪炭林，植林などによって占められていた．中小の都市もまたこのような田園に取り囲まれた島のように存在していた．東京・大阪などの大都市もその周辺部は田園地帯に不規則に広がるとともに，内部にも農村的環境を残存させていた．このようなことから，日本人のすべてが農村的環境を身近な自然としてさまざまな関係を結ぶとともに，多くの楽しみを見いだしていたのである．

　このような農村環境は自然度という評価基準によれば，さほど高いとはいえない．何百年にもわたって，農民によって徹底的に管理された，典型的な二次的自然とされるであろう．しかし，他の単作農地と比較した場合，水田地帯は野生生物の種の多様性，各種の個体密度に関して原生環境に勝るとも劣ることのないものであった．それは，水田が一種の湿地であることによるところが大きい．湿地はあらゆる自然環境のなかでもっとも豊富なものの一つとして知られている．水田は確かに一種の人為的環境であり，すべての野生生物に生活の条件を与えるものではない．だが，何百年にもわたるその耕地の歴史の過程で，水田の条件に適応することができた生物種が徐々に蓄積されてきたと考えられる．水田以外の農村要素も水田と相互補完的役割を果たすことによって農村生態系の豊富さを頂点にまで高めていた．

　水田に付随する水路，小川そしてため池などは水田の生物の生存の条件を補完するものであった．たとえば，水田は冬季には無水化するのであるが，その間水生生物の多くは小川などを通って池・沼などに退避することができたのである．

　水田の周囲に存在する林地や村落もまた，水田地域と補完的な役割を担う存在であった．今日里山と呼ばれる村落周囲の山林は，農民が生活上必要とする物資，燃料や刈敷き料あるいは果実などの食料を得る場としてよく管理されていた．林地での間伐も適当に行われ，陽光や雨水の確保される林床にはさまざまな草本類が生育し，四季の花々が昆虫類の蜜源の役割を果たした．主要な人間生活の場である村落もまた，豊富な生物相の存在する場所であったが，ここではとりわけ昆虫をはじめとする小動物のハビタット，巣作りの場所が豊富に提供されていた．村落の住居をはじめとするあらゆる構造物が，かつては木，草，竹，石などの自然材を用い，手作り的に営まれていた．このため，村落はあらゆるサイズの孔や隙間を無

数にもつ，いわゆる多孔質環境をなしていた．そのため，そのような孔や隙間に営巣する昆虫類その他の野生生物が大繁殖を遂げていた．人間の村落であると同時に昆虫類の都市が営まれていたといっても過言ではない．また，村落内には人手によって栽培された樹木，草本の種も豊富で，それらを発生源や蜜源とする昆虫類も多くみられた．

このようにして農村は総体として，水田，小川，池沼，里山，村落など各ビオトープの有機的な総合体としてのエコトープをなしていたのである．過去形で示す理由はやがて述べることになる．

以上が伝統的農村環境の生態学的な意義であるが，一方このような環境のもつ文化的意義も忘れてはならないであろう．かつてのわが国の農村景観は，世界に比類なく美しいものとして賞讃されていたが，一般市民にとっても広大で無償の公園として，自由にその自然を楽しむことができた．とりわけ子どもたちにとっては貴重な原体験の場であったことはもちろんのことであるが，さらに重要なことは，その環境が千年以上にもわたって存続してきたということである．つまり，農村的自然は民族としての原体験の場であったといっても過言ではない．各地に歴史以前の集落が保存復元されているが，その形態や環境は基本的には最近まで続いた伝統的農村と異なるものではないように思われる．おそらくは農作業その他の生活ぶりも同様であったであろう．共存した生物相も多くは現在の種と共通のものであったに違いない．一国の文化が国土の環境条件を母体として成立する以上，このような農村環境は，わが国の文化の揺籃をなすものであろう．わが国の文化は世界的にも類のない洗練されたものであるとされているが，そのルーツをたどるとその多くが農村の生活に帰着するのである．つまり農村的環境はわが国の文化のバックボーンであり，それを喪失することは文化の存続にもかかわるものと考えられるのである．

このように重要な意味をもつわが国の伝統的農村環境は，残念ながら現在崩壊の危機に瀕しているといってよい．その生物学的側面としては，生物相の極度な減少がある．実はその状況がスタートしたのは相当の昔，前大戦の直後，つまりわが国の敗戦直後にさかのぼる．アメリカからもたらされた画期的な殺虫剤であるDDTによって，農村生態系のなかから昆虫をはじめとする動物相が一掃された．農民はそのことによって長年の災厄であった虫害から解放されたのであるが，トンボ1匹みられない水田風景は不気味なものであった．そのような情況は，アメリカではさらに大規模に出現し，その後まもなく，レイチェル・カーソンの『沈黙の春』によって告発されることになるのである．しかし，わが国での農薬類使用はその後も続き，殺虫剤に続いて除草剤による草本類の消滅が進行した．そして，それらと並行して生じたのがあらゆる農村構造の改変，それは人的構成など社会面での変化も含めてであるが，生態学的にはとりわけその物理的構造物の徹底的改変である．つまり，先に述べた自然材，手作り的な村落の家屋，小屋，垣根，石垣などが工業製品によって徹底的に置換された．さらに水路，小川などもコンクリート護岸によって直線化，直壁化された．そのことによって，かつて無数に存在した小動物のハビタットが消滅することになったのである．

さらに，里山と呼ばれる山林でも大きな変化が生じた．里山は薪炭林としての雑木林，あるいはスギ，ヒノキなどの植林で占められていたのであるが，急激に進行した燃料革命や材木不況によってその経済的意義を失い，したがって管理を放棄されるようになった．間伐を停止した山林は過密化し，陽光と雨水を失った下草が消滅した．この鬱蒼とした外観をもつ森林は実は種の多様性は高くなく，また下草による土壌の把握が行われなくなったことにより，大雨の際には土壌の流失を招き，ひいては河川の汚濁をもたらしたのである．人間にとっても，小径が消失した薄暗い森は快適

な環境とはいえず，このようにして，里山は，自然の豊かさを失い，人間社会との交流を断つに至ったのである．

最近の十数年間農村に荒廃をもたらす条件はさらに拡大していく．その一つとして米の生産過剰による減反政策がある．多くの田が耕作を停止され，さらには放棄されることによって，広大な面積の水田が雑草地化し，またしつつあるのであるが，そこに生じた草本の多くは強力な帰化植物であり，在来種の回復によって自然復帰するわけではなく，単純で荒廃した環境をもたらすのである．とりわけ山間部に営まれる棚田は，その労働力に比べて収穫に乏しいことから，真っ先に減反の対象とされることが多い．しかし，棚田は長い歴史によって築かれてきたものであり，とりわけその石垣は，地域の歴史を物語るものがあると同時に，美しい景観要素として，わが国の田園風景を特色づけるものであった．

このような自然環境としての変化と並行して，農村社会の変貌にも著しいものがあった．戦後にはじまった農村の近代化は，当初順調に経済的繁栄をもたらすかに思われたのであるが，先に述べたことを含むさまざまな情勢変化により，農村はしだいに疲弊の色を深め，労働人口の流失による過疎の状況を生みだしたのである．

以上に述べてきたような農村の情況に対して，1990年代にささやかではあるが，市民による身近な自然の復元活動が開始され，このような農村環境の現状の復元，維持管理，利用などが行われることになった．それにはさまざまな活動状況があるが，まず，1990年頃からスタートした「里山管理運動」について述べることにする．

里山という言葉は，今日では日常的に用いられるが，実は1990年代初頭に開始された市民活動が「里山管理」と命名されたことによって一般化したものである．もちろん単語としてはそれ以前にも存在したであろう，しかしそれは都市から遠く離れた場所の一風景の要素にすぎなかったのである．

近年この里山が市民運動の対象としてクローズアップされた理由にはいくつかの要因が考えられる．その第1として考えられるのは，最近の20～30年間における都市の膨張である．かつては農村環境に囲まれた小島のような存在であった地方都市が，数倍以上の規模に膨張し，周囲の農山村地域にまで拡大されるようになった．大都市の拡大はさらに顕著で，たとえば，東京都とその周辺の都市の拡大によって関東平野全域が都市化されつつあるといってよい．このような状況によって，かつては遠い存在であった里山が都市住民にとっては身近な存在となった．宅地化をまぬがれた丘陵や山腹が住宅地に囲まれるような状況が一般化したのである．かつては農民の生産の場であった里山が，都市住民にとって貴重な自然としてとらえられるようになった，これが第1の理由である．

第2の理由として考えられることは，先にも述べたように，里山が農民にとって急速に経済的意義を失ってきたこと，さらに農村での労働力不足ともあいまって，里山が管理を放棄された状態に陥り，このため樹林の過密化とそれに伴う下草の消失が進行しつつある．これはいわば里山の原生林化の方向ではあるが，生物多様性の観点からも望ましいことではないが，治山ひいては治水上の面からはさらに重大な問題となっている．

都市と農村，あるいは行政のそれぞれの側からの条件がクロスした点で里山管理運動が生まれたと考えてよい．一方，運動の進展により里山の概念も拡大されてきた．1990年頃大阪府立大学の重松敏則博士らの主導によって運動がスタートした当初，里山は文字通り山，つまり丘陵地や山腹など傾斜地を意味したのであるが，その後この運動が発展するなかで里山の意味する範囲は，平地林あるいは関東における谷戸（谷津）を含む全体にまで拡大された．しかし，2002年頃には，里山に続いて里地という言葉も発明され，現在では里山・里地管理運動として進展しつつある．

里山管理の基本は，従来農民によって維持・管理されてきた山林を，市民がそれに類した方法で維持・管理を行うことである．しかしその場合，山林からの経済的利益までもが復活するわけではなく，無償の行為とならざるを得ない．その代わりとして，自然と接する楽しみ，労働の楽しさなど精神的満足が与えられることになる．作業の内容としては，過密化した樹林の間伐，消失した小径の復元，さらに自然の花木，果樹などの助勢，草本管理と称する美しい花の咲く草の助勢などがある．伐採木の処理をかねて，ログハウスやベンチの作製，かまどを造成しての炭焼きなども行われる．しかし，この方向をあまり積極的に行い，里山を過度に公園化すると，自然保護運動との軋轢を生むことになる．

　里山でのこのような活動は，市民個人が任意には行い得ないことで，組織的，永続的に行うためには，経験をつんだリーダーや自然保護の立場にあるメンバーの存在が欠かせない．荒れた山林といっても所有者や財産区の組合などがある．勝手に作業することは許されない．どの程度の作業をどの範囲で行うなどの交渉もリーダーの役割として欠かせない．最近ではこのような運動に対する理解も深まり，また運動体もNPO法人の資格をもつものが多くなったことから交渉がスムーズに進む事例が多くみられるようになった．

　水田を含む，いわゆる里地での市民活動も活発化しつつある．減反政策によって多くの放棄田が生じつつある現状については先にも述べたが，このような水田を里山と同様に市民の手で管理を行おうというものである．里山管理と異なり，水田管理は年間にわたって定期の特殊作業を伴うもので，市民運動のみで行うことは不可能である．そこでいくつかの方法が編みだされている．

　筆者の知るかぎり，もっとも古く，かつもっとも成功している事例の一つは，横浜市の舞岡公園である．ここでは関東地方で一般的にみられる，丘陵と水田が入り組んだ地形，谷戸の一つを横浜市が入手し，その管理を「舞岡公園田園・小谷戸の里管理運営委員会」という民間組織に委託したものである．この会では，年間の水田管理を中心にさまざまな活動を行っているが，その活動には誰でも自由に参加できる．同会のパンフレットによる年間行事表によれば，4月：田おこし，苗作り，種まき，草木染め，草もち作り．5月：田おこし，畦塗り，代かき，タケノコ料理教室，茶摘み．6月：稲取り，田植え，畦・土手草刈り，梅干作り，公園田植え，炭焼き．7月：田の草取り，畦・土手草刈り，竹細工，古民家宿泊体験，粉挽き体験．8月：田の草取り，畦草刈り，ネット掛け，わら細工，お手玉作り．9月：案山子祭り，水抜き，そば打ち，お月見会，炭焼き，などとなっている．

　水田維持のもう一つの方式はオーナー制である．水田を不特定の一般市民に年間契約で貸し，耕作を行わせるというものである．これは棚田の保全と関係して行われる場合が多い．

　棚田は山腹など傾斜地に階段状に営まれるもので，垂直面に石垣が築かれたものも多い．収穫に比較して労働力が大きいため，真っ先に減反の対象とされ，耕作が放棄されることになる．その後数年も経過すると雑草に覆われ，さらに樹林化して石垣すら消滅していくのであるが，棚田は営々と築かれてきた何百年もの歴史をもつ，いわば文化財ともいうべきものであり，その美しい景観はわが国の農村風景を世界に比類ないものとしてきたことから，その消滅を惜しむ声も高まってきた．近年その保存運動も盛んとなり，全国的な組織も誕生している．この保存を，先に述べたオーナー制によって行おうという試みが，全国いくつかの地域ではじめられている．

　そのなかの一つに，伊豆松崎町石部地区での事例がある．この地区は山腹から海岸に至る急斜面に棚田が営まれ，海岸近くは温泉を利用した数十軒の民宿があり，さらに海では漁業が営まれる，という多角経営的な村落であるが，棚田の大部分

は減反による雑草地化が進んでいた．しかし，近年この情況を打開する意向が村民に高まり，熱心なまとめ役も存在したことからオーナー制が模索されることになった．

その準備段階として，静岡県によってバックアップされた特定のグループ，「棚田くらぶ」による復田作業，田植え，稲刈りなどが，2002年まで3年間にわたって行われたが，同年暮れからいよいよオーナー募集が行われることになった．オーナー制とは，1区画1アール（$10 \times 10 \mathrm{m}^2$）を3万数千円で1年間貸し出し，田植え，稲刈りなど，いわゆるお楽しみ部分をオーナーによって行い，その間の雑草管理，水管理などを地域農民の手で行うというものである．収穫の何割かはオーナーに与え，さらにこの地域では，野草や海産物などのお土産も提供する，というものである．オーナー制といっても実際はグリーンツーリズムに近いものであるが，成功した場合，棚田の保全は完全に行われるわけで，オーナー料3万円なにがしかは環境保全のための寄付を含むということができる．現在100区画ほどが貸し出されるといった盛況をみせている．

水田が生物学的にも豊富な場所であったことは先にも述べたが，つぎに水田生物の保全を主目的とした事例について述べることとする．

福井県敦賀市の郊外にある中池見地域は，いわゆる深田地域で，冬も乾田化しないという特殊性があった．この地域が世間の注目を浴びるようになったのは，大阪ガス(株)がここにLNG基地の建設を発表した1995年頃からで，買収によって耕作を放棄された水田に，埋蔵種子からと思われる草本類が大繁殖をはじめたからである．往時は田の草として除去の対象とされた草本類であるが，全国のほとんどの地域から除草剤などによって消滅したことから貴重視されることになったのである．しかしそのため，それらの種の保護を訴える自然保護グループによる基地建設の反対運動が激しい勢いでされることになった．大阪ガスでは，LNG基地予定地の一部約9 haをこれら貴重種の保存エリアとして積極的な保護運動を行うことにした．この時点で筆者を委員長とする，保存エリアの管理委員会が設立されたのであるが，委員会の基本方針として打ち出されたのは，保存エリアにおいて従来の耕作に準じた作業を行うというものであった．それらの種は人間の営農作業に適応した生活様式をもつことによって，他の野生種に対して優位を保ってきたものと考えられたからである．保存エリア以外の予定地は，これに対して放置された状態に置かれ，その後の経過を保存エリアと比較されることになった．これが1997年のことであるが，3年後の2003年までの経過は，委員会の予想の的中を証明するものであった．放置された部分での遷移はきわめて速く，大部分が弱小種である貴重草本は増殖拡大するヨシ原に埋没し，消滅する一方，保存エリアではそのすべてが存続することになった．

このようなことからも，われわれ日本人にとって身近な自然である農村環境の生物，とりわけ水田周辺の生物は，多くの野生生物のなかから，農作業に適応することによって優位性を得た種であることが立証された．それらは人間との共存種と呼ぶべき種であるが，このような種を保存するためには，自然保護論者がよく口にする「自然に任せる」のではなく，それらの種にとって有利な条件，この場合は耕作に準じた環境の維持活動が欠かせないのである．　　　　　　［杉山恵一］

3.2
環境保全型農業と農村

わが国においては，環境保全型農業を「農業の持つ物質循環機能を生かし，生産性との調和などに留意しつつ，土づくり等を通じて化学肥料，農薬の使用等による環境負荷の軽減に配慮した持続的な農業」であると定義し，その推進が図られてきている．それは有機農業をはじめとして，さまざまな名称で呼ばれている環境に優しい農業をすべて包含している．

環境保全型農業は自然環境を守り，農業環境を守り，人間環境を守るものとして，また安全・安心・良質な農産物の供給を通してヒトの健康を守り，持続可能な社会をつくるための大きなよりどころとして，その発展が期待されている．

とくに循環型社会形成促進法の成立に示されるように，わが国の廃棄物，とくに有機性廃棄物の処理問題の解決のためには，土壌を通じた循環的処理が最重要になっている．こうして，都市と農村とを結ぶ有機物循環の環の形成は全国的に一つの大きな流れとなっており，さまざまな創造的取組みが行われている．環境保全型農業は地域環境保全計画の中核に位置づけられ，発展しつつある．

a. 環境保全型農業に関連しての最近の政策

1999年7月に成立した「食料・農業・農村基本法」はその基本施策として食料の安定供給の確保，農業の多面的機能の発揮，農業の持続的な発展，農村の振興などをあげている．また，農業の持続的な発展に関する施策のなかで，自然循環機能の維持増進（第32条）について「国は，農業の自然循環機能（農業生産活動が自然界における生物を介在する物質の循環に依存し，かつ，これを促進する機能）の維持増進を図るため，農薬及び肥料の適正な使用の確保，家畜排せつ物等の有効利用による地力の増進その他必要な施策をこうずるものとする．」と述べている．

この基本法と密接に関連していわゆる環境3法，「持続性の高い農業生産方式の導入の促進に関する法律」（持続農業法），「肥料取締法の一部を改正する法律」，「家畜排泄物の管理の適正化及び利用の促進に関する法律」が相ついで成立した．

また，環境保全型農業とくに有機農業と密接に関係する「農林物資の規格化及び品質表示の適正化に関する法律の一部を改正する法律（有機農産物の検査認証・表示制度の創設）」も1999年6月に成立し，翌2000年には「有機農産物の農林規格」が定められた．

さらに，地球温暖化ガス排出や資源枯渇問題，有害物質の環境放出問題，とくに差し迫った各種廃棄物処分場の不足問題などを背景として成立した循環型社会形成推進基本法（2000年5月）や食品循環資源の再生利用等の促進に関する法律（2000年5月），その他関連法律の成立にみるように，有機性廃棄物の循環的処理，再利用が重要課題となり，このためにも家畜排せつ物や生ごみなどのたい肥化による土壌還元，土づくりを重視する環境保全型農業の推進が全国民的に要請されるようになってきた．

b. 持続農業法による環境保全型農業の推進

持続農業法においては，「持続性の高い農業生産方式」は，土壌の性質に由来する農地の生産力の維持増進その他良好な営農環境の確保に資すると認められる合理的な農業の生産方式であって，つぎに掲げる技術のすべてを用いて行われるものをいっている．

① たい肥その他の有機質資材の施用に関する技術であって，土壌の性質を改善する効果が高いもの，② 肥料の施用に関する技術であって，化学的に合成された肥料の施用を減少させる効果が高いもの，③ 有害動植物の防除に関する技術であって，化学的に合成された農薬の使用を減少させる効果が高いもの，として農林水産省令で定めるもの．

都道府県は，当該都道府県における持続性の高い農業生産方式の導入に関する指針を都道府県における主要な種類の農作物について，都道府県の区域または自然的条件を考慮して都道府県の区域を分けて定める区域ごとに，当該農作物および地域の特性に即して定める必要があるとされている．

ここで，持続性の高い農業生産方式を構成する具体的な技術の内容としてあげられているのは，① 土づくりに関する技術：たい肥等有機質資材施用技術，緑肥作物利用技術，② 化学肥料低減技術：局所施肥技術，肥効調節型肥料施用技術，有機質肥料施用技術，③ 化学農薬低減技術：機械除草技術，除草用動物利用技術，生物農薬利用技術，対抗植物利用技術，被覆栽培技術，フェロモン剤利用技術，マルチ栽培技術，などである．

この法律によって認定された農業者にエコファーマーの愛称が与えられるが，その数は2004年3月末現在4万7766名になっている．

エコファーマーは環境に優しい農業生産方式を行っている農業者であるので，その生産物は環境に優しい農産物ということができる．

環境に優しい農産物のなかには有機農産物や特別栽培農産物も含まれるので，その内容を知るためには，環境保全型農業の現状と農産物の表示や検査認証制度に触れなければならない．

c. 環境保全型農業の現状

表3.1は環境保全型農業についての2000年センサスの結果を示している．環境保全型農業に取り組んでいる農家戸数は全国の販売農家戸数233万6908戸中の21.5%に当たる50万1556戸であった．そのうち稲作農家が半数以上を占めていることがわかる．

表3.2は2002年9月現在における環境保全型農業の取組面積割合を示している．合計では耕作面積の16.1%を占め，果樹では32.0%，野菜では21.5%，稲作では18.4%を占めている．

表3.3は環境保全型農業の構成比率よりみた有機栽培および特別栽培農産物の比率を示している．化学肥料または農薬の使用について，無（無使用）をそれぞれA，A′，減（50%以上削減）をB，B′，その他（50%以下削減）をC，C′とする

表3.1 環境保全型農業への取組み（販売農家）
──2000年世界農林業センサス調査（2000年2月1日現在，農林水産省統計情報部）

販売農家数	環境保全型農業取組農家数	取組対象首位作物別農家数			
		稲	野菜	果樹	その他の作物
2336908	501556	269998	119933	59767	51858
% 100	21.5	11.6	5.1	2.6	2.2
%	100	53.8	23.9	11.9	10.3

表3.2 環境保全型農業の取組面積割合（農林水産省統計情報部，2002年9月10日，単位：%）

合計	稲作	麦類	豆類	いも類	野菜	果樹	工芸農作物	その他作物
16.1	18.4	12.3	12.2	15.1	21.5	17.7	32	8.5

注：① 地域の慣行を基準とした化学肥料窒素成分の投入量縮減，② 地域の慣行を基準とした化学農薬の投入回数縮減，③ たい肥による土づくりのいずれかに取り組んだ面積の当該部門の作付け延べ面積（花き・花木，種苗・芝等を除く）全体に対する割合である．

表 3.3 環境保全型農業の構成比率よりみた有機栽培および特別栽培農産物の分布

環境保全型農業	分類	農家戸数	(%)	ガイドライン分類
無化学肥料・無農薬	AA′	13378戸	2.7%	有機栽培（転換期間中有機農産物を含む）
無化学肥料・減農薬	AB′	14877戸	3.0%	特別栽培農産物
減化学肥料・無農薬	BA′	1173戸	2.0%	
減化学肥料・減農薬	BB′	276994戸	55.2%	
（小計）			60.2%	
無化学肥料・その他	AC′	3798戸	0.8%	
減化学肥料・その他	BC′	27048戸	5.4%	
その他・無農薬	CA′	3238戸	0.6%	
その他・減農薬	CB′	45844戸	9.1%	
（小計）			15.9%	
その他・その他	CC′	106206戸	21.2%	
総計		501556戸	100.0%	

注：分類については本文参照．
資料：「2000年農林業センサス」

と，販売農家総数に対して環境保全型農業に取り組む農家数でもっとも多いのは，減化学肥料・減農薬（BB′）で55.2％を占めるのに対して，無化学肥料・無農薬（AA′）は2.7％を占めるにすぎないことがわかる．ついでCC′（21.2％），CB′（9.1％），BC′（5.4％）となっている．

ここでわかるように，現在行われている環境保全型農業従事農家のなかでは有機農産物栽培農家はわずかに2.7％程度であり，大部分（76.1％）は特別栽培農産物生産農家とみてよい．もちろん両方を生産している農家がより広い選択を採用して特別栽培農家として数えられた可能性はある．しかし，有機栽培農家数が全農家数に対しては0.57％にすぎないわが国の現状は，しばしば強調されるように高温多湿の気候条件のもとでの有機栽培の困難さを示すものであろう．

東京都などの有機農産物等の認証基準で採用しているように，特別栽培農産物よりCおよびC′を含む区分を除外しても，特別農産物区分は60.2％であり，76.1％から16％程度低下するのみであるので，実際上は大きな影響はないとみてよいであろう．特別栽培農産物を栽培している農家は，化学肥料と農薬の両者に対して同様な環境保全的技術対応をしていることが窺われる．

d. 有機農産物

有機農産物の日本農林規格は2000年に制定された．ここでは有機農産物の生産の原則は「(1) 農業の自然循環機能の維持増進を図るため，化学的に合成された肥料及び農薬の使用を避けることを基本として，土壌の性質に由来する農地の生産力を発揮させるとともに，農業生産に由来する環境への負荷をできる限り低減した栽培管理方法を採用したほ場において生産されること．(2) 採取場（自生している農産物を採取する場所をいう．以下同じ）において，採取場の生態系の維持に支障を生じない方法により採取されること」としている．

生産の方法についての基準の要点は，化学肥料および化学合成農薬については使用しないこと，および多年生作物を生産する場合はその最初の収穫前に3年以上，それ以外の作物を生産する場合は播種または植付け前に2年以上有機農産物の栽培基準に基づき栽培が行われていることである．また遺伝子組換え植物は使用しないことも規定している．有機農産物で栽培管理上やむを得ないものとして使用を認める肥料，土壌改良資材，農薬なども示されている．

有機農産物と同時に制定された有機農産物加工食品の日本農林規格では，その生産の原則は「原材料である有機農産物の持つ特性が製造又は加工の過程において保持されることを旨とし，物理的又は生物の機能を利用した加工方法を用い，化学的に合成された食品添加物及び薬剤の使用を避けることを基本とすること」としている．

改正JAS法のもとでの有機農産物の検査・認証・表示に関しても生産行程管理者，検査認証団体登録などの諸規定が整備され，有機農産物の公正な流通確保の基礎が確立された．

2003年1月15日現在の認定有機農産物生産農

家数は，製造業者766（252），生産行程管理者1709（253），小分け業者505（53），輸入業者93（0），合計3073（558），農家戸数4260（2399）となっている．ただし（ ）内は外国の数で外数である．

2003年4月17日現在において，有機農産物および有機農産物加工食品関係の登録認定機関は国内65（株式会社10，有限会社3，財団法人11，社団法人7，NPO法人28，県3，町1，協同組合2），国外8機関となっている．

このようにわが国においてもCODEXなどの国際的基準に適応した有機農産物の検査・登録・表示体制が確立したのであるが，有機農産物の国内生産量は必ずしも多くはないため，外国からの輸入有機農産物の圧力が高まっている．

表3.4は2001年度有機農産物および有機農産物加工食品の格付け実績である．この表で明らかなように，有機農産物として格付け供給されたもの18.8万tのうち3.4万t弱（17.9％）が国内供給されているにすぎない．品目別には緑茶90.9％，米74.4％，野菜42.9％，麦26.0％，果樹25.4％となっている．大豆は1.8％で格段に低い．

一方有機農産物加工食品においては，総格付け数量約19.2万tのうちの国内産量は48.8％であった．緑茶，豆腐，納豆，しょうゆは100％，みそは87.4％国内生産である．ただし，それぞれの製品についての原料大豆国内供給率は不明である．とくに冷凍野菜8.7％，飲料6.8％，野菜缶詰2.4％と低い値を示している．

以上のような現状にあるのは，わが国の有機農産物の供給量が需要に対して非常に低水準にとどまっていることを示している．

表3.5は国内総生産量に対する有機農産物として格付けされた数量を示している．この表でわかるように有機農産物の割合は緑茶（荒茶）で1.10％を占めるが，そのほかは0.04～0.43％の低水準にとどまっていることがわかる．

表3.4 有機農産物および有機農産物加工食品の格付け実績（2001年度）

区分	国内で格付け 数量(t)	(総量中%)	外国で格付け 数量(t)	(総量中%)	総量(t)
1 有機農産物					
野菜	19675	42.9	26221	57.1	45896
果樹	1391	25.4	4085	74.6	5476
米	7777	74.4	2672	25.6	10449
麦	722	26.0	2058	74.0	2780
大豆	1162	1.9	61019	98.1	62181
緑茶（荒茶）	927	90.9	93	9.1	1020
その他	2081	3.4	58493	96.6	60574
計	33734	17.9	154642	82.1	188376
2 有機農産物加工食品					
冷凍野菜	1128	8.7	11826	91.3	12954
野菜缶詰	13	2.4	532	97.6	545
その他野菜加工品	802	39.2	1243	60.8	2045
飲料	4739	6.8	64664	93.2	69403
豆腐	44034	100.0	0	0.0	44034
納豆	10154	100.0	0	0.0	10154
みそ	1887	87.4	273	12.6	2160
しょうゆ	19975	100.0	0	0.0	19975
乾めん類	103	11.1	823	88.9	926
緑茶（仕上げ茶）	1270	100.0	0	0.0	1270
その他	9532	33.4	18980	66.6	28512
計	93638	48.8	98342	51.2	191980

表 3.5 農産物の国内総生産量と有機農産物格付け数量（2001年度）（2002年10月30日農林水産省総合食料局）

区分	総生産量（t）	格付け数量（t）	有機の割合（%）
野菜	15548000	19675	0.13
果樹	3907000	1391	0.04
米	9057000	7777	0.09
麦	906300	722	0.08
大豆	270600	1152	0.43
緑茶（荒茶）	84500	927	1.10

総生産量は農林水産省統計情報部の公表値.

e. 特別栽培農産物

2000年に有機農産物の日本農林規格が制定され，その検査認証制度が導入されたのに伴い，特別栽培農産物が農水省ガイドラインによる生産基準，表示のもとに流通をしている．すでに考察したように環境保全型農業のなかにおいて有機農産物の生産農家数（2.7%）に比べて特別栽培農産物の生産農家数（76.1%）が圧倒的に多いが，生産量も同じような傾向を示すことが考えられる．

環境保全型農業をより大きく発展させ，消費者の要望に応える安全・良質な農産物の供給を図るためには，この特別栽培農産物が消費者に安心感をもって迎えられ，流通しなければならない．特別栽培農産物表示手法検討委員会はその最終とりまとめ（2002年11月）において，つぎのような指摘をしている．

1）特別栽培農産物の栽培基準は，地域の慣行栽培の農薬散布回数の5割以下といった相対的なものとならざるを得ないことから，有機農産物のような絶対的な基準に基づく検査認証制度の導入は困難である．このため，当面は，現行ガイドラインについて基準や仕組みの改善を図り信頼性の向上を図る．

2）特別栽培農産物に関する情報の信用性を高めるため，「食」と「農」の再生プランにおいて提案された「トレーサビリティシステム」の積極的な活用，参加を推進する．生産行程履歴JASを制定し，特別栽培農産物の生産者がこのシステムを活用し，信用度の高い情報を提供できるよう早急に措置することが望まれる．

3）環境保全型農業を一層進める観点から，適用の範囲を農薬・化学肥料ともに当該地域の慣行栽培の5割以上減じた農産物とする．

4）生産の原則を「農業の自然増進機能の維持増進を図るため，化学的に合成された肥料及び農薬の使用を当該地域の同作期において，当該農作物について慣行的に行われている使用量もしくは使用回数の5割以下に減じることを基本として，土壌の性質に由来する農地の生産力を発揮させるとともに，農業生産に由来する環境への負荷をできる限り低減した栽培管理方式を採用したほ場において生産されること」と明示する．その結果，水耕栽培など土を用いないで栽培された農産物はガイドラインの対象からは除かれることとなる．

5）無農薬栽培農産物など区分毎の名称から，一括りの名称（「特別栽培農産物」）へ変更する．

6）減農薬栽培等の「減」の基準となる慣行レベルの客観性の向上をはかる．

7）情報提供方法（農薬等資材の使用状況の表示）の多様化をはかり，インターネット，ビラの添付など他の情報提供方法も可能とする．

上記の趣旨に基づいて改正された特別栽培農産物「新」表示ガイドラインは2004年4月1日より施行されている．

f. 環境に優しい農産物の認証

2000年農業センサスでの環境保全型農業調査（表3.3）におけるその他（CおよびC′群）すなわち化学肥料，農薬の使用削減率が0〜50%のもののなかには，地域の環境保全とのかかわりにおいて，環境負荷の軽減に配慮したと見なされるものがある．それらを客観的に保証するものとして，県や市町村による自主的な農産物認証制度があったが，近年その数が増加している．それらのあるものは独自の愛称や認証マークをつけてい

る．

　農林水産省環境保全型農業対策室の調査によると都道府県独自の有機農産物などの認証等制度をもっているのは29都道府県にのぼっている．また市町村独自の認証等制度をもつものも22市町村ある（2001年9月現在）．

　これらの認証の基準はさまざまであるが，化学肥料，農薬の使用削減率については20〜30%以上を求めているものが多いようである．

　有機農業運動などに関係している諸団体の間でも自主的認定が進んでいる．

　外食産業では（財）日本フードサービス協会の認定マークも現れた．

　このような情勢のなかで，生産者の自主基準づくりも進んでいる．全国産直産地リーダー協議会は表3.6のような「エコ農業のための17カ条」を示し，エコ農産物生産の基準を発表している．全国農業協同組合連合会においても「全農安心システム」として独自の検査・認証制度に取り組んでいる．

　このような動きはわが国のみならずアメリカ・EU諸国においても認められる（農産業振興会, 2001）．とくにヨーロッパ諸国においてはIPプロダクツとして，一定の評価のもとに流通が拡大している．

　わが国においても，一定の基準を満たした環境に優しい農産物に対しても何らかの表示制度を設け，消費者の選択と同時に消費者や流通関係者を含めて農業生産環境の保全に関する参加意識を高めることを工夫すべきではないかと思われる．

g. 環境保全型農業と環境負荷の軽減

　環境保全型農業は農業による環境負荷を軽減すると同時に，人間環境保全にも貢献している農業である．

　一方，消費者の環境保全型農業への期待は安全・良質な農産物の安定供給に強く向けられている．図3.1は農産物貿易に関する世論調査であるが，輸入品との対比において国産品を選択する割合は60%を超えているが，その理由のおもなものは，安全性（82.0%）なのである．

　肥料および農薬の使用による環境負荷の軽減を目指す環境保全型農業を国民的理解のもとに進めるために，もっとも必要とされているのは，化学肥料や農薬による環境負荷の実体の把握と改善目

表3.6　エコ農業のための17カ条

① 農地の地力維持培養に努めよう．
② 輪作の導入に努めよう．
③ 優れた在来品種を掘り起こし，環境保全に適した品種の開発に努めよう．
④ 遺伝子組換え技術は排除しよう．
⑤ 化学肥料の使用量を削減し，化学肥料から有機質肥料への転換を促進しよう．
⑥ 農薬の使用量を削減し，耕種的，生物的，物理的な防除を総合的に進めよう．
⑦ 除草剤をできるだけ減らし，耕種的，生物的，物理的雑草対策を総合的に進めよう．
⑧ 資源の循環的利用と投入エネルギーの抑制に努めよう．
⑨ 環境負荷を削減するためのシステム確立に努めよう．
⑩ 畜産経営についてもエコ畜産の推進に努めよう．
⑪ 消費者に喜ばれるよう農産物の品質の維持向上に努めよう．
⑫ 生態系の保全と景観の保持に努めよう．
⑬ 生産情報開示に努め，社会的信頼確保の確立に努めよう．
⑭ 消費者との交流をはかり信頼の確立に努めよう．
⑮ エコ農産物のための新たな流通体制の確立に取り組もう．
⑯ エコ農業に生産者，流通業者，消費者が手を携えて取り組もう．
⑰ 生産者の生活と経営の安定を実現しよう．

出所：「21世紀日本農業への提言―エコ農業構想」（2000年2月，全国産地産直リーダー協議会）

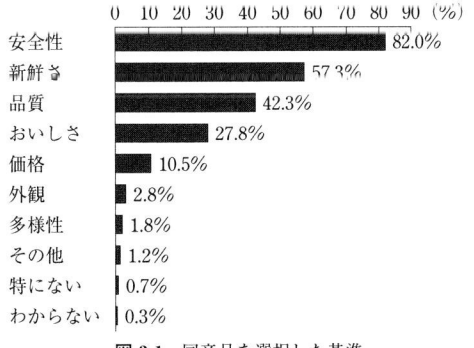

項目	割合
安全性	82.0%
新鮮さ	57.3%
品質	42.3%
おいしさ	27.8%
価格	10.5%
外観	2.8%
多様性	1.8%
その他	1.2%
特にない	0.7%
わからない	0.3%

図3.1　国産品を選択した基準
「国産品」・「どちらかというと国産品」と答えた者に複数回答　（出所：「農産物貿易に関する世論調査」2000年10月，農林水産省）

標の設定であり，各種情報の共有による国民的規模における環境保全型農業の推進運動である．

当面の農業による環境負荷の重要なものとしては，地下水の硝酸性窒素汚染問題があげられ，生物多様性影響も含めて，環境に及ぼす影響対策指標としては化学肥料および農薬の使用量あるいは販売金額があげられている．

(1) 化学肥料

日本の化学肥料の施用量は1974年を最大値として，漸減している（図3.2）．一方で汚泥肥料の生産量は1980年以後急速に増大してきた（図3.3）．一方，水稲および小麦に対する堆厩肥施用量は，相変わらず低水準（50〜200 kg/ha）に停滞しており，また，イネ，麦に対する単位面積当たり施肥量は1985年前後より漸減し，窒素は8 kg/10 a程度に近づいている．

しかし化学肥料による環境汚染の象徴ともいえる地下水の硝酸性窒素汚染は，相変わらず高く，

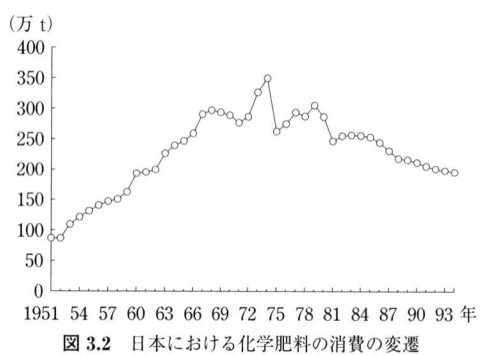

表 3.7 地下水の硝酸汚染の状況調査（環境省）
硝酸性および亜硝酸性窒素の環境基準値（10 mgN/L）を超過した井戸の数

調査年度	調査数（本）	超過数（本）	超過率（％）
1994	1685	47	2.8
1995	1945	98	5.0
1996	1918	94	4.9
1997	2654	173	6.5
1998	3897	244	6.3
1999	3374	173	5.1
2000	4167	253	6.1
2001	4017	231	5.8

2001年度では表3.7に示すように，地下水の環境基準を超えている硝酸性および亜硝酸性窒素を含む地下水は調査地点の5.8％にも上っている．

地下水の硝酸性窒素汚染のおもな原因は，農耕地への窒素施肥量の過剰と畜産廃棄物のす堀貯留や屋外貯蔵のような不適正な処理方法があげられている．

この克服は地域に適用する土壌管理・施肥の手法についてのいっそうの配慮を必要とするものであり，今後の環境保全型農業技術における大きな問題である．

(2) 農 薬

農薬使用量は減少しているが，販売額は増大している（図3.4）．これはIPMの浸透とともに的確な効果を発揮する新農薬の開発などが進んでいるためである．

環境保全型農業で推進している天敵農薬の使用面積は，1998年現在施設栽培の総面積4151 ha

図 3.2 日本における化学肥料の消費の変遷
―○―：$N + P_2O_5 + K_2O$（出典：「肥料要覧」農林統計協会）

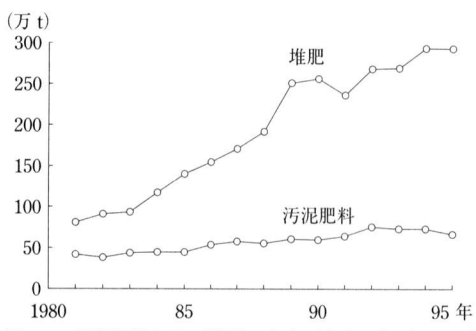

図 3.3 汚泥肥料および堆肥の生産（出典：「肥料要覧」農林統計協会）

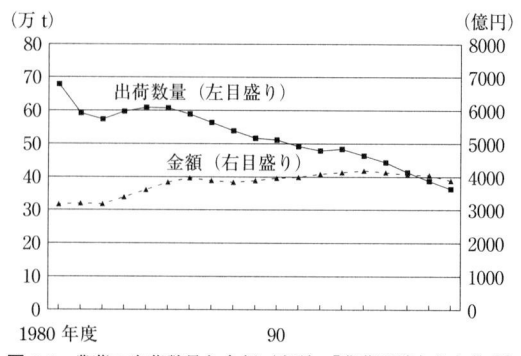

図 3.4 農薬の出荷数量と金額（出所：「農薬要覧」から作成）

中の 510 ha にとどまっているが，フェロモンについては，果樹園，野菜を中心に 1999 年現在 1 万 2650 ha に達しており，急速な伸びがわかる（菅原 2001）．

しかし，わが国の面積当たり農薬使用量は世界最高水準であることを考えると，化学合成農薬の使用の低減に関してはさらにいっそうの推進が必要とされている．とくに 2005 年までに全面禁止される臭化メチル問題を含め，連作障害対策などで使用される土壌消毒剤の使用削減が大きな課題となっている．

h. 循環型社会形成の要としての環境保全型農業

環境保全型農業は農業の人間環境に及ぼすさまざまな負の影響を軽減するとともに，人間活動により生じている環境汚染を浄化することにより，環境の保全に貢献するという，人間社会にとって欠くことのできない役割を演じている．

二酸化炭素吸収浄化作用はいうまでもないが，とくに重要なものは，有機性廃棄物の循環的再利用による環境浄化作用である．

表 3.8 は，わが国で現在発生している生物系廃棄物の量を示している（有機質資源化推進会議，1999）．各種の起源のものを含めてその総量は 2800 万 t 余に達している．このうち，家畜ふん尿などを中心として農業利用への推進が進められているのであるが，食品産業廃棄物や生ごみなどは燃焼処理，廃棄されるものが多かった．しかし，燃焼に伴うダイオキシン等有害物の発生問題や，廃棄物処分場の不足問題などがあり，その農業資源としての循環的有効利用が強く望まれるようになってきている．

化石資源・鉱物資源の枯渇と廃棄物処分場の不足問題を強く意識して，2000 年に循環型社会形成基本法が成立し，リデュース，リユース，リサイクルの 3R 政策が進められてきているが，地域で産出する有機性廃棄物を地域内農業において循環的に利用することも地域環境の保全に役立つ環境保全型農業に期待されている．

ごみ焼却問題との関連における生ごみ処理，し尿・下水処理，畜産廃棄物の処理，安全で良質な農産物の生産と供給，連作障害の回避と地力の維持，化学肥料・農薬の施用削減，景観の維持，グリーンツーリズムの発展などを踏まえた地域計画が樹立される必要がある．農業計画はその核心部分を形成する．

長井市のレインボープラン（図 3.5）にみられるような，生ごみや畜産廃棄物を地域循環のなかにおいて利用しつくし，その生産物を地域の食材として供給するという農業は，地域行政や地域住民の支持と信頼を得て全国各地において取り組まれている．地域住民に対する安全・安心な農産物の供給に第一義的に責任をもち，地産地消の確立をするのは，環境保全型農産物の生産供給を安定化することにもなり，ひいては持続可能な農業への展望を開くものであろう．

最近，バイオマス・ニッポン総合戦略の策定にみられるように，都市部も含めて非農業部門の産出する有機性廃棄物すなわち食品産業廃棄物，建

表 3.8 わが国のおもな有機物資源の発生量と窒素含有量（万トン）

有機物資源の種類		発生量	窒素含有量
農業系	わら類等	1404	8.3
畜産系	家畜排せつ物	9268	73.3
	畜産物残さ	167	8.4
林業系	樹皮・木くず等	784	3.1
食品製造業	動植物性残さ	340	1.3
	事業系生ゴミ	600	2.4
建設業	建設発生木材	632	1.0
家庭	生ゴミ	1000	3.9
汚泥類	下水・し尿汚泥	10545	20.9
	浄化槽汚泥	1359	1.4
	食品関連汚泥	1504	5.3
	農業集落排水汚泥	32	0.0
合計		27645	129.3

（注）1.「生物系廃棄物のリサイクルの現状と課題」（1999 年 2 月，生物系廃棄物リサイクル研究会）を一部改変．
2. 利用可能な最新のデータ（1994 年～1998 年）を使用．

図3.5 長井市レインボープラン

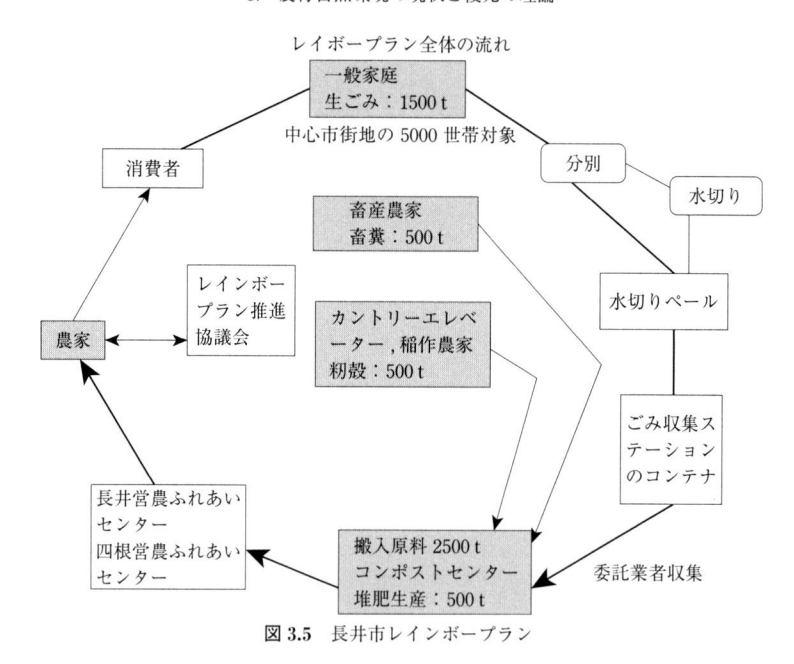

設廃材，剪定枝葉，生ごみ，汚泥類などを畜産廃棄物，おが屑，藁など農業廃棄物とともに，さまざまな工程により，有用物質の創製，エネルギー的利用などの有効利用をした後に，堆肥化，あるいは液肥として土壌還元をしようとする機運が高まっている．これはまた都市と農村との物質循環に基礎を置く新産業技術の創出にもつながるものであり，農業の人間環境保全機能を高めるものでもある．

このようなバイオマス循環を究極的に支えるものは，土壌への有機物還元，土づくりであり，また作物栽培である．それを量的に保証するものは可耕地の総面積の増加である．

いまや，環境保全型農業は，エネルギー供給におけるバイオマス利用，都市と農村の結合による環境浄化・保全，地域環境保全計画の中枢として，循環型社会形成の要となっている．

おわりに

環境保全型農業が全国的に推進されるようになって10年を経過し，その日本的呼称も定着してきた．しかし，かけ声と期待に応じた発展をしているとはいえない．

経済社会においては，農業技術的合理性も経済合理性のもとに展開されてきたので，成り行きに任せておけば，従来技術がもっとも経済的に有利であるので，それを一定の方向に変えるのにはそれだけの経済的メリットを与えなければならない．

この経済的メリットを生産物の特殊性，付加価値性のみに求めるのでは，その負担は消費者の支出増となってくるので，競争的市場においては自ずから限度が生じる．

環境保全型農業が農業の環境に対する負荷を軽減するのみならず，一般社会活動による環境汚染を除去する機能も果たし，健康な生活を保障するものであり，持続可能な農業を築くうえにおいて必須なものであるとの認識のもとに，何らかの強力な国や自治体の新たな具体的支援が必要な段階に至っているといえる．

また，環境保全型農業の理念に沿えば，耕作可能な農地の利用効率を高めることが，同時にバイオマス・有機性廃棄物の循環的有効利用を広げることになるので，水田の飼料イネ栽培をはじめとした，農畜複合経営の発達とそれを保証する国内農産物需給体制の確立，適切な輸入農産物対策の

樹立と結合した真に総合的な農業政策の確立が要望される．　　　　　　　　　　［熊澤喜久雄］

文　献

菅原敏夫：環境保全型農業と病害虫防除．（大日本農会）持続可能な農業への道，85-112（2001）

（財）農産業振興奨励会：ヨーロッパにおける有機/IP農産物の生産及び表示に関する調査報告書，3月（2001）

有機質資源化推進会議生物系廃棄物リサイクル研究会：生物系廃棄物のリサイクルの現状と課題—循環型経済社会へのナビゲーターとして—，2月（1999）

3.3-1
農村の生物相とその保全
——植物——

　農村にはさまざまな植物の生育環境が存在している（図3.6, 3.7）．日本の農村では，水田を中心にして，その周辺に畦や土手，灌漑用の水路やため池，畑や農家，さらにそれを取り囲んで里山がある．家畜を飼い，堆肥をつくり，茅葺き屋根が多かった時代には，採草地も農村に欠かせないものだった．1950年代半ばからはじまった高度経済成長期に，農業の機械化・化学化が急速に進み，農村の環境と生物相にも大きな変化が生じた．かつては全国的な水田雑草であったものが，絶滅危惧植物に指定されるようになったのがその一例である（下田 2003）．近年では，圃場整備や耕作放棄水田の増加も，農村の生物に大きな影響を及ぼしている．

　ここでは農村の代表的な環境として水田・ため池・水路と河川・里山を取り上げ，それぞれに生育する植物の特徴と現状を紹介する．また，農村の多様な植物の保全や復元についても検討したい．

図3.6　春の農村の風景（福井県敦賀市）
手前は田植え前の水田と塗り終わったばかりの畦．画面なかほどの放棄水田はヨシ原とハンノキ林になっている．左手なかほどに畑もある．里山は落葉広葉樹林で，スギの植林地も点在している．

図3.7　8月下旬の農村の風景（広島県黒瀬町）
ため池には水草が繁茂し，水田では稲刈りが始まっている．左手の農家の脇にはクズで覆われた放棄水田があり，竹林もみえる．里山のほとんどはアカマツ林である．

a.　水田の植物

　水田では，イネの栽培と収穫のために，耕起，水管理，代かき，田植え，施肥，除草，防除，稲刈りなどのさまざまな農作業が毎年繰り返されている．また水管理によって，イネの生育期間中は乾田・湿田ともに水を湛えた湿地となる．水管理をしない時期でも水が溜まっている湛水田もあるし，稲刈り後から春にかけては乾いている乾田もある．またさまざまな形の小さな水田（図3.8）から圃場整備のすんだ広い水田まであり，水田の環境は多様である．

　イネを栽培するために繰り返される人為的な攪乱によく適応し，水田で生育を続けているのが「水田雑草」である．春の水田に生育する雑草の多くは，稲刈り後の秋に発芽を開始し，冬を越して翌春の耕起前までに開花・結実を終了する．このような植物は「冬雑草」と呼ばれる．春先に水

図3.8 さまざまな形の小さな水田（福井県敦賀市）
土手にスイバが咲いている．この写真は1995年に撮影したものであり，2000年にはすべて耕作放棄された．

図3.10 春の乾田の雑草（広島県黒瀬町）
ゲンゲ，タネツケバナ，スズメノテッポウ，ミノゴメが咲いている．

が溜まっている湿田では植物はまばらである（図3.9）が，乾田ではさまざまな植物が生育し，ゲンゲが一面に咲いて美しい景観となる水田もある（図3.10）．タガラシ（図3.9）は春の湿田の代表的な植物であり，コオニタビラコやスズメノカタビラは乾田の代表的な種である．またスズメノテッポウやタネツケバナのように，どのような水田にも広く生育する種もある．

水田に水が入り，代かきや田植えがはじまると，春の雑草は姿を消し，ヒエ類のようにイネとともに生育する雑草が生育をはじめる（図3.11）．

図3.11 イネとともに生育する雑草
a：ケイヌビエ（福井県敦賀市），b：タウコギ（広島県大朝町）．

これらの雑草は「夏雑草」と呼ばれ，晩秋から翌春にかけては種子や栄養器官ですごし，冬雑草とは季節的にすみわけている．イネが生育する間は，どの水田も湛水して除草や施肥が行われるため，湿田と乾田とで大きな植物相の差は認められない．除草方法などの管理の差が，雑草の生育に影響を及ぼしていると考えられる．

図3.9 春の湿田の雑草（福井県敦賀市）
タガラシとスズメノテッポウが咲いている．

稲刈りが終わると，日当たりがよくなった水田で，イネとともに生育していた雑草が開花・結実し，また翌春に花を咲かせる雑草の芽生えもみることができる（図3.12）．

水田が耕作されている間は，水田の周囲の畦・土手・石垣・水路も，草刈りや補修などの管理作業で維持されている（図3.6〜3.8，3.13）．このような環境に特有な植物群もある．踏みつけのある畦に生育するオオジシバリ，草刈りをする土手のチガヤやヒガンバナなどがその例である（図3.14）．

図3.14 ヒガンバナの咲く土手（広島県黒瀬町）

b. 耕作放棄水田の植物

機械化・化学化による稲作技術の向上で米の生産量は急増したが，米の消費量は減少を続けたため米が供給過剰となり，1969年に米の生産調整対策がはじまり，1970年から本格的な減反が実施された．1969年まで300万haを超えていたイネの作付面積は減少を続け，1996年以降は200万ha以下となった．耕作田の減少と耕作放棄水田の増加は，農村の植物相に大きな変化をもたらした．

耕作田ではイネの栽培や水田維持に必要な管理作業があるため，水田雑草だけが生育できる．一方耕作放棄水田では，水田本来の土湿条件や耕作停止後の時間などのさまざまな要因により，生育する植物は多様なものとなる．湿田には水生植物・湿生植物，乾田には畑や路傍にみられるような非湿生植物が生育する．また湿田でも乾田でも，耕作放棄後1年目には水田雑草が多いが，しだいに大型の多年生草本が増加し，3年から5年でヨシ，ガマ類，セイタカアワダチソウなどが繁茂する多年生草本群落となる（図3.15）．土壌の水分条件と放棄後の年数は放棄水田の植生に大きな影響を及ぼしているが，図3.16に示したように，そのほかにも植物の生育に関係するさまざまな要因が考えられる．

図3.12 稲刈り後の水田（福井県敦賀市）
キクモやヤナギタデなどたくさんの雑草が開花・結実し，イネの二番穂もみえる．

図3.13 棚田の景観（福井県敦賀市）
畦や石垣も植物の生育地である．

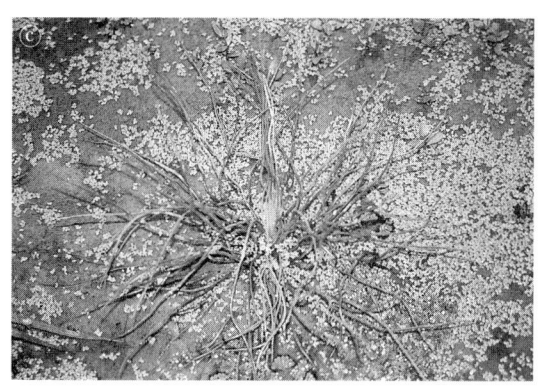

図 3.15 耕作放棄による水田の変化（福井県敦賀市）
畦や水路も変わっていった．a：耕作田，画面左と耕作田の背後に，ヨシが繁茂する放棄水田がみえる（1997年7月）．b：放棄1年目（1998年6月）．c：放棄1年目に発生した雑草．コウキクサ，アゼナのほかに，絶滅危惧植物のミズニラ，オオアカウキクサ，イチョウウキゴケもみえる（1998年6月）．d：放棄3年目．ヨシ，セイタカアワダチソウ，クズなどが生育するようになった（2000年9月）．

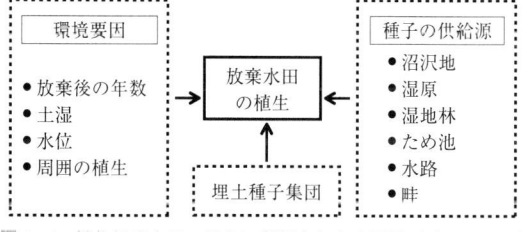

図 3.16 耕作放棄水田の植生に影響を与える要因（下田，2000）

環境要因
- 放棄後の年数
- 土湿
- 水位
- 周囲の植生

種子の供給源
- 沼沢地
- 湿原
- 湿地林
- ため池
- 水路
- 畦

埋土種子集団 → 放棄水田の植生

c. ため池の植物

稲作に必要な水は，水源の河川やため池から水路を通って水田に流入する．河川灌漑が困難なところでは，ため池が重要な水源となる（図3.7）．瀬戸内海沿岸地方や近畿地方は，ため池の分布密度がとくに高い地帯である．

ため池の大きさや形は多様であり，また池の周囲の環境によっても，池の状況は異なっている．山間にある池は澄んだ水を湛えているが，農耕地や市街地に囲まれた池では水質汚濁が進んでいることが多い．ため池に生育する植物も，池の状況に応じて多様である．岸の傾斜が緩やかであれば，水中から水辺にかけて水深の差に対応した群落が分布する．水中にはジュンサイ，ヒツジグサなどの浮葉植物群落，水辺にはヨシ，マコモなどの抽水植物群落がみられる．また夏から秋に水位が下がると，水がひいた部分にハリイ，サワトウガラシなどの小型の湿生植物が一面に生育する群落もみることができる．池の背後に陸生の湧水湿地があり，水中から岸にかけてさらに多様な湿生植物が分布するところもある（図3.17）．山間や山麓では水生植物の種類が豊富な池をみることができるが，農耕地や人家と接した池にはヒシが一

図 3.17 山間のため池（東広島市）
水中にはジュンサイ、フトヒルムシロなどの水草、水辺にはヨシが繁茂している。山沿いの水が引いた岸にはサワトウガラシ、ハリイなどの小型の湿生植物が生育している。この池では、ヨシ原の背後に、ヌマガヤやオオミズゴケが生育する陸生の湧水湿地もある。

図 3.19 堤防や取水施設が壊れたままで放置されている池（東広島市）
水を溜めなくなった池底に、サクラバハンノキやヨシなどの湿生植物が生育している。

面に繁茂することが多い。またウキクサ類や帰化植物のホテイアオイが水面を覆う池もある。池の水質に応じて、池の植物相にも大きな違いが認められる（下田 2003）。

定期的な草刈りや火入れを行って管理されてきた池の堤防では、ススキやチガヤが優占する草地をみることができる（図 3.18）。草刈りの頻度や堤防の新旧の程度などにより、生育種には差があるが、夏から秋にかけてオミナエシ、キキョウ、ツリガネニンジンなど色とりどりの野草が咲いて美しい草地となる堤防も多い。

耕作田の減少、農村人口の減少、農家の高齢化、地域の都市化など、農村のさまざまな変化は、ため池と池の生物にも影響を及ぼしている。

堤防や取水施設が壊れても修理せずに放置してある池（図 3.19）、灌漑に利用されていない池、アオコが発生した池、土地開発に伴い埋め立てられた池など、従来の農村のため池とは異なる状態の池がみられるようになった。ため池の周囲の山林が開発され、池の水質や植生が短期間に変化した例も確認されている（下田、橋本 1993；下田、印刷中）。

d. 水路・河川の植物

水源と水田をつなぐ水路も多様であり、水生植物の生育が良好な水路も各地にみられる。水量が多い水路は、コウホネ類、ミクリ類、バイカモなどさまざまな水生植物の生育地となっている（図3.20）。水が浅い水路では、水路全体がツルヨシ、クサヨシ、ミゾソバなどの草本に覆われている（図 3.21）。土水路では水辺から畦や農道にかけて草地となるが（図 3.20）、コンクリートの垂直に近い護岸ではこのような草地の発達は望めない（図 3.21）。

農村を流れる河川は、源流地帯、上流、下流で、環境も植生も大きく異なるし、河川の規模によっても違いがある。図 3.22 は源流に近い小川で、澄んだ水のなかにミクリ類、オヒルムシロ、

図 3.18 ススキ草原となっているため池の堤防（広島県黒瀬町）

図 3.20 水生植物の生育地となっている水路（徳島県阿南市）
オグラコウホネ，ヒシ，マツモなどが生育している．

図 3.21 水が浅い水路（広島県黒瀬町）
ツルヨシ，クサヨシ，ミゾソバなど，たくさんの植物が繁茂している．

図 3.22 源流近くの小川（福井県敦賀市）
流水中にミクリ類の沈水葉がみえる．

コウホネなどが生育している．河川の上流から中流にかけては水辺にツルヨシが繁茂することが多く，下流の流れが緩やかな水辺にはヨシが生育する．

河原や堤防も多様な植物の生育地となっている．河原は平常の水位では水が流れず，夏から秋にかけては強い日ざしを浴びて，乾いた高温の環境となる．河原の植物は，乾いた環境にも増水時の冠水にも耐えることができる種に限られている．水辺に近い河原ではヤナギタデやイヌビエ類など，農耕地の雑草と共通の一年生草本が多い．またツルヨシやオギの群生地も水辺から堤防にかけて分布している．堤防の法面は，ため池の堤防と同じく，草刈りや火入れで維持される草地となっている．堤防にはススキやチガヤが優占するところが多いが，竹林となっている堤防もある．

近年はシナダレスズメガヤ，ネズミムギ，セイヨウアブラナなどの帰化植物が各地の河原や堤防でみられるようになった．水路も河川も，大規模な改修工事により環境が大きく変わりつつあるところが多い．

e. 里山の植物

農業を営むのに必要な薪炭・落葉・下草・木材などさまざまなものを得ていた林は，林学では「農用林」と呼ばれていた．四手井綱英はこの農用林を，「奥山」に対する「里山」という語で呼び，その後にこの言葉が広く普及したようである（四手井 1993）．戦後の高度経済成長期に，薪炭に代わりプロパンガスや石油が，また堆肥に代わり化学肥料が普及したため，里山の利用が急減した．存在価値がなくなった里山の一部は開発されて宅地などに変わったりごみ処理場となるなど，

かつての里山とはまったく異なる土地利用が各地でみられるようになった．また残った山林も放置されて下草が茂り，樹木の種類にも変化が生じている．

里山の山林の大部分は，自然林が伐採されたあとに成立した二次林である．二次林の代表はアカマツ林とコナラ林である．どちらも日本全国に広くみられるが，アカマツ林は西日本，とくに瀬戸内地方によく発達している（中西ほか 1983）．アカマツ林には，優占種のアカマツに混じってコナラ，コシアブラ，タカノツメなどの落葉広葉樹やソヨゴ，ヤブツバキ，ネズなどの常緑樹も生育している．アカマツの生育が良好な林がある一方で，マツ枯れが進行しているところも多い．アカマツの葉が枯れて茶色になった林や，アカマツが立ち枯れて白骨のようになっている林が各地でみられる（図 3.23）．また高木層を形成していたアカマツが枯れて倒れたため，下層に生育していたコナラやコシアブラなどの落葉広葉樹が優占する林に代わった里山もある．

アカマツは日当たりのよい場所に生育する「陽樹」である．伐採が繰り返されたり，下草や落ち葉が絶えず取り除かれていた時代の里山は，アカマツにとって最適な生育場所であった．しかし植生遷移の進行を妨げていた人間の影響がなくなり，アカマツに代わってシイ・カシ類などの「陰樹」である常緑広葉樹の林が拡大しつつある（原田 2000）．このような植生変化とマツ枯れとで，マツ林は各地で衰退している．

里山には二次林のほかに，スギやヒノキの人工造林地も多い．スギやヒノキが高木層を形成する林内は薄暗いため，林床に生育する植物は日当たりの悪い環境で生育可能な種に限られる．スギの植林地となっている山裾の放棄水田も各地でみられる（図 3.24）．

モウソウチク，ハチク，マダケが繁茂する竹林は川沿いや山麓に多い．タケはさまざまな形で人々に利用されてきたが，プラスチック製品が竹製品に代わり，タケの需要は急減した．近年，里山では竹林が拡大している．タケの需要が減ってタケを切らなくなったことが一因であろうが，耕作放棄地の増加も竹林の拡大の大きな要因となっている．竹林と接した田畑が放棄されると，タケは地下茎を伸ばして急速に分布を広げていく（図 3.25）．

図 3.24 スギの植林地となった放棄水田（滋賀県マキノ町）

図 3.25 放棄畑に広がりつつあるモウソウチク林（広島県大朝町）
背後にスギの植林がみえる．

図 3.23 マツ枯れが進む里山（東広島市）

里山はさまざまな人間の影響を受けてきたため，自然林は稀である．神聖な場として保護されてきた社寺林には，植栽された木もあるが，自然林を知る手がかりとなる木も生育している．図3.26に示した神社の森には，コジイ，アラカシ，タブの大木が生育している．人間が山林を切り開いて里山に変える前は，この地方一帯にこれらの常緑広葉樹が茂る森林が広がっていたと思われる．古い農家の生垣や屋敷林の植栽樹には，それぞれの地方でよく育つ樹種が選ばれている．これらの樹種はその地域の自然林の構成種である場合が多く，関東地方の屋敷林や生垣の代表種であるシラカシがその例である．社寺林と同様に，屋敷林や生垣も自然林を知る手段の一つである（宮脇ほか1967）．

湧水に涵養される小面積の湧水湿地が，傾斜のゆるやかな谷や山腹，山間のため池の背後などに分布している（図3.27）．湿地にはヌマガヤやオオミズゴケが繁茂し，とくに過湿な部分には，イヌノハナヒゲ類，シロイヌノヒゲ，ミミカキグサ類，モウセンゴケ，サギソウ，トキソウなど，特有な植物群が生育している．また草原状の湿地に接して，ハンノキやサクラバハンノキの湿地林がみられるところもある（図3.28）．このような湧水湿地は，いまも里山に残る稀少な自然植生である．

f. 絶滅のおそれのある農村の植物

かつては全国の水田で普通にみられた雑草であるのに，現在は絶滅危惧種に指定されているものが多数ある（表3.9）．これらの種は水生植物・湿生植物であることから，湿田の乾田化が表3.9にあげた水田雑草の減少を招いたと考えられる．また除草剤の普及も，水田雑草の変化の要因となったであろう．耕作放棄後間もない湿田で，絶滅危惧種を含む多様な水生・湿生植物の生育が確認されている（図3.15c；下田2003）．これは，除草剤の影響がなくなったため，埋土種子由来の多様な雑草が発生したためと考えられる．

ため池や水路も絶滅危惧種の生育地である．図3.7の池にはイトモ，ベニオグラコウホネ，図3.17の池にはヒメタヌキモ，マルバオモダカ，図3.15の水路にはナガエミクリ，図3.20の水路にはオグラコウホネが生育している．また図3.18のような草刈りで維持される草地に生育するキキ

図3.26 コジイ，アラカシ，タブの大木が生育する神社の森（広島県黒瀬町）

図3.27 湧水湿地（広島県竹原市）
ヌマガヤやイヌノハナヒゲ類が繁茂している．

図3.28 湧水湿地の周辺部にみられるサクラバハンノキの湿地林（広島県竹原市）

表 3.9 絶滅のおそれのある水田雑草[1]

種名	害草度[2]	評価
デンジソウ	全国害草	絶滅危惧II類
サンショウモ	全国害草	絶滅危惧II類
オオアカウキクサ	全国害草	絶滅危惧II類
ヌカボタデ	弱害草	絶滅危惧II類
アゼオトギリ	全国害草	絶滅危惧IB類
ミズキカシグサ	南部害草	絶滅危惧IB類
ミズマツバ	南部害草	絶滅危惧II類
タチモ	全国害草	準絶滅危惧
ミゾコウジュ	弱害草	準絶滅危惧
オオアブノメ	弱害草	絶滅危惧II類
カワヂシャ	全国害草	準絶滅危惧
タヌキモ	全国害草	絶滅危惧II類
アギナシ	全国害草	準絶滅危惧
スブタ	全国害草	絶滅危惧II類
コバノヒルムシロ	弱害草	絶滅危惧IB類
トリゲモ	弱害草	絶滅危惧IB類
ミズアオイ	全国害草	絶滅危惧II類
ヒンジモ	北部害草	絶滅危惧IB類
イチョウウキゴケ	弱害草	絶滅危惧I類

[1] 下田 (2003) より．[2] 笠原 (1951) による．

ョウも絶滅危惧種である．

かつては普通種であったこれらの植物が絶滅危惧種となったのは，このf項の最初に述べたように，農村の自然環境の大きな変化が主要な原因となっているであろう．また過疎化や高齢化などの農村の社会的な変化も，さまざまな管理作業で維持されてきた農村の環境や生物相に大きな影響を及ぼしている．

g. 植物の保全と復元

これまで述べたように，農村は絶滅危惧種・稀少種を含めた多様な植物が生育する場であったが，さまざまな場所でさまざまな理由により種多様性の低下が起こっている．このため，農村の植物の保全・復元の取組みが各地で行われるようになった．本書の第4章にもその実例が紹介されている．

水田環境に特有な植物を保全・復元した事例として，筆者もプロジェクトの一員としてかかわった中池見の保全対策を紹介したい．中池見（福井県敦賀市）は面積約25 haの湿田地帯であったが，ここに液化天然ガス基地の開発計画が生じた．環境保全措置として，中池見の一部に約4 ha，周辺の里山に約6 ha，計約10 haの「環境保全エリア」を設け，生物を保全することを計画した．保全対策とモニタリングがはじまった1997年までに，環境保全エリアの大半の水田が耕作放棄されていた．多様な生物相を保全するために，耕作田・休耕田（耕起はするがイネは栽培しない田）・放棄水田が混在する土地利用を計画した（図3.29）．水田と接する土水路・畦・土手も含め，環境保全エリアの維持管理作業の実施は地元の農家に依頼した．耕作田では除草剤を使用せず，手取り除草を行った．

維持管理を開始した1997年以降，耕作田と休耕田には，デンジソウ，ミズアオイなどの絶滅危惧植物を含む多様な水生・湿生の水田雑草が繁茂

図3.29 稲刈りを待つ中池見の環境保全エリア（2002年8月）

図3.30 クサネム，ケイヌビエ，コナギなどさまざまな雑草が繁茂する休耕田
右手に耕作田，背後にヨシ原になった放棄水田もみえる（1997年8月）．

図 3.31 絶滅危惧種となっている水田雑草
a：デンジソウ．b：ミズアオイ．水面をおおうヒメビシの浮葉もみえる．

している（図 3.30，3.31）．また大型の多年生草本群落を除去した放棄水田では，埋土種子集団から水田雑草群落を復元することができた．中池見の環境や歴史，環境保全エリアの整備・維持管理，生物の調査結果については，藤井（2000），中本（2002），下田（2003，印刷中），下田・中本（2003）による詳しい報告がある．

中池見の保全対策は開発計画の一環としてはじまり，明確な目的と金銭面での担保があった（中本 2002）．しかし 2002 年に開発計画の中止，2004 年に中池見を敦賀市へ寄与することが決まったため，今後は維持管理の目的と手段について考える必要がある．

中池見の事例は，湿田生態系に特有な多様な植物群は，人手をかければ保全・復元が可能であることを実証している．しかし中池見のような湿田地帯で効率的な稲作を行うことは困難であり，生産と保全との両立を目指すのは難しい．中池見では保全対象となった植物の多くは良好に生育を続けているが，望ましくない多年生草本の増加，ヨシの衰退，アメリカザリガニの食害など，当初は予測できなかった問題も生じ，試行錯誤の保全対策が続けられてきた．生物の保全を行う場合は，このように予想外の問題が発生する可能性が高いため，継続的なモニタリングにより保全対策の評価を行い，また問題への対策を講じる必要がある．

水田だけでなく，ため池・水路・里山においても，それぞれの環境が維持してきた多様な植物群を保全するには，適切な維持管理作業が必要である．中池見の保全対策では，経験豊富な地元の農家の協力が非常に有力な保全手段となった．北川（2001）も地元農家による関東地方の谷戸田の復元と里山管理を紹介し，農家に受け継がれてきた手法が，里地保全の手法として有効であると述べている．また同時に，「農業をベースとした伝統的な管理手法」を，今後はどのような管理体制で継続していくのかと問題提起もしている．

農耕用の利用目的が失われた里地や里山で，高度経済成長期以前と同様な人手を要する維持管理作業を，生物の保全対策として広い面積で長期間にわたり実施することは現実的とは思えない．農村に人手が十分にあった時代の管理作業に代わる有効な保全手法の研究・開発，保全の体制づくりなどが早急に必要である．また農耕地や里山の価値の見直しや，これらの利用・活用の検討も必要であろう．　　　　　　　　　　　　　　　［下田路子］

文　献

笠原安夫：本邦雑草の種類及地理的分布に関する研究第 4 報．農学研究，**39**，143-154（1951）

北川淑子：管理組合による里地の自然再生．里山の環境学（武内和彦ほか編），pp.150-164，東京大学出版会（2001）

四手井綱英：森に学ぶ，海鳴社（1993）

下田路子：水田の植物相．農村ビオトープ（自然環境復元協会編），pp.123-134，信山社サイテック（2000）

下田路子：水田の生物をよみがえらせる，岩波書店（2003）

下田路子：農耕地．植生管理学（福嶋　司編），朝倉書店（印刷中）

下田路子，中本　学：中池見（福井県）における耕作放棄湿田の植生と絶滅危惧植物の動態．日本生態学会誌，**53**，192-217（2003）

下田路子，橋本卓三：ミズニラ池（仮称）の植生と水質の変化．植物地理・分類研究，**41**，103-106（1993）

中西　哲，大場達之，武田義明，服部　保：日本の植生図鑑Ⅰ森林，保育社（1983）

中本　学：敦賀市中池見の農村ビオトープ．ビオトープの管理・活用（杉山恵一，重松敏則編），pp.14-22，朝倉書店（2002）

原田　洋：マツ．マツとシイ（林　良博，武内和彦編），pp.1-77，岩波書店（2000）

藤井　貴：農村ビオトープの保全・造成管理―敦賀市中池見での事例―．農村ビオトープ（自然環境復元協会編），pp.83-107，信山社サイテック（2000）

宮脇　昭ほか：原色現代科学大事典3 植物，学研（1967）

3.3-2
農村の生物相とその保全
――昆虫――

「たかが虫されど虫」

　昆虫類（昆虫綱に限る）は，これまで90万種が記載され，未記載種はさらに倍増するといわれるくらい，生物界最大の種多様性を発達させてきた．この莫大な数は，動物界の85％，生物界の50％を占める種数の多さである．この6本足の生物は，多様化という別の方向で進化し発展している生物群であるというのが一般的な見方である（O'Toole 2002）．ある生態系の保全や配慮を行う場合には，第一にそこに住む生物種の生活史（生きざま，生き方）を人間の独断と偏見なく客観的に理解しなければならない．そういう面では，昆虫類ほど私たちには不可解な行動や生き方をし，また昆虫綱で一般的にくくれない多種多様な生物であることをわれわれはまず知るべきである．「たかが虫されど虫」である例を挙げるとすれば，筆者が20年研究してきた害虫たちとの戦いがある．まだウンカなんかの研究が必要なんですかといわれそうであるが，新しい薬剤や抵抗性品種が出ればそれをくぐり抜けるように器用に適応していくさまは，凄まじい生命力と畏敬の念を抱かずにはいられない．一種の昆虫の密度を害虫化しないようにするだけでも，多大な研究費と労力が歴史的にかかっているわけであるが，もうやめていいという部類のものではない．例えば，遺伝子組換体で害虫との戦いも終止符が打たれるなどと思っている方も多いかもしれないが，そうは問屋（虫たち）は卸さないであろう．現に組換体トウモロコシに抵抗性アワノメイガ個体群が発生することが懸念され，GM作物の安全性や生態系への影響は無視できないことがわかりつつある（クローリー 1999）．つまり，農薬散布がGM作物に代わっても，虫たちからみれば「大量に殺される」点では同じであり，彼らはわれわれに対抗せざるえないのである．

a.　虫たちの進化戦略「多様であること」

　このように虫たちとの人類の食料獲得をめぐる競争はそう簡単に決着がつきそうにないが，それはどうしてであろうか．これまでこのテーマについては多くの著名な昆虫学者たちが気づき，その要因に言及しているが（たとえば，高橋 1989），いまのところの結論は繰り返していうがやはり，「多様性」である．それは人類がとった地球上での生存戦略「単純化」とはまったく異質の，虫たちが選んだ正反対の方向の生物進化の道筋なのであろう．

　虫たちの生きざまはわれわれ人類に比べ，一見「無茶苦茶」でいいかげんにうつることが多い．われわれが彼らの生活環境といい加減な生きざまとの関連について研究していくと，意外な彼らの合理性を見いだすことがある．筆者は，姫路水族館の市川ら兵庫水辺ネットワークと，タガメやゲンゴロウのビオトープを作ったことがある．産卵植物を植え，餌を移植し，水位を保ち，農薬の影響のないように谷の最上部の休耕田をミチゲーションしたのである（市川 1999）．絶滅危惧種だから，参加者たちは巣立った50匹余のタガメや十数匹のゲンゴロウが戻ってくることを期待する．なにせ灌漑水も汚染されていないと思われる最上部の飲用できる谷水である．餌はたくさん．冬場も水が湛えられている．石垣や土手もあるし，水

草の残り株があって，冬もいごこちよさそうである．しかし，翌春戻ってきたのはタガメ2匹のみであった．この場合は，タガメやゲンゴロウは別にわれわれの期待を裏切ったわけではなく，それが彼らの生き方なのである．まず昆虫類の99%の種は，有翅であり跳ぶことが可能である．ただし変態という生育段階での劇的な生物学的変化で無翅から有翅へ変身する．ウンカ類のようなある種群は，有翅だが飛んだり飛ばなかったり，翅の長さが環境により変化する種もいて，適応力に富んでいる（藤崎，田中 2004）．

ハチやアリなどの社会性昆虫のなかには，優れた帰巣本能をもつ場合もあるが，昆虫種の多くのは行き当たりばったりに移動を繰り返すほうが普通であると昆虫学者は考える．むしろ帰巣本能や記憶や強い固着性がある場合は，たいへんユニークで珍しい発見となる意味で注目される．

では，目茶苦茶に飛び回るのかといえば，それなりに生活に必要な資源や交尾相手を捜す仕組みをどの昆虫種もそれぞれもっているのである．フェロモンなどによる嗅覚による仲間との交信，生息環境の探索と選択など，生きながらえるためのしたたかなタクティクスを備えている．

私たちの期待を裏切り，一見奇異にみえる虫たちの行動の論理を探究することが昆虫学者の楽しみなのであると筆者は思う．体の構造から考えても，われわれの行動論理とは違う論理を彼らは進化させてきたのだから面白いのである．それも種ごとに見事に異なる多様な論理があるようである．おかげで下手にビオトープに移植した両生類や魚類は，サギたちに見つかり，彼らの餌場になってしまうこともある．そう鳥類は記憶力があり，ある場所を餌場として認識・記憶して徹底してやってくる．それはタガメに帰ってこいと思うわれわれの論理に近いものであろう．タガメの2匹が居座ったが，その他の48匹とは遺伝子が違うかもしれない．すなわち，居座る移動しにくい個体である可能性も昆虫の世界ではありうるのである．カメムシやアメンボの仲間はタガメと分類学的に同じ種でも，移住型と非移住型の生態学的な2型に分化することが知られている（藤崎，田中 2004）．

しかし，それがタガメやゲンゴロウにあるかどうかはまったくわかっていない状況にある．それ以前に彼らの生活で知られていないことばかりであるのは，2.4-1節で示した図2.16の論文数からもご理解いただけるであろう．

タガメビオトープ一つ設計するにも，虫一種の生物学的基礎の蓄積が必要である．基礎研究の成果の蓄積が乏しい現状では，研究しながらの試行錯誤を続けるしかない（市川 2002；2004）．しかし，たとえビオトープが成功しても，それが他の地域に適用できるかどうかは，また別の話である．なぜならば，同じ1種の昆虫でも遺伝的な多様性において，生物学的に異なる特徴をもつ場合が多々あるからである．

b. 農業技術の利便性追求と虫たち

このような環境適応能力のある昆虫たちが，農村においてはたいへん危機的な状況にあることは2.4-1節でも触れたし，環境省や各県のレッドデータブックに現れている．農学においては，害虫や益虫である天敵の研究は蓄積されてきたが，直接に農業生産に関与しそうもない虫は，「ただの虫」として軽く扱われてきた．実は研究したり，生態学における生物間の間接効果を考えれば，農耕地に棲む昆虫で農業生産にまったく関係しないという虫はおそらくいなかったであろう．だから，いろんな意味において「ただの虫」は「ただならぬ虫」なのである（日鷹 1994）．

農村における昆虫の多様性の減少については，さまざまな憶測が語られる．その内容は，おおかた憶測の域を出ない「お話」にすぎず，科学的論拠のないものが多く，今後研究を進める必要がある．ただし，戦後の農業技術の劇的な変化のなかで，大きな変化があった技術要素に注目して，種

数や個体群の減少要因との因果関係を推測することができないだろうか．筆者は，農村生物の減少には，農薬説と圃場整備説の二つが強く関与している場合が多いと考えている（日鷹 1998a）．他の作物品種の変化（とくに早期化）や施肥技術の変化などもそれなりの影響はもちろんあったと思われるが，虫たちにとってもっとも劇的な変化は，農薬普及と土地改良事業であろう．

前者では，塩素系非選択性農薬の昆虫への影響が多くの昆虫学者により科学的に解明されたとおり，「ただの虫」には多大なプレッシャーになった可能性が高い．実際に小林ほか（1973）のデータはそれを示している．その後，農薬は虫ならばなんでも殺すものから害虫だけにターゲットを絞った選択性農薬に進歩しているが，小林ほか（1973）のような生物多様性への定量的な影響評価はなされていない．また，農薬による攪乱で昆虫類が大きく影響を受けたとは説明できない場合も多い．たとえば，タガメやゲンゴロウを問わずRDB 種が現在も分布する農村地域があるが，そこは無農薬で有機農法が普及している村というわけではない．普通に農薬類が使われている．

そこで，農薬という説明変数以外の技術革新要因に目を向ける必要がある．農薬が普及した1960 年代にもう一つの近代化が進んだ．それは作業効率化，土地生産基盤整備（つまり乾田化）のための土地改良事業である．土地改良事業による生物多様性への影響評価は近年新しいテーマとして研究されはじめているが，農薬の影響評価よりは基礎的な知見は乏しいのが現状である．ただ，水路や畦が土の造形物からコンクリートの造形物に変われば，虫たちの住処や越冬場所，あるいは食物資源である雑草が減ることは容易に予測できる．また，湿田，半湿田から乾田への変化は，水辺や湿地に強く依存する種には大きなダメージになったであろう（日鷹 1998b）．しかし，これも農薬と同じで，圃場整備だけの説明変数で絶滅 RDB の昆虫種の激減要因を解き明かすことには無理がある．タガメやゲンゴロウが高密度で残る筆者の調査フィールドは，圃場整備済みの村であったりする．つまり，絶滅などの説明変数は一つではなく，多様な要因の総合的な影響力を評価しないと明らかにできない．たとえば，図 3.32 に農薬と圃場整備の影響についての仮説を考え，検証する研究が必要である．

c. 多様性豊かな虫たちをいかに回復し管理するか

農業技術の近代化は，土地生産性と労働生産性の向上を進めるために，さらなる農薬の利用，大区画圃場整備へと突き進んでいる．とくに後者の労働生産性の向上のための技術は，生産農家の高齢化，担い手不足という日本社会においては，必修科目のようになっている．農薬は長期残効タイプで省力化がはかられ圃場整備事業はより人型機械にマッチした作業効率向上のため，より大区画化，直線形態そして乾田汎用化を指向している．利便性のあくなき追求のために，多様な生活史を有する虫たちの生活基盤である多様な農村環境は単純化する方向に進んでいる．つまり，これまでの多種多様な「ただの虫」を無視する農業技術の方向性は根本的には変わっていないのである．

こういう根本的な変化が伴わない状況で，日本の水田だけで 1000 種はくだらない昆虫（矢野 2002）に配慮した農村環境を再生しようとするの

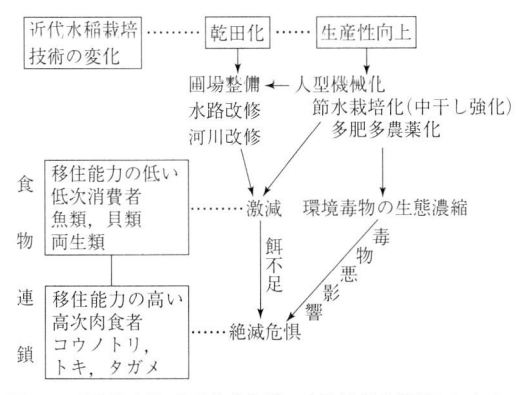

図 3.32　「移住生物–非移住生物間の食物連鎖重視説」によるコウノトリやトキ，タガメなどの個体群衰退の説明（日鷹 1998d を一部改変）

は容易なことではない．極度に生活環境が単純化されつつある農村においてビオトープを局所的に造成したとしても，多様な昆虫種すべての生息場所を保全することはできない．また，多様な「ただの虫」たちが何を望むのかがわからない現状で，われわれはどうすればいいかわからない．たとえ，タガメやゲンゴロウやトンボのビオトープが成功したとしても，本来そこにあるべき虫たちの社会が戻るわけではない．

さらに遺伝的に異なる地域固体群の多様性も，種や生態系レベルの多様性と同様に保全しなければならないとなれば，「1000種×遺伝的変異」に配慮しなければなるなくなる．ごく最近明らかとなった事例では，ゲンジボタルでも，地域ごとの遺伝子の塩基配列が異なる集団が存在する可能性が示されている（大場2004）．これまで，保全のために無闇やたらと飼育・放流してきたとすれば，相当ゲンジボタル個体群の遺伝子攪乱を生じさせてきた懸念が指摘されている．以前から発光パターンの地域差異が知られていたが，比較的差異の検出感度が高くないミトコンドリアDNAで地域差異が認められている．このようにたかが一種といえども遺伝的多様性が明るみに出たことから，一度大きく攪乱した後に新たに再生するのは途方もないことであり，いなくなった種は移植すればよいという安易な発想は慎むべきである．まず大切なのは，現状から徐々にステップアップするような生態系の再生事業の進め方を計画することである．冒頭で述べた虫たちの多様性とうまくつきあうためには地域固有さを大切にした「多様な事業」が求められる．では農村生態工学の現状は生物の多様性を意識しているだろうか？

表3.10に，新しい農業基本法下で近年着手されてきた，水田生態工学の事業を例にあげてみた．昆虫で現状の事業での保全（あるいは配慮）対象種にあがっている種は，ゲンジボタルに偏重しており，他にタガメやトンボ類があげられているにすぎない．すなわち，多様な昆虫種に対しての配慮はまったくなされてないのである．また配慮対策は，ビオトープ型水路（図3.33）が主流であり，生態系モニタリングへの投資も少ない．現状は，ある特定種に対するビオトープ造成といって，まずはブルドーザーで大改変するような状況であり昆虫たちはたいへん迷惑に違いない．種多様性が高い残すべきところは残し，謙虚に虫たちから学ぶくらいの事業展開を行う必要がある．

もちろん農村環境整備事業の現実からすれば，すべての農村でこれを実行するのは現実的ではない．しかし，せめて数少なく残された多様な昆虫たちが残されたホットスポットの農村では，いきなりブルトーザーを入れるのでなく，なぜ生物多様性の高さが維持されたのか，まず見つめること（2.4-1の生態系モニタリング）から行うべきである．もっと保守的な自然再生事業が農村で行われるべきである（図3.34）．筆者は，近年，生物多様性ホットスポットといえるような農村を探し当てる調査と，そこでの農村生態系再生のベース

表3.10 先進的な取組みとして進められている田園生態工学事業（平成12年度～）における保全あるいは配慮対象種

地　区	対象生態系	保全（配慮）対象種
新潟県	農業用水路	ゲンジボタル
岩手県	水田地帯の窪地湿原	ハナショウブ群落
宮城県	農業用水路	ゲンジボタル，シジミ，ワカサギ，沼エビなど
秋田県・山形県	農業用水路，湧水	イバラトミヨ雄物型
千葉県	水路，生きものトンネル	ゲンジボタル，カワニナ，ホトケドジョウ，両棲類
岐阜県	農業用水路	メダカ，ヤリタナゴ，アブラボテ，イシガイ，ホタルなど
三重県	ため池	カスミサンショウウオ，ダルマガエル
滋賀県	農業用水路	イシガイ
兵庫県	農業用水路	ミズアオイ，ドジョウ，メダカなど魚類
鳥取県・島根県	農業用水路	メダカ
山口県	排水路，水田	タガメ，ゲンゴロウ，トノサマガエル，ドジョウ，ミズカマキリ，タイコウチ，ガムシ，クロゲンゴロウ

昆虫類は対象種にあげられる例は少なく，あげられていても種に偏りが著しい．山口県の例では，事業進行に伴って，調査結果から保全対象種を増やしていく指導がEAG委員会によって推進されている．

図 3.33 地元生産者の希望や EAG 委員会の意見などを勘案して排水路に造成された緩流域ビオトープの一例
造成直後のため植生もまだ回復せず，流水性魚類以外の小動物はほとんど見られなかった．草を生やしたくないとすると，多くの昆虫種のハビタットは失われた．

ラインを明らかにするための基礎研究を進めている．たとえば，タガメが高密度で生息している中国地方の村々では多くの知見が得られやすい（日鷹 2000 a, b）．図 3.32 の仮説に関連した内容では，タガメ成虫の餌がトノサマガエルやアマガエルなどの両生類に依存していることが示されている（Hirai and Hidaka 2002）．生息しているのかしていないのかもはっきりしないような生物たちに対して，無理矢理ビオトープを設置してしまう事業よりは，ホットスポットでこそ効率的な研究調査と配慮と事業推進が可能である．虫の多様性まるごと，そこに存在するのをまず謙虚に見つめて，少しずつ理解を進め保全事業に活かすのが，近道である．「急がば回れ」虫たちはそういっているに違いない．

桐谷（1998；2004）は，最近「ただの虫を無視しない農業」として IPM（総合的害生物管理）から IBM（総合的生物多様性管理）を提案している．管理は，工法などの保全あるいは再生技術を導入する前に，まずは，これまで無視されつづけていた農村の「ただの虫」を理解する努力（生態系モニタリング）から進めなければならない．現場で減農薬を進めるためには，『減農薬のための田の虫図鑑』（宇根ほか 1989）と種類の多様さと固体群の密度（面積などの空間，エサ資源の単位当たりの個体数）を時系列で把握するための道具，「虫見板」が重要であった．生態系モニタリングの同様のノウハウは生態工学事業でも同じであろう．　　　　　　　　　　　［日鷹一雅］

文　献

市川憲平：タガメはなぜ卵をこわすのか？偕成社（1999）
市川憲平：タガメビオトープの一年，偕成社（2002）
市川憲平：放棄田ビオトープによる里の自然再生とタガメやその他の水生動物の定着．ホシザキグリーン財団研究報告，7 号：127-136（2004）
大場信義：ゲンジボタルの安易な養殖・放流がもたらすもの．用水と廃水，46(1)：57-62（2004）
クローリー，M. J.：ワタの実を食べるガの幼虫と遺伝子と生態学者．知の創造 nature news and review, 2：72-80（1999）
日鷹一雅：インセクタリウム，31(8), 4-9；(9), 22-30（1994）
日鷹一雄：水田における生物多様性保全とその修復．水辺環境の保全，朝倉書店（1998a）
日鷹一雅：日本生態学会誌，48：167-178（1998b）
日鷹一雅：水田における生物多様性とその修復．水辺環境の保全—生物群集の視点から—，朝倉書店（1998c）
日鷹一雅：人里の環境変容と生物多様性修復．農山漁村と生物多様性，家の光協会（2000a）
日鷹一雅：農業生態系の過去・現在・未来．自然と結ぶ—農にみる多様性，昭和堂（2000b）
日鷹一雄：自然再生推進事業，築地書館（2003）
藤崎憲次，田中誠二編著：飛ぶ昆虫飛ばない昆虫の謎，東海大学出版会（2004）
Hirai, T. and Hidaka, K.：Ecological Research, 17：655-661（2002）
O'Toole, C. eds.：The New Encyclopedia of Insects and Their Allies. Oxford University Press（2002）

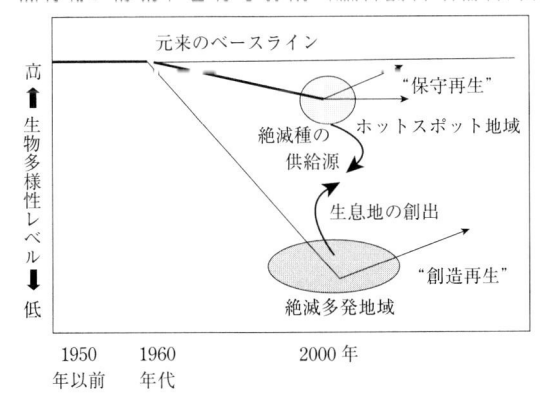

図 3.34 自然に謙虚な保全・再生はホットスポットの現状維持と基礎研究から（日鷹 2003 より）

3.3-3
農村の生物相とその保全
——鳥類——

農村は，水辺と草原と森林の複合体

　小学生の頃，これから野鳥観察に出かける旨親に報告する際の決り文句は「ちょっと田んぼに行ってきます」であった．野鳥の観察は農村にはじまり農村に終わる，とまではいわないまでも，野外における鳥類の観察場所として，農村ほど身近な場所はないといえる．筆者はそこで，一般的な鳥類の大半の種類に出会ったものである．

　現在，日本産鳥類は約600種弱の記録があるが，これらのうち，迷鳥など偶産要素を除いた実質的な生息種は約350種ほどであり，これらのうちさらに高山，離島，南北限地域，外洋域を除いたいわゆる一般的な種は約170種程度である．そしてこの一般的な種の過半数に当たる約100前後が「田んぼ」とそれを取り巻く農村地域で確認されるのであるが，なぜこれほど多くの種が，半ば人工的な景観である農村で記録されるのであろうか．

　映画，「となりのトトロ」や「もののけ姫」などの背景には，伝統的な日本の田園風景がモデルとして描写されている．実際の農村ではない想像上の映像であるとはいえ，そこには，農村らしさを構成するわかりやすい景観要素が集約されている（図3.35）．まず，そこには滔滔と豊かな水が流れている．そして，その流れを中心として田んぼや畑，そして集落が広がっている．川の土手，畦，集落の周辺はさまざまな野草が咲き乱れる草原であり，それらのすべてをすっぽりと取り囲むように豊かな森が接している．農村とはすなわち，① 水辺であり，② 草原であり，③ 森林であるといえる．このそれぞれの環境をすみかとする鳥類が，それぞれ同所的に生息することが，農村

図3.35 農村らしい景観

の鳥類相の豊かさの基盤であると考えられる．

農村の景観構造と鳥類

　多くの農村は，河川の流域に沿って分布するため，上流部と下流部では景観の構成にも違いがあり，生息する鳥類相にも若干の違いがみられる．そこで，山間部のいわゆる棚田が広がるような農村と，平野部の河口付近の河川や海岸，湖岸などに接する広大な水田地帯の農村の二つに便宜上区分し，それぞれの断面をみながら景観構造に対応した鳥類のすみわけを，繁殖期（5月中旬〜7月上旬），渡り期（春の渡り：4月上旬〜5月下旬，秋の渡り：8月下旬〜10月下旬），越冬期（12月中旬〜2月上旬）の各時期別に，代表的な鳥類を紹介しながら解説する．

a. 山地の農村（断面図）

　図3.36のような断面がみられる農村は，河川上流の山間渓流を想像される方が多いかもしれな

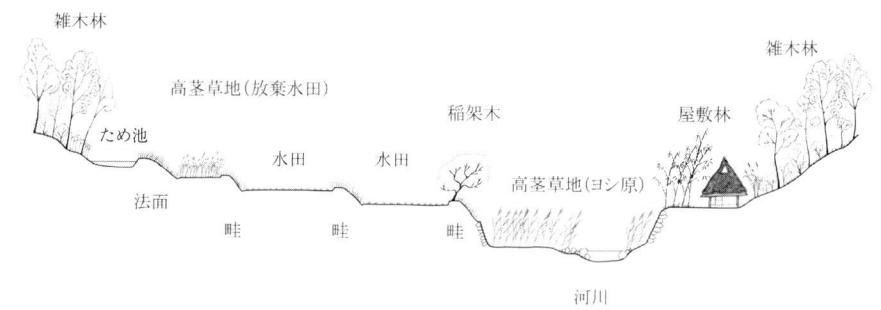

図3.36 山地の農村の断面

いが，実際には平野から最初の起伏地形となる丘陵部にも多くみられるタイプである．また，海岸からすぐに山地となるような地域でも，河川に沿ったわずかな緩傾斜地を利用して，このような農村景観が広がっている場合が多い．また，谷津田といわれる農村も，おおむねこのタイプに含まれる．山地の農村の景観区分と，それぞれの景観で確認される鳥類の種数をグラフで表したものが，図3.37である．これらのデータは福島県，三重県，滋賀県，香川県の各県の農村地域で得た記録をもとに，偶産種などを除いて景観区分別に集計したものである．結果から，雑木林における出現種が非常に多いことが，山地の農村の鳥類相を特徴づけると思われる．

(1) 水辺要素
i) 水田・休耕田

傾斜地に棚田がつくられ，水田1枚の面積は小さい．水田の規模にもよるが，年間を通じて棚田を訪れる鳥類の種数は，平野部の水田に比べて多くない．しかし，野生状態で絶滅したトキは生存当時，棚田が重要な採餌環境であったという記録もある．

繁殖期：ゴイサギ，コサギなどのサギ類がよく訪れ，チュウサギは比較的山間の谷津などにも単独で飛来する．農村の猛禽類とでもいうべきサシバは，カエルやヘビを捕まえるために飛来する．上空には餌をとるために低空で飛翔するツバメの姿がみられる．

渡り期：セグロセキレイ，ハクセキレイなどのほか，ヒバリなどの採餌する姿がみられる．また，水田が乾燥して歩行可能になると，コジュケイやキジなども採餌のために，樹林に接する水田に出てきて餌をついばむ．

越冬期：冬鳥であるツグミは，乾燥した冬の水田で採餌する（図3.38）．また，越冬群を形成するスズメもよくみられる．樹林に接したところでは，シロハラ，ホオジロ，ミヤマホオジロ，ノ

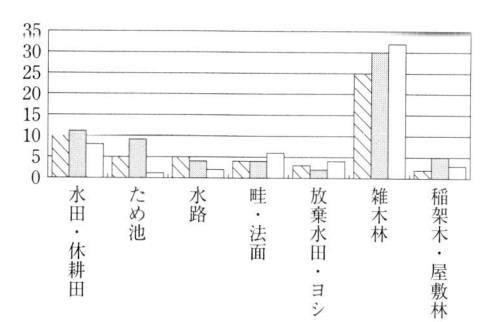

図3.37 山地の農村における景観区分別の鳥類の種類
（1990年～2003年：福島県，三重県，滋賀県，香川県）
▨：繁殖期，▦：渡り期，☐：越冬期．

図3.38 水田で採餌するツグミ

シラダカなどが群れをなして採餌する．また，猛禽類であるノスリは冬季，平野部より山地の水田でみることが多い．

ii） ため池

棚田の最上段には，大小さまざまな規模のため池が配置されていることが多い．ため池は，山側を樹林で囲まれ，谷側は草地となった堰堤で囲まれている．ため池の規模にもよるが，池畔にヨシ原が繁茂し，エビモなどの沈水植物が茂るため池では，餌となる魚類も多く，ヨシ原が外敵からの隠れ場（シェルター）としても機能するため，飛来する鳥類種が多くなる傾向がある．

繁殖期：池畔にヨシ原などの抽水植物が茂るため池では，カイツブリが繁殖する．このほか，カワセミ，セキレイ類などの水辺の小鳥類が，池畔でみられる．また，平野ほどではないが，アオサギ，チュウサギなどは，山間のため池にも比較的飛来する種である．また，水面から発生するユスリカ類などの昆虫類を狙って，水面上を飛翔するツバメが，この時期よくみられる．

渡り期：カルガモ，オシドリ，コガモ，マガモ，キンクロハジロ，ホシハジロなど，多くのカモ類が渡りの時期，羽を休めるための中継地としてため池を利用する．筆者が丘陵地のため池で，ミコアイサを確認した例もある．

越冬期：数種類のカモ類を残し，ため池全体はややひっそりとする．カイツブリ，カワセミ，サギ類，セキレイ類など，年間を通じて確認される種がおもにみられる．

iii） 水路

ため池からは灌漑用の水路が配置されており，棚田の水田を潤しながら，谷の中央を流れる河川に注ぎ込むが，幅は狭く規模は小さい．

繁殖期〜渡り期〜越冬期：留鳥が主体であり，1年を通じて出現種に大きな変化はない．アオサギ，チュウサギなどのサギ類，カワセミ，セグロセキレイ，キセキレイなどの水辺の小鳥類が，水田やため池と一体的にこれらの環境を利用する．

(2) 草原要素

i） 畦・法面

畦，ため池の堰堤，水路畔には，草刈りなどによって，草丈が一定に保たれた雑草が繁茂している．一部には，人の管理を逃れた草丈の高い草地も残存する．

繁殖期：林縁に営巣する，キジ，ホオジロ，カワラヒワなどが採餌のために飛来する（図3.39）．民家の周辺ではスズメ，キジバトなどがみられる．

渡り期：キジバト，ホオジロなどの留鳥のほか，林縁に接する個所では，シロハラ，アオジなど渡来または渡去する種が採餌のために飛来する．

越冬期：ツグミ，カシラダカ，アオジなどの冬鳥が採餌のために飛来する．キジ，ホオジロ，カワラヒワといった留鳥もよくみられる．

ii） 河岸・放棄水田の高茎草地

放棄水田にはススキなどの高茎草本が繁茂し，河岸にはツルヨシなどのヨシ原が茂ることが多い．平野部よりも規模は小さく，種数も少ない．

繁殖期：キジ，ホオジロなどが，これらの高茎草地の地上部に営巣する．

渡り期：ホオジロ，スズメなど留鳥がみられるほか，モズが探餌のための見張り場として利用する．場所によってはコヨシキリなどが通過するが多くない．

越冬期：留鳥のほかには，冬鳥としてカシラ

図3.39 畦で採餌するホオジロ

ダカ，アオジなどが渡来する．また局地的ではあるが，北海道で繁殖するアリスイは，こういった丘陵部のヨシ原でひっそりと冬を越す種である．

(3) 森林要素

農村の周囲を取り囲む樹林は，薪炭林としての人間の利用が遷移抑止となって維持された落葉二次林（雑木林）であり（図3.40），明るい林内が農村と山間森林との間にエコトーンを形成している．また，畦には稲架木(はさぎ)（図3.41）としてカキなどが単独で植えられることもある．

i) 雑木林（落葉二次林）

繁殖期：　樹林との結びつきの深い多くの種が，雑木林に生息する．留鳥として代表的なものは，コジュケイ，キジ，キジバト，フクロウ，アオゲラ，コゲラ，ヒヨドリ，ウグイス，エナガ，ヤマガラ，シジュウカラ，メジロ，ホオジロ，カワラヒワ，イカル，スズメ，カケス，オナガ，ハシブトガラスなどである．夏鳥として渡来する種としては，ハチクマ，サシバ，ホトトギス，アオバズク，ヨタカ，アカモズ，サンショウクイ，ヤブサメ，センダイムシクイ，コサメビタキ，オオルリ，キビタキなどである．また，これらの小鳥類を餌とする猛禽類も多く，オオタカ，ツミなどが生息する．

渡り期：　留鳥のほか，サンショウクイ，オオルリ，キビタキ，エゾビタキ，エゾムシクイ，センダイムシクイ，ツグミ，シロハラ，アトリ，マヒワなどが通過する．

越冬期：　留鳥のほか，冬鳥として代表的なものは，ルリビタキ，ジョウビタキ，シロハラ，ツグミ，カシラダカ，ミヤマホオジロ，アオジ，アトリ，マヒワ，ベニマシコなどがあげられる．

ii) 稲架木(はさぎ)・屋敷林

畦にはカキなど，実のなる木が植えられている場合が多い．実のなる時期には多くの鳥類が集まる．それ以外の時期は，休息場，見張り場などとして利用される．

繁殖期：　キジバト，モズ，ヒヨドリ，スズメ，ムクドリ，ハシボソガラスなど留鳥を主体として，開けた環境へ出てくる種が利用する（図3.42）．

渡り期：　晩秋，カキなどの実が熟すと，ヒヨドリ，ツグミ，シロハラ，ジョウビタキ，メジロ，ムクドリ，オナガなどが採餌に飛来する．

図3.40　雑木林

図3.41　畦と稲架木

図3.42　稲架木で休息するキジバト

越冬期：ツグミ，ホオジロ，スズメ，ムクドリ，ハシボソガラス，ハシブトガラスなど，開けた環境へ出てくる種が利用する．

b. 平野の農村

図3.43のような断面がみられる農村は，平野部の大規模な水田地帯である．河川の中下流域から頭首工によって取水された水は，網の目のように配置された水路を通って水田へ注ぐ．畦には水田雑草が繁茂し，稲架木が点在する．水田と接する河川の堤防や海岸（湖岸）の砂丘には，樹林やヨシ原が生育する．

平野の農村の景観区分と，それぞれの景観で確認される鳥類の種数をグラフで表したものが，図3.44である．これらのデータは福島県，三重県，滋賀県，香川県の各県の農村地域で得た記録をもとに，偶産種などを除いて景観区分別に集計したものである．平野部では水田および河畔林などにおける種数が高く，水路，畦・草地における種数も，山地の農村に比べて多いことがわかる．水田ではとくに春・秋の渡りの時期に種数が高く，これは渡りで通過するシギ・チドリ類を反映したものである．河畔林などでは，冬季における種数が高く，これらは越冬のために平野部へ降りてくる樹林性の小鳥類を反映したものである．

(1) 水辺要素
i) 水田・休耕田

平野部の水田は1枚の区画が大きく，また海岸（湖岸）にまでに至る広大な面積をもっているのが特徴である．多くは圃場整備され乾田化してい

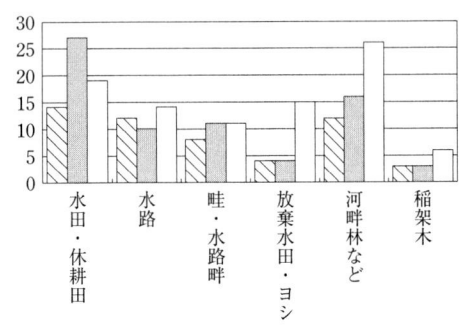

図3.44 平野の農村における景観区分別の鳥類の種数（1990年～2003年：福島県，三重県，滋賀県，香川県）
▨：繁殖期，▦：渡り期，□：越冬期．

るが，休耕田や排水不良の一部の水田は湛水し，水鳥にとって湿地と同様な環境を提供している．

繁殖期：アマサギ，チュウサギ，コサギなどのサギ類が飛来し，採餌する．カルガモは水田をよく利用しているようで，水田に舞い降りる個体をよくみかける．ヒクイナ，タマシギ，ケリは，水田をよく利用する代表的な水鳥である．上空にはツバメが飛翔性昆虫を捕食するために訪れる．また，休耕田にはヒバリ，セグロセキレイ，スズメ，ムクドリ，ハシボソガラスなどが飛来し，採餌する．

渡り期：ムナグロ，トウネン，ヒバリシギ，ウズラシギ，ツルシギ，キアシシギ，チュウシャクシギ，タシギなどのシギ・チドリ類が渡りの途中に立ち寄って採餌する．また，海岸や湖に近い水田ではシロチドリ，メダイチドリ，オグロシギなども筆者は確認したことがある．また，ダイサギ，チュウサギ，コサギ，アマサギのシラサギ4種の多くは，秋に南方へ渡去する個体が多く，これらの群れが水田で採餌する．また，南下するヒバリ，タヒバリなどの個体も，この時期水田で多

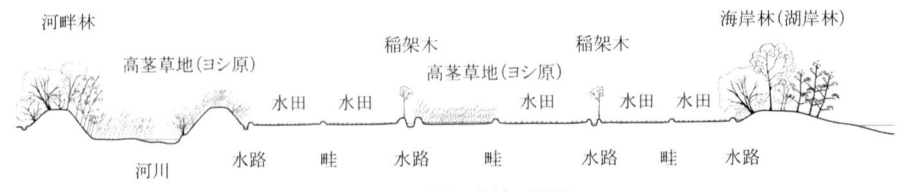

図3.43 平野の農村の断面

くみられる．また，繁殖の終了したムクドリの大群もみられる．

越冬期：マガモ，コガモなどのカモ類が，湖岸などの水辺で餌をとれなくなると，落穂などを食べに水田に飛来する．地域は限定されるがマガン，コハクチョウの渡来地周辺では，水田にも飛来する．小鳥類ではヒバリ，セグロセキレイ，ハクセキレイ，タヒバリ，ツグミ，ホオジロ，カシラダカ，カワラヒワ，スズメ，ハシボソガラスなどがみられる（図3.45）．

ii) 水　路

おもに主要な河川の頭首工で取水して，水田へ水を供給する平野部の農村では，小河川といってよい規模の大きな水路が存在する．また，かつてクリークと呼ばれる田舟の通行用の水路が発達し，それが水路に転用されて残存している地域もある．水路は，季節によっては干上がることもあるが，流れが緩やかな特徴をもち，水鳥または水辺の鳥の重要な生息場所となっている．

繁殖期：規模が大きく流れの緩やかな平野の水路では，カイツブリをみることが多い．水路畔にヨシやマコモといった水草が茂っていれば，カイツブリは繁殖する．ゴイサギ，コサギ，アオサギといったサギ類は，水路にいる魚を求めて飛来する．またヒクイナ，バンといったクイナ類，およびタマシギは，水田と一体的にこれらの環境に生息する代表的な種である．このほか魚食性の種であるカワセミ，水路に発生するユスリカ類を捕

図3.45　水田で採餌するカワラヒワ

図3.46　水路で採餌するコアオアシシギ

食しに飛来するツバメ，水辺の小鳥類であるセグロセキレイ，ハクセキレイなども，水路では普通の種である．

渡り期：ゴイサギ，ダイサギ，コサギなどのサギ類は留鳥であるが，冬季に南下する個体も多く，渡り経由地として水田と一体的にこれらの環境を利用する．タシギ，ムナグロ，ツルシギ，コアオアシシギといったシギ・チドリ類（図3.46），ハクセキレイ，セグロセキレイなどの水辺の小鳥類も，水田などと一体的にこれらの環境に訪れる．

越冬期：ダイサギ，コサギ，アオサギなどの渡去しない越冬群は，水路を利用する鳥類の常連である．また，河川ほどの規模はないものの，マガモ，コガモなどの淡水カモ類の小群や，クイナ，タゲリ，タシギなどの水鳥がみられる．このほか，キセキレイ，ハクセキレイ，セグロセキレイ，タヒバリなどの水辺の小鳥類，バン，タマシギ，ケリ，カワセミなど水辺の留鳥もみられる．

(2) 草原要素
i) 畦・水路畔

水田や水路を縁取るように分布する雑草地は，まとまってはいないが総合的な面積では水田につぐ規模をもっている．定期的な刈取りによって草丈は低く整えられているが，水路脇など，ところどころに人間の管理を逃れた丈の高い草地も残存する．イネ科やタデ科など，小鳥類の餌となるた

くさんの種子を実らせ，また，花の蜜，花粉，葉，茎の汁などを餌とする昆虫類が集まるこれらの雑草地は，餌資源の提供源として重要であり，鳥類はおもに採餌のためにこれらの環境に訪れる．

繁殖期： 草地の鳥類の代表はなんといってもヒバリであり，畦などの地面に直に巣をつくって繁殖する．また，ケリも，畦をよく利用して営巣する種である．人間の管理を逃れて伸び放題になった雑草地（とくにチガヤの群落など）ではセッカが営巣する．また，夏鳥として渡来するアマサギは他のシラサギ類とは異なり，昆虫類をおもな獲物とするため，畦に群れをなしてバッタなどの昆虫類を採餌しているところがみられる．このほか，ヨシ原などに接する草地ではキジが採餌し，民家に営巣するスズメ，ムクドリはその周辺の草地で採餌する．

渡り期： 田起こし前，または稲刈り後の乾燥した水田などを一体的に採餌環境として利用する，ヒバリ，ハクセキレイ，セグロセキレイ，カワラヒワ，スズメ，ムクドリなどがみられる．また，草刈りを逃れたチガヤ群落では，セッカがみられる．夏鳥のアマサギ，冬鳥のツグミなども畦の草地に訪れる．

越冬期： 畦には冬季になっても葉が枯れない多年生草本も茂っている．これらの植物にはヨコバイ類などの昆虫が越冬しており，これらの昆虫類を食べにタヒバリ，ツグミ，ムクドリなどが訪れる．またイネ科・タデ科など，草本の種子を食べにホオジロ，ホオアカ，カシラダカ，スズメなどが訪れる．セッカは背丈のあるチガヤ群落のなかで越冬し，ヨシ原などに接する草地ではキジもみられる．また，畦にハタネズミなどの小型哺乳類が多い場所には，コミミズク，ノスリといった猛禽類が飛来する．

ii) 放棄水田・河川敷の高茎草地（ヨシ原）

水辺の高茎草本，とくにヨシ原には独特な鳥類群集が成立する．すなわち，生活のほとんどをヨシ原に依存する種が存在し，それらの鳥類の唯一のすみかとなっているのである．平野部には河川敷などにとくに大規模なヨシ原が存在し，その近傍の水田の水路や放棄水田に繁茂するヨシ原なども，一体的にこれらの種に利用されることが多い．

繁殖期： ヨシ原に生息する夏鳥が渡来し，繁殖する．代表的な種としては，ヨシゴイ，オオヨシキリなどであり，北日本ではススキ，ヨモギなどのやや乾燥した高茎草地でコヨシキリが繁殖する．また留鳥としてはセッカが繁殖する．とくに規模の大きなヨシ原の場合，地域によってはオオヨシキリに託卵するカッコウや，より大型のサギ類であるサンカノゴイなども繁殖する．

渡り期： ヨシ原の鳥類であるヨシゴイ，オオヨシキリ，コヨシキリなどが，やはりヨシ原を渡りの中継地として利用する．大規模なヨシ原に生息するサンカノゴイも，この期間には小規模なヨシ原で確認されて話題になることがある．また北海道で繁殖するノビタキやエゾセンニュウなどもこの時期ヨシ原でみられる．また，秋季に，繁殖を終えた家族群が，大群を形成してヨシ原をねぐらとして利用するツバメ，スズメがみられる．とくにツバメは，規模の大きなヨシ原では数万という大規模なねぐら群を形成する．

越冬期： 冬季には，ホオジロ，ホオアカ，カシラダカ，アオジなどのホオジロ類が大挙してヨシ原に集合する．これらの種は，実際にはヨシ原で採餌は行わず，外敵など危険がせまったときに隠れ場（シェルター）として利用している．ヨシ原を採餌環境として利用する種は，オオジュリン，ツリスガラなどであり，規模の大きなヨシ原にはチュウヒなどの猛禽類も渡来する．このほか，モズ，ジョウビタキ，ツグミ，ウグイス，ベニマシコなど，山地や北方から渡来した種が越冬地としてヨシ原を利用することも多い．

(3) 森林要素

i) 河畔林・海岸（湖岸）林

平野部の水田地帯には，川幅50m以上の規模の河川が広大な水田地帯に敷居を形づくっている．現在では，断面図のような河畔林は少なくな

ったが，ヤナギ類などを主体とした河畔林の規模が大きくなると，多くの鳥類がそこを生活の場として利用するようになる．とくに冬季には，山間部から餌の豊富な平野部へ多くの鳥類が渡来し，山地樹林の鳥類相とほとんど変わらない種が記録される．

繁殖期： キジバト，ハシボソガラスなどは，河畔林で繁殖する．大木があればトビも営巣する．また河畔林の規模にも左右されるが，ゴイサギ，アオサギなどサギ類のコロニー（集団営巣地）が形成されることもある（図3.47）．カワラヒワ，スズメ，ムクドリなどは採餌のためにこれらの樹林に訪れる．夏鳥としては，河畔林の規模が大きければ，アオバズクが渡来する．

渡り期： 春・秋の渡りの時期，ホトトギス，エゾムシクイ，エゾビタキ，キビタキ，オオルリなどの山地樹林の夏鳥が，平野部の樹林帯である河畔林を渡りの中継地として利用する．また，北日本で繁殖するコムクドリも，西日本では河畔林など平野の樹林を利用しながら渡りをする．このほかおもに秋季，南へ渡去するアマサギの小群が河畔林上で休息する姿をよくみかける．ねぐらとして利用する種も多く，なかでも繁殖を終えたスズメ，ムクドリの大規模なねぐら集合が形成される場合もある．アオサギ，トビ，キジバト，ヒヨドリ，カワラヒワ，ハシボソガラス，ハシブトガラスといった留鳥は，つねにこれらの樹林でみられる鳥類である．

越冬期： 山地の樹林から多くの鳥類が越冬のために渡来する．ノスリ，フクロウ，アカゲラ，コゲラ，ルリビタキ，ジョウビタキ，トラツグミ，シロハラ，ウグイス，エナガ，シジュウカラ，アオジ，メジロ，ベニマシコ，シメなど，代表的な樹林性の鳥類の多くが記録される．またトビ，キジバト，ヒヨドリなども，冬季のほうが個体数が多い．またこれらに加えて，モズ，ホオジロ，カシラダカ，カワラヒワ，ムクドリ，ハシボソガラス，ハシブトガラスなど，水田と一体的に利用する鳥類も生息する．

ii) 稲架木（はさぎ）

1年を通じて，稲架木を利用する種は少ない．実のなる木が植えられている場合，これらの実を食べにさまざまな鳥類が集まる．開けた平野の水田地帯では，唯一背丈のある構造物であるため，休息場，見張り場として利用する鳥類も多い．しかし，稲架木が少なくなった現在では，電柱がその役割を肩代わりしている．

繁殖期： 樹林性の鳥類や，水田，畦などで採餌する種が，休息場，見張り場として一時的に飛来する．キジバト，ハシボソガラスなどは，比較的よく訪れる種である．また，稲架木とは分類されないが，マツなどの巨木が植えられている場合，トビがこれを利用して繁殖することも多い．

渡り期： 秋季，丘陵部で繁殖を終えたモズが平野部へ降りてきてやや増加し，狩のための獲物の見張り場として稲架木を利用する．カキなどの実のなる木の場合，秋季にこれらの熟した実を食べにヒヨドリ，ツグミ，ムクドリなどが集まる．また，キジバト，ハシボソガラスなどの留鳥は，これらを利用する常連である．

越冬期： 初冬にカキなどの実がまだ残っている場合，これらの実にヒヨドリ，シロハラ，ツグミ，ムクドリなどが集まる．そのほか，キジバト，シメ，スズメ，ハシボソガラスなども，休息場，見張り場などとして利用する．また，チョウゲンボウ，モズなどの捕食性の鳥類は，これらの高所を見張り場（探餌場）としてつねに利用する

図3.47 河畔林で休息するゴイサギの幼鳥

図 3.48 獲物を探す

(図 3.48).

(4) 鳥類の生息環境からみた農村の問題

近年，とくに各都道府県で発行される地方版のレッドデータブックの掲載種は，猛禽類など，もともと少なかった種だけでなく，水田や畦の草地，雑木林に普通に生息していた種までが選定されるようになってきた．そのなかには，ヒバリなどのきわめて身近な種も含まれていて，たいへん驚かされる（表 3.11）．このような事態を招いた一つの原因として，農村景観の変貌が指摘された

表 3.11 農村でかつては普通にみられていた種のレッドデータブックにおける各都道府県の現在の評価

景観要素	種名	全国	東北		関東			中部・北陸		東海		近畿		中国・四国		九州	
			秋田	福島	千葉	東京	神奈川	長野	石川	静岡	愛知	京都	大阪	山口	高知	福岡	長崎
水辺	カイツブリ				○							○		○			
	チュウサギ	○		○	●	○		○	○			○		●	○	○	○
	クイナ				★	○					○	●	●		★		
	ヒクイナ		○	●	●	●	●	●	●	●	★	★	●	○	●		
	タマシギ				○												
	ケリ				★	★		●	●	★	●	●	●	○	★		
	タゲリ											○					
	タシギ								○								
	カワセミ				○												
草原	アマサギ							○									
	ウズラ	○			●	★		●	★		●	★	★		★		
	キジ				○	●											
	コミミズク				●	●		●	●		★						
	ヒバリ				○												
	オオヨシキリ				○							○		○		○	
	セッカ		★	●	○			★	●			○					
森林	アオバズク				●	●		○				○				●	
	フクロウ				●	●	★					○					
	ヨタカ				★												○
	サンショウクイ	●	●	●				●		★	★	●		○			★
	アカモズ		○	●	★	×				★	★			○			★
農村全体	トビ																
	サシバ			○	○									●	●	○	●
	チョウゲンボウ			○	○	○											

凡例：表中の凡例は，下記に示すとおりである．
×は環境庁レッドデータブックにおける絶滅種に該当する評価を与えられている種
★は環境庁レッドデータブックにおける絶滅危惧Ⅰ類に該当する評価を与えられている種（イヌワシなどと同等）
●は環境庁レッドデータブックにおける絶滅危惧Ⅱ類に該当する評価を与えられている種（ライチョウなどと同等）
○は環境庁レッドデータブックにおける準絶滅危惧かそれより下位に該当する評価を与えられている種（マガンなどと同等）

注：レッドデータブックは以下の文献による．秋田県：「秋田県の絶滅のおそれのある野生生物　秋田県版レッドデータブック動物編」(2002)掲載種，福島県：「レッドデータブックふくしまⅠ」（福島県生活環境部環境生活課，2002）の鳥類，千葉県：「千葉県の保護上重要な野生生物，千葉県レッドデータブック」掲載種，東京都：「東京都の保護上重要な野生生物種（23区）」（東京都環境保全局 1998）掲載種，神奈川県「神奈川県版レッドデータブック」の掲載種，（神奈川県立生命の星・地球博物館編 1995「神奈川県レッドデータ生物調査報告書」より），長野県：「長野県版レッドリスト（脊椎動物）案」掲載種（2003），石川県：「いしかわレッドデータブック」掲載種（2000），静岡県：「静岡県版レッドデータブック」掲載種，愛知県：「愛知県版レッドデータブック 2002」の鳥類，京都府：「京都府レッドデータブック 2002」（京都府企画環境部環境企画課，2002）掲載種，大阪府：「大阪府のレッドデータブック」(2000)掲載種，山口県：「レッドデータブックやまぐち　山口県の絶滅のおそれのある野生生物」（山口県環境生活部自然保護課 2002）掲載種，高知県：「高知県レッドデータブック動物編　高知県の絶滅のおそれのある野生動物」掲載種，福岡県：「福岡県の希少野生生物　福岡県レッドデータブック 2001」(2001)の鳥類，長崎県：「ながさきの希少な野生動植物　レッドデータブック 2001」（長崎県自然保護協会 2001）掲載種．

3.3-3 農村の生物相とその保全——鳥類——

図3.49 棚田の広がるかつての農村（1974年滋賀県草津市）

図3.50 宅地へと変貌した農村（1987年滋賀県草津市）

としても，やむを得ないであろう．とくにダムや宅地造成によって，前項でいうところの山地タイプの農村は，1970～90年までの20年間に各地でかなりの面積が消失したものと思われる（図3.49，3.50（国土交通省 http://w31and.mlit.go.jp/WebGIS/index.html より））．写真は，1974年と87年の空撮の比較であるが，恐らく古い歴史に根ざした見事な棚田やため池群が，宅地造成によって跡形もなく消失しているのがわかる．第2は圃場整備による平野の農村の大規模な区画整理が行われたことである．図3.51は，圃場整備された平野の農村の断面である．前項の平野の農村の断面と比較していただきたい．両断面を比較して，変化した個所を列挙すると，

　①水路の減少・消失・暗渠化
　②畔の減少・コンクリート化
　③河川堤防の護岸と河畔林・稲架木の消失

などがあげられるであろう．①によって水田の給排水能力は飛躍的に高まったが，給水しない期間は徹底的に干上がるという環境的な変化が生じた．これは，農村の水辺要素の消失であり，タマシギ，ヒクイナなどの水鳥類は大きな影響を受けたものと推察される．そして②は，大規模区画によって水田1枚の面積が拡大したことで相対的に畔面積が減少したことである．また，コンクリートのH型ブロックで代用された（図3.52）畔も増えてきた．これは，農村の草原要素の消失であり，前述したヒバリの貴重種化も，このようなことが一因となっていることが推察される．また③は，河川改修に伴ってよくみられるケースであり，平野部の樹林は，社寺林などを除いて現在ではほとんどが消失してしまっている．これは，農村の樹林要素の消失であり，渡り鳥や冬季に越

図3.52 コンクリートの畔

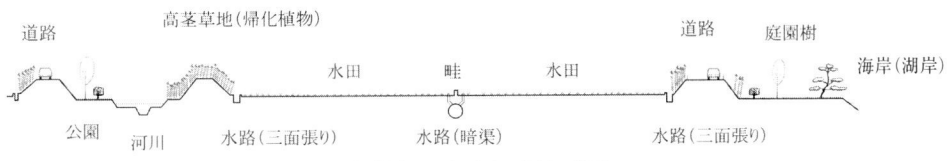

図3.51 圃場整備された平野の農村の断面

冬にくる鳥類にとって大きな打撃であったものと推察される．

山地の農村にもいくつかの問題点が見いだされる．そのおもなものを列挙すると，
① 雑木林の遷移進行による下生えの増加
② ため池の三面張り化

などである．①は人間が燃料として薪を使用しなくなった時代から約50年が経過するが，その間雑木林の遷移が進行したことで，明るく見通しのよかった雑木林はアズマネザサなどが生い茂るうっそうとした樹林に変貌してしまったことである．この結果，昆虫類では，明るい林床に生えるスミレ類を食草としていたオオウラギンヒョウモンが，林相の遷移に伴って食草がなくなり，絶滅寸前にまで激減した例が知られている．鳥類では，同様な明るい雑木林に生息するアカモズが，各地で急速に減少している．②は調整池として整備されたものであり，水位の変動が激しく，また抽水植物や沈水植物が生育しないため，カイツブリなどの水鳥の繁殖に，きわめて大きな影響が及んでいるものと推測される．

c. 農村景観の再生

絶滅の危機にあるコウノトリやトキも，かつては農村を代表する水鳥であった．現在では，両種とも保護センターで保護増殖が図られているが，コウノトリに関しては着実に個体数が増加し，野外への放鳥時期を検討する段階に入っている．またトキは，2003年に在来亜種の最後の1羽が死亡したが，中国から提供された個体が現在順調に繁殖に成功し，増殖事業は軌道に乗りはじめている（佐渡トキ保護センターのwebサイトを参照されたい）．これらの鳥類が野外で自活するためには，餌となるドジョウやカエルなどが生息できる水田や河川・水路，営巣可能な高木が茂る雑木林といった，まさに，かつての農村環境の再生が必要である．

農村の再生を，水辺，草原，森林の再生ととらえ，それぞれの景観要素における再生方法の一端を検討する．

(1) 水辺要素の再生
i) 湛水水田

排水性の悪い湿田では，1年中水田が湛水し，それが湿地としての機能をもっていた．当然，湿地は渡り時期に立ち寄るシギ・チドリ類の，越冬期に訪れるガン・カモ類の良好な餌場として機能していた．現在の乾田では，給水源は地下のパイプにあり，いつでも人の意思で給水することが可能である．しかし，現状では必要な時期以外は決して水田に給水されることがなく，代かき～初夏のイネの成長期以外は，水田は極度に乾燥した環境となる．当然，魚類，貝類，両生類の幼生（オタマジャクシ），水生昆虫は姿を消し，水鳥の餌資源は消失する．そこで圃場整備された水田の随時給水可能な機能を利用し，給水が必要な時期以外の時期に，意図的に水田に給水して一定の水位（ないしは水田の一部でも湛水する部分が消失しないように）を保つことで，水辺としての機能がある程度回復される．近年では，餌が少なくなる越冬期に限って，おもにガン・カモ類を対象として水田を湛水する冬季湛水水田の試みが活発であり，各地で成果が上がっている．簡便な方法であるが，「水辺としての水田」の機能回復の一つの解決策であり，思いのほか効果がある．また，湛水水田は試験的段階を十分経た後，大規模に実践していく方法を提案すべき時期にさしかかっていると考えられる（図3.53）．

ii) 土水路の再生

コンクリートのU字溝などを，もとの土手に再生する．管理という手間がかかるが，水と接する部分が土であれば水辺の植物の再生，ひいては水鳥の採餌環境として機能する（図3.54）．

iii) ため池の再生

土水路の場合と同じく，土手で覆われたため池を再生する（図3.55）．土と水がじかに接する構

図 3.53 水田で採餌するコハクチョウ

図 3.56 コンクリートの法面

図 3.54 土水路

図 3.57 河川のヨシ原

図 3.55 土手のため池

土手に戻し，植物が生育できる環境を整える．

ii) 河川岸のヨシ原の再生

治水上の問題もあるが，なるべく土手の面積を増加する工夫をする．コンクリートなどで舗装することを避け，土手から汀線にかけて抽水植物が繁茂できるようにする（図 3.57）．

(3) 森林要素の再生

i) 河畔林の再生

元来，河畔林は水害防備林として，農村による保護・維持が図られてきた一種の雑木林である．1997 年，河川法が改正され，河川管理者が河川管理施設として河畔林を整備，保全する樹林帯制度も誕生している．河畔林は堤防機能を強化し，氾濫流量や破堤を抑制する治水効果が再認識されている．

ii) 雑木林の維持管理

自治体主導のボランティア活動や，農村観光の

造が肝心である．

(2) 草原要素の再生

i) 畦・法面の草地の再生

コンクリート製の畦を土の畦に戻し，コンクリートで覆われた棚田の法面（図 3.56）を剥がして

レジャーの一環として，下草刈り，落ち葉かきなどの雑木林の維持管理作業を実施している例がある．しかし，本格的な雑木林の復元には，持続的かつ雑木林の賢明な利用の方法の確立が必要であろう．たとえば，北欧のスウェーデンは，エネルギーの15％を，薪を利用したチップによる木質バイオマスエネルギーによって，地域や首都の空港などの熱エネルギーとして利用している．こういった賢明かつ持続的な需要が，広範囲な雑木林の維持管理につながるのではないだろうか．

d. 近代化と環境容量，その指標としての生物

「セニョールはワオラニ社会を知らないだろうけど，とってもドゥーロなんだ．自分はもう耐え切れない」（高野 1995）．これは南米アマゾンのジャングルで狩猟生活を営む，あるワオラニ族の青年の言葉である．ドゥーロとは現地の言葉で，硬い，頑固の意味をもつ．筆者である高野氏は，この場合，ワオラニ社会のもつ重さ，厳しさ，困難さと意訳されるとのことであるが，油田開発という形でジャングルに侵入してきた近代的な文明に接触し，入植者や現金収入を得た仲間の快適な生活を知った，インディオの若者のこの素直な感想に，われわれは何を聞き取るべきであろうか．

日本の伝統的な農村景観は，職業選択の自由がない封建的な旧体制と，自然に対する人力の限界を基本的な背景とした人間の自然改変能力の低さが，適度な遷移抑止となって機能することで保たれてきたともいえる．人々は「昨日も今日も明日も不変である」という，いわば日の出と日の入りの天体運動に象徴されるような円環的な価値観，すなわち，まさしく自然の法則と一体となった暮らしをしていた．しかし，封建制度が崩壊し，自由な個人の意思で，能力に応じた自由な契約が可能となり，また機械力による人力の限界からの開放とともに「昨日よりも快適な今日，今日よりも快適な明日」という未来志向的な価値観にパラダイムが転換（シフト）したことこそ，近代化の最も根幹をなすもののように筆者には思われる．

こうした近代化は，大は先進国と後進国，小は個人レベルでの貧富の差，という構図を生みだし，それは飽食と飢餓という極端な現実を生み出すこととも直結している．それぞれの側を代弁するならば，いわば勝者側は「われわれは未来を夢見て努力（科学技術の発展・自由経済の促進）した．だから快適な生活を実現しているのだ」となるであろうし，その対比としての敗者の側からは「あなたたち（勝者）がわれわれの資源を奪いとることで夢を実現したのでしょう！　われわれはそのために貧困の極地に追い込まれたのだ」となるであろう．この論理は敗者の側に分がある．地球上に遍在する資源は，農地を含めどれも有限であるからである．

そこでキーワードとなるのが環境容量（carrying capacity）である．生物は，さまざまな資源に依存して生活しなければならず，また，生活に空間が必要であり，さらに，活動の結果による老廃物等の発生によりさまざまな制約を受ける．環境容量とは，これらの資源・空間・機能などの制約による生物の増加の限界のことである（鷲谷 2002）．また，人間活動の結果生ずるさまざまな負荷を，自然界が是正する能力の飽和量を示す概念としても用いられる．

近代化の過程において，環境容量を著しく超えた営為は，それこそ枚挙に暇がない．農業もまた例外ではない．南米アマゾンの焼畑農業では，雨期の終わりに樹木を切り倒し，乾季の間に乾燥させ，つぎの雨期の直前に火を放って焼き払う．焼いた後を放置しておくと草が生え，機械の入らない斜面は牛が放され牧場となる．平坦で農業機械が入ればダイズ畑となる（石 2002）．余談であるが，ダイズの得意先は日本であり，コストを抑えた牛肉はファーストフードの素材として世界中に需要がある．年々狭くなるジャングルは，居留地に住まうインディオを養うだけの環境容量がなくなりつつあり（獲物がとれない），その将来に，

確実なる貧困への道のりという暗い影を落としている.

食料の安定供給は文明にとっても必須の条件であり，また農業の重要な任務であるが，環境容量に無配慮なコスト優先の農業は，土壌という資源をやみくもに消費し，しいては地球上の環境総容量の縮小に貢献するだけであり，反比例して増加傾向にある人口を考えれば，これはまるで断崖に向かってスキップしているようなものである.

これに対して，環境容量のなかで破綻しにくい伝統ある日本の農村景観は，実績ある循環型農業の教科書として大いに意義があろう．しかし，農業所得の低迷，後継者の不足，農地の減少などさまざまな問題を抱えるなかで，圃場整備に代表される，もろもろの効率を優先した再整備が施された．その結果，従来そこに生息していた普通にみられる鳥類がレッドリストに選定されるほど急速に減少しつつあることは，本章でご報告した通りである.

鳥類をはじめとする生物の調査研究では，ともすれば個々の生物種の生存に問題を矮小化してしまう傾向があるが，野生生物の保全とは，動物愛護の野生版では決してない．絶滅種の増大は，環境容量の縮小と直結し，それは食料安定供給の危機ともつながっている．生物種の減少などの事実を通じて間接的に理解される環境容量の現実の把握，そして人類の子孫が混迷にさらされる未来を実感する感受性こそが求められるのである.

われわれが近代化の過程で長らく見落としていたものとは，また過剰なエネルギー消費の上に成り立つ先進諸国の文明とは，自然が長い間かかって蓄積してきた資源を短期間で消費することで実現した，環境容量の視点からは収支の合わないバブル文明という側面がある，という自覚であろう.

持続可能性の前提は人間活動の質と強さを環境容量の中に収めることである（鷲谷2002）．そのアプローチは2種類ある．一つは科学的アプローチであり，もう一つは，環境容量の認識を前提とすることを常識とした社会にシフトするための，あらゆる啓蒙行為である．この両輪がうまく回ることで，われわれはつぎの未来へゆっくりと世代を紡いでゆくことができるのではなかろうか.

最後に．マドレの森の著者である高野氏は，冒頭で紹介したインディオの青年に，町で生活するということは，すべてにお金が要る有料社会に入るということなんだ，という忠告をした．彼は，まさかという意表を憑かれたような表情をした後，長く長く悩みぬいたうえで，町にいくことをやめて森にとどまるこを決意した．このまま文明社会へと足を踏み入れた場合，一文なしという社会の最下層からスタートせねばならないことを彼は予感したのだろうか．だとすれば，それは貧困が生みだされた瞬間であり，近代という異なるパラダイムが彼らにもたらした，いわば透視不可能な外壁に対する不安を象徴している.

彼を笑ってはならない．環境容量という明確な現実と積極的に向き合う新しくも厳しいパラダイムと，無尽蔵な資源という虚像をよりどころとした従来の甘く享楽的なパラダイムとの間で深く悩むべきは，われわれも同じはずである.

[清水哲也]

文献

石　弘之：私の地球遍歴，環境破壊の現場を求めて，講談社（2002）

清棲幸保：野鳥の事典，東京堂出版（1966）

草津市：草津市の自然（1980）

滋賀県：滋賀県の野鳥（1982）

滋賀県：ヨシ群落現存量等把握調査報告書，鳥類調査編（1992）

湿地帯域生態系調査研究チーム：小田・休耕田，放棄水田等の現状と生物多様性の保全のあり方について，地球環境関西フォーラム（2000）

高野　潤：マドレの森，漂流する緑の聖域，情報センター出版局（1995）

中村登流，中村雅彦：原色日本野鳥生態図鑑〈陸鳥編〉，保育社（1995）

中村登流，中村雅彦：原色日本野鳥生態図鑑〈水鳥編〉，保育社（1995）

鷲谷いづみ：生物多様性3つの危機と国家戦略，webによる検索（2002）

3.3-4
農村の生物相とその保全
——魚類——

農村は日本に農業が根づいて以来日本の原風景を構成するものとして存在してきた．市街化が進んだ都市周辺でもかつては，その中心部から一歩外に出れば，水田などの農地と小川，そして農家の屋敷とが一体になった農村の景観が日本中のどこにでも広がっていた．変わりはじめたのはほんの50年ほど前からである．市街地の拡大によって都市周辺の農地が急減していった．また農業経営のあり方の時代的な変化により，農地のほうも変わった．流通や輸送手段の革命的変化に伴って，日本における食糧生産のあり方も大規模で効率的なものに必然的に変わらざるを得なかったのである．こうして現代の農村環境は，かつてあったものとは大きく異なるものとなってしまった．

農業生産だけを考える人の目には，この変化はあるいは好ましく映るかもしれない．しかし現代の多くの人びとは，このようないわば生産第一主義の社会のもとで犠牲にされ失われてきた，自然環境のもつ豊かさや安らぎが，実は生活にとってとくに重要であることに気づき，そしてその保全と復元が急務と考え始めている．川や小川といった水辺は，改変され生物的自然が失われた最たるものである．この水辺の現状を把握し，変容の主原因を明らかにすることが，残された自然豊かな場所を保全するために，また自然が損なわれた場所を再生ないし復元するために是非とも必要である．農村はそのもっとも重要な場所のひとつなのである．

a. 農村の魚

農業地域は水とかかわりが深い．とくに日本の代表的な農業である水田での稲作には水が必要で，古くから水田を営むために用水路を掘り，また排水路を整備してきた（田林 1990）．水路網がめぐらされることにより，周辺の川や池を起源とする魚を始めとして水生生物がつぎつぎとはいりこみ，豊かな農村の水辺の自然ができあがっていった．

農村地域の河川や水路，小溝あるいは水田といった水辺に形成された魚類群集，これを仮に農村魚類群集と呼ぶことにするが，これはこの農業地域に自然的に存在したものをもととして古くからの農業の営みによってつくりあげられてきたもので，農業地域の日本列島における地理的な位置，地形，農業形態によってさまざまである．この小論では，筆者に関係が深い静岡県中・西部の，またこの地域におけるもっとも一般的農地である水田周辺に限ってこれをみていくことにしたい．

(1) 静岡県中部から西部にかけての農村魚類群集
農村地域の魚類

農業地域にみられるおもな魚種を，生活場所と繁殖にかかわる生活様式とともに表3.12に示した．

近年の高度な整備がなされる以前の農村地域には，多くの魚類から構成された豊かな魚類群集が成立していた．オイカワの稚魚や未成魚，タモロコ，モツゴ，ギンブナ，ドジョウ，シマドジョ

3.3-4 農村の生物相とその保全——魚類——

表 3.12　農村地域のおもな魚類と生活
産卵の場所・基質は宮地ら（1976）および川那部ら（2001）による．（　）は筆者による加筆．

魚　種	成魚の主生息場所	繁殖場所	産卵基質
オイカワ	大川～水路	川の平瀬・池岸	砂礫
カワバタモロコ	水路・池	小溝・池岸	植物の茎・葉
アブラハヤ	小川～水路	川の淵	砂礫
タモロコ	小川～水路	細流・小溝・水田	砂・植物の根や水草
モツゴ	大川～水路・池	川岸・池岸	石面・植物の茎など
コイ	大川・池	川岸・池岸	抽水植物・沈水植物
ギンブナ	大川～水路・池	細流・小溝・池岸	抽水植物・水草など
ゲンゴロウブナ	大川～水路・池	池岸・川岸	浮遊水草・陸上植物など
タイリクバラタナゴ	水路・池	（二枚貝の生息場所）	二枚貝
ドジョウ	水路	小溝・水田	水草・イネ株・泥
スジシマドジョウ小型種	小川～水路	水田（？）	砂泥（？）
シマドジョウ	大川～水路	小川～水路	水生植物の根・茎
ホトケドジョウ	小川・小溝	流水のあるところ	枯草・水草など
ナマズ	大川～水路・池	小川・水路・水田	浮草・浮藻・泥
メダカ	小川～水路・池	（川岸・池岸・水田）	水草（・浮草・泥）
カムルチー	大川～水路・池	川のよどみ・池岸	水草などの巣中に浮遊
ブルーギル	大川～水路・池	川岸・池岸	砂礫

なお，ここであげた魚種のほとんどは5～6月を中心に繁殖活動を行うものばかりであり，繁殖期についてはとくに表中には示さなかった．

ウ，メダカなどは，水田まわりのたいていの水域でみられるもっともふつうの魚である．表3.12にあげた魚種の多くは池や水路などの止水やそれに準じた環境に好んですみ，幼魚は細流にも見られる魚である．大川にもすむがここでは中流域から下流域にかけての淵やワンドのほか川岸部に限られる．ここにあげた以外ではウグイ，カワムツやタカハヤなどの魚も農業水路でみつかることもあるが，水田まわりでの生息数は比較的少ない．

近年農業地域でも急速に魚などの水生生物が希薄になってきたように感じられる．事実，表3.12にあげた魚のなかに，絶滅が危惧されるものが数種含まれている．環境省のレッドデータブックではカワバタモロコ，スジシマドジョウ小型種とホトケドジョウは絶滅危惧種Ⅰ類，メダカは同Ⅱ類としてリストアップされ（環境庁自然保護局野生生物課2003），静岡県のレッドデータブックでも，これらの種はほぼ同様に位置づけられている（静岡県自然環境調査委員会2004）．河川の改修や農地整備とそれに伴う水路整備による生息場所の喪失と悪化，水質の悪化などが減少の原因と考えられている（食料・農業・農村政策審議会農村振興分科会農業農村整備部会規格小委員会2002；板井2004）．

（2）農村地域の水域の環境と魚類

農村地域の魚類が生息する水域には，河川の中・下流域（これを大川と呼ぼう），小川（大川の支流であるが，谷津田のようなところではこの川が用水路として利用される），用排水路，小溝，水田，およびため池がおもなものである．この水域区分はもちろん明確なものでなく，構造的にも機能的にも重複しあっている．

灌漑期には，大川からダム・堰により，あるいは水門・樋門を通じて用水路に水がひかれ，あるいは小川から直接に，水田まわりの小溝に導かれて，水田へと水が入れられる．水田からは他の水田を経て，あるいは直接排水路に水が落とされ，排水路はやがてもとの大川に水を排水する．農村地域の魚類群集は，こうして大川をおもな生息場所とするもの，小川や用水路におもにすむもの，およびその両方にすむものによって多様なものとなっているのである．

コイやナマズなど大型の魚のおもなすみ場は大川である．しかし，これら大型の魚類も繁殖期には小川や水路に入り込んできて，水生植物帯で繁

殖する．孵化した仔魚は稚魚や未成魚段階まで小川や水路にとどまる．小川や水路の生活者の多くもまた，小溝や水田に入って繁殖する．カワバタモロコは小川や水路から水田脇の小溝に入って産卵し，またドジョウ（およびスジシマドジョウも？）やメダカなども一部は小溝や水田に入り込んで繁殖する．小溝・水田，休耕田の湿地などは，そういった魚の仔稚魚の安全な生育場所となっている．これら灌漑期だけの一時的な水域は，水深も浅いためにこれらの成魚など大形魚のすみ場とはならず，それゆえに逆に仔稚魚の成育場所としては安全で大切な場所となっている．

農村地帯にすむ魚はその生活史を通じ，大川から小溝，水田などの一時的水域まで広く利用しているわけで，魚類のおのおのの種の生息の確保のみならず，農村魚類群集全体の維持のためには，水域のそれぞれの環境がよくなくてはならず，またこれら水域間の魚の移動可能性の確保も不可欠である．

以下には大川から水田を経て再び大川に戻る水の流れに沿って水域とそこにすむ魚についてみることにし，ため池などについては割愛する．

i) 大　川

農村地域の大川は，景観的には川の下流域から中流域の下部であることが多い．ここではコイ，ゲンゴロウブナ，ギンブナ，ナマズ，カムルチーなどの大型ないし中型の魚類の成魚がみられるほか，中流域に本来の生息場所があるオイカワやア

図 3.58　大川の下流（静岡県引佐郡細江町・都田川）

図 3.59　コイ（秋山信彦氏撮影）

図 3.60　ギンブナ（秋山信彦氏撮影）

図 3.61　オイカワ（秋山信彦氏撮影）

ブラハヤなどの未成魚，さらに，上流から流れ下ったカワムツやタカハヤなどの未成魚もみられることがある．また，小川や水路の生活者であるメダカやドジョウなどもこの水域ではふつうにみられる．

すでに述べたが，ここにすむコイやフナなどは，この水域内に適地があればもちろんそこで繁

図 3.62 小川の大川への合流点（浜松市・都田川）
左岸（写真右）から流れ込む小川と本流の間の落差は 1 m をこえる．

殖するが，灌漑が再開されて水がはいった水路に，とくに降雨後の増水時に一気に入り込んで繁殖するものも多い．いわゆる「のっこみ」である．

しかし，改修を受けた河川では，大川と小川の合流部，すなわち本流と支流の合流部には支流側にコンクリートの落差工が設けられて，またその天端にあわせてしばらくの間水深が一様にごく浅くなっていることも多い（図 3.62）．こうしたところでは，ふだん大川から小川へのとくに遊泳性の魚の遡上が困難になって小川への遡上は，春先や梅雨時といった長雨がつづいて，大川の水位が上昇したときに限られてしまう．

ii）小川・用水路・排水路

小川はふつう大川の支流で，古くは用水路と排水路を兼ねた水路でもあった（図 3.63）．古くからの利水や治水の営みによって，小川は直線的な水路にされ，堰や水門が設けられ，また土堤にしばしば板囲いや石積みの護岸が張られたりされてきた．ここでは農地と水の受給の関係が比較的少ないものを小川，大きいものを水路と呼ぶことにするが，両者の区分を明確にする必要はないであろう．

小川は水路として整備され始めてから今に至るまでにたびたび手を加えられてきた．堤の護岸はかつてはせいぜい板囲いや玉石積み程度であったが，やがてコンクリートブロックに変えられ，そのあげく，川底までコンクリートによって固められたいわゆる三面コンクリート水路になり果てる．最後のような水路になる前までは，小川やたいていの水路は，水際にヨシ・マコモ・ガマ類・ミクリ類の抽水植物，水中にフサモ類・クロモ・エビモ・マツモの沈水植物などが生育し，水生生物を基盤とした多様な水辺環境を保っていた．

いまはこういった小川や水路は，きわめて少なくなってしまったが，なお残るこのような水域にはその規模や勾配などに応じた多様な魚類群集がみられる．オイカワ，モツゴ，ギンブナ，シマドジョウ，ブルーギルなどの中型ないし小型魚類は，大川から小川〜水路にかけてすみ，また小型魚類の一部カワバタモロコ，タモロコ，ドジョウ，メダカなどは小川や水路から池沼にかけて生息する．砂礫に産卵するオイカワ，固い面に産卵するモツゴ，二枚貝に卵を産みつけるタイリクバラタナゴを除いて，多くの魚は小川や水路の川岸や水中に生育する植物に産卵する．これらの魚の成魚や仔稚魚・未成魚のほか，大川から入ってきたコイやナマズなどの仔稚魚や未成魚もここにすみついて，小川や水路の魚類群集をいっそうにぎやかにさせている．

ただしこのような小川や水路の水辺も，近年はホテイアオイ，オオフサモやオオカナダモの外来植物がはびこったり，また外来の湿生植物のスズメノヒエ類が過剰に繁茂してしばしば川面の全面を覆ってしまって，低酸素環境をつくり出すなど

図 3.63 小川（静岡県磐田郡豊岡村・天竜川支流一雲済川）

河川環境をむしろ悪化させるような問題も生じてきている.

一方では農業水路を用水路と排水路とに分離するような,近代的な農地整備が近年急速に進んできている.農地は区画整理され,低湿地はかさ上げされて,農業水路も用水路はダムや堰,ため池などの貯水施設から配水する機能だけをもち,一方,排水路は水田からの排水を流すだけの機能をもつようになった.このような分化が進んだ用水路や排水路は当然用排水を運ぶ機能だけが優先され,両岸の2面ないし川底までの3面がコンクリートで固められ,排水路は掘り下げられるのがふつうである.

図 3.64 カワバタモロコの成魚のすむ水路
（藤枝市・藪田川（改修前））

図 3.65 カワバタモロコ（秋山信彦氏撮影）

また,水源がダムなどの貯水施設だけの水路の場合,水田のイネの刈入れ前から翌年の水入れまでの非灌漑期には水は供給されず,用水路は完全に干上がり,排水路もほとんど水がなくなってしまう.1年のうちにまったく水がないときがあれば,水路がコンクリートか否かを問わず,水路には魚がほとんど見られるはずがないのはいうまでもない.

小川や水路がコンクリート化されていない場合でも,小支流や水田まわりの小溝はU字型のコンクリートブロック（U字溝）によって整備されることが多い.これにより小溝は排水能力が高まり,小溝に溜まる土や生育する植物の管理が大幅に省力化される.水田まわりの小溝が土水路であったときは,農家は小溝に溜まる泥をあげて畦や水田に戻していた.しかしU字溝として整備されると小溝は水とともに土砂も速やかに運び出す.その結果小川や水路は小溝の出口付近に土砂が溜まって浅くなり,小川や水路の止水的環境を急速に流水的に変えてしまう.図3.64の藪田川にはかつてカワバタモロコ（図3.65）が豊産したが,小溝の整備の進行とともに川が浅くなり流れが速くなって,カワバタモロコは急減してしまった（金川・板井 1998）.

貯水施設からの用水路にはほとんど魚がみられないが,排水路にはたとえ専用の排水路であっても,非灌漑期でも雨水や周辺からの湧水・浸出水が入って多少とも流れがみられるものである.そういったところには,かならず魚類がみられるが,その豊富さはこれらの水田外からの水量に大きく依存している.

水田からはそこに投下された肥料や農薬を含む排水が排水路へと流れ込んでくる.こういった排水と魚の生息との関係はしばしば論議されるが（端 1985；片野 1998；遊磨ほか 1998）,排水路における水田外からの水質への負荷の少ない水が,排水路の魚の生息環境を良好に維持するのに大きな役割を果たしていることは疑いがない.

図 3.66 小川と連続し，カワバタモロコの繁殖・仔稚魚の成育場となっている小溝（藪田川の小溝：奥に調査用の漁具が見える）

図 3.67 水路整備により落差の生じた小溝
落差は 1 m に達する．この水路にも改修前はカワバタモロコが高密度に生息していたが，現在はまったく見られない（磐田市・太田川水系古川）

III) 水田・小溝

　水田と，そのまわりの小溝は灌漑期だけの一時的水域である．しかし，すでに述べたとおり，カワバタモロコやメダカは小川や水路から小溝に入り，ドジョウ，そしておそらくスジシマドジョウ小型種も水路から小溝にさらに水田に入って繁殖する．水田や小溝は浅いゆえにふだんは大型の魚が不在で，仔稚魚の安全な生育場所となっている（図 3.66）．

　水田の水は盛夏には土用干しとしていったん落とされることが多く，その後の導水はそれまでに比べるときわめて少なくなる．そしてイネの成熟とともに水田からは水が失われる．魚の生息場所としては一時的水域の水田やその脇の小溝で育った魚の稚魚や未成魚は水路や小川へと移っていく．

　水路が近代的な整備を受けると，水田まわりの小溝と水路の間に大きな落差ができる（図 3.67）．それでも水路の魚が繁殖のために小溝にまったく入れないわけではない．農村地域の水域に生息する魚の繁殖が集中する 5 ～ 6 月は，多量の雨が降って水路の水かさが増し，小溝との間の落差が解消されてしまうことがある．図 3.67 にみられるような小溝との落差の大きい水路でもこの頃にそういった増水が少なくとも 1 ～ 2 度は生じているようである．しかし，この小溝はコンクリートの U 字溝となってしまっており，増水とともに入り込んだ魚の産卵環境はなく，水も溜まらない．魚は水路と小溝の減水とともにもとの水路に戻らざるを得ない．

b. 農村における水辺の保全と復元

(1) 保全と復元のあり方

　筆者はかつて農業水路のあり方について論じたことがある（板井 2000）．この小論ではそれをそのまま繰り返すことをしない．ただし，農業地域の水辺環境はすでに著しく壊れており，優れた自然が残されているような地域はすでにほとんどなくなっているので，水路整備に当たっては，優れた自然の保全を第一義とし，そのような自然の残る小川や水路を破壊するような手法は可能な限り避けるべきことだけは書き留めておきたい．

　農村の水辺には，「ふるさと」の歌にも歌われるように，フナなどの水生生物と農村の子どもの生活とが結びついた，農村の人びとのふるさとの風景の一つがあった．しかし，農村が農業経営の効率化を求め整備を進めるうちに，このふるさと

図 3.68 袋井市・太田川水系敷地川の支流
メダカ・スジシマドジョウ小型種，すぐ上流にはホトケドジョウも生息する．

図 3.69 スジシマドジョウ小型種（内山りゅう氏撮影）

図 3.70 メダカ（秋山信彦氏撮影）

なコンクリート水路，非灌漑期における流量減少および排水路の水質悪化などであるが，これらが複合的に作用して魚がすめない環境へと変わっていったことを強く認識すべきなのである．

　人工が加わらず，自然的に残された農村環境というのは実は平地にはもうほとんど残っていないと思われる．稀少となってしまった生きものが今なお生息するそういった環境は，山地近くの農地における，近代的な整備が遅れているような地域に多少は残されている（図 3.68，3.69，3.70）．しかしその劣化は進みつつある．おそらく，自然環境の復元はこういったところの近傍からはじめていくべきであろう．もちろん，現在残されている良好な環境要素を損ねないように配慮しながら行うべきことはいうまでもない．というのは，すでに破壊が大きくて環境要素がほとんど残っていないところでは，修復のための手段を講じても自然的には回復せず，いきおい他所から必要な環境要素を持ち込まざるを得ないことになり，新たな問題を生じさせることになりがちだからである．

　すなわち，他所からの生物の移殖を伴う多様性回復の手法は近年は生物学的な観点からしばしば批判を受ける．たとえば，魚類のように水のなかだけしかすまないものの移動は水系内の連絡を通じてしか行えない．だから大川と小川・水路などの間に不連続性が生じている現実の川では，それらの生息空白域が広域に生じてしまっている地域における自然的な回復はほとんど不可能となっているのである．静岡市周辺などメダカがほとんど不在となったような地域において，ビオトープの造成などを行った場合に，小川の環境要素の一部として重視されるメダカなどの魚を移殖することになるわけであるが，その出所を問うことなく行われることがある．こういった移殖が問題とされるのである．

　淡水魚は，近代的な治水が行われ，河川が連続堤で閉じ込められるようになる以前には，水系ごとに一つの氾濫原を共有するいくつかの水域ごとに隔離されてきていて，それがメタ個体群

の風景が変容してしまい，魚をはじめとする水辺の生きものが失われ，それとともに，農村の人びとの心のなかからも，その風景を愛する気持ちが薄れていったのではないか．整備によって水辺に生じた変化は，大川と小川・水路との不連続性，小川・水路と小溝との不連続性，直線的で無機的

(Hanski and Gilpin 1991) として安定的に存在する一つのまとまりとなってきたはずで，水系ごとあるいは水域ごとに，魚のあいだに遺伝的な変異が生じていることは十分にあり得ることである．水田の拡大とともに分布を広げたと考えられるメダカでさえ，地域ごとに遺伝的特異性が存在することが明らかにされており（酒泉 1997），他所からメダカを持ち込み，遺伝的攪乱を引き起こすことに対しては当然批判が生まれてくる．それゆえ，自然環境の復元には，失われた環境要素を安易に導入するのではなく，失われた自然が自然的に回復していき，多数の局所個体群で構成されるメタ個体群の形成を導くような長期的な視点をもって行うことが必要で，現在ひとつの生息場所の回復を阻害している要因については，十分に調べたうえでそれを一つひとつ取り除くよう忍耐強く取り組んでいくことが重要なのである．

蛇足ながら静岡市周辺のメダカについて言い足しておくと，静岡市周辺にもメダカの自然個体群は少なくとも2か所に今も残されている．もし小川にメダカを回復させるとしたら，その生息地の周辺から水域間の連絡をはかるような手法で行うのが，本来の自然環境の復元のあり方と思われる．

(2) 川の連続性の維持，不連続性の改善

静岡県磐田郡を流れる太田川は，流程44kmほどの二級河川である．現在，絶滅が危惧されるカワバタモロコは，この川では鶴ヶ池，桶ヶ谷沼および支流仿僧川の支流一つの，ごく狭い3水域に局所的に生残している（金川，板井 1998）．これらの生息地に続く本流などの水域からは，生息地から流出したカワバタモロコがときに発見される．生息地外への魚の移出はカワバタモロコに限らず他の魚でも同様に起こるが，正常な河川環境のもとではいずれの魚も，その魚の生活史のあり方により自然的に，あるいは洪水などにより偶然的に本流である大川に運ばれ，各生息地の個体群はこの大川を通じて交流し，全体としてメタ個体群として存在していたはずである．生息地からの流下個体は，過去に生息していた小川などの他の水域において，新たな局所個体群を新生するもとともなっていたはずである．太田川ではかつてはほかにも数カ所の生息地が知られていた（板井 1982）．その水域やその上下流に生じたさまざまな障害のために，近年に失われたこれらの生息地でのカワバタモロコの再発見はいまだ起こっていない．

生息地が局所化された個体群の絶滅の危険度は高い．個体群を絶滅から救うには，孤立して存在する局所個体群以外にも，遺伝的な交流をもついくつかの局所個体群を存在させることこそ重要である（鷲谷，矢原 1996）．この点からすると，残存する局所個体群の供給源から流出してきた，新たな個体群の創出の可能性をもった，たとえばカワバタモロコの分散個体の行方が重要で，これが，新たな生息適地（すでに消滅したかつての生息地も含め）に到達し，新たな局所個体群を形成するためには，大川における流程に沿って，大川と小川や水路，また小川や水路と小溝などとの連続性が絶たれていてはいけないのである．しかしながら実際の川には，大川につくられた落差工，大川との出合いにつくられた小川の落差工や水門，小川や水路につくられた堰や水門など，多くの連続性を阻害する構造物が設置されていて，たとえばコンクリートの水路をたんに土水路などにあらためるだけのような局所的な改修を行っても魚が戻ってこず，本当の意味での自然環境の復元が進まないのは当然なのである．

人工化が著しく，大きく自然が失われてしまった水域での自然環境の復元は大切だが，それが困難な理由はここにある．したがっていまはメダカやカワバタモロコといった稀少な魚などが生息し，保全すべき環境要素が多く残されている場所の近傍においてまず，自然環境の復元への取組みを急ぎ，新たな局所個体群の自然的形成への障害が取り除かれたときにおける，分散個体の供給源としての資源量を高めておくべきと筆者は考える

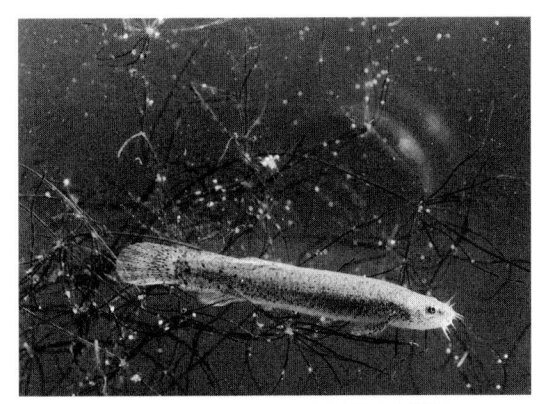

図 3.71 ホトケドジョウ（秋山信彦氏撮影）

図 3.72 ホトケドジョウが生息する谷津田の小川（静岡県小笠郡菊川町・菊川水系沢水加川の支流）

のである．

　しかし，同時に生息地の不連続性など他の障害の改善への努力をも怠るべきではない．たとえば，斉藤（1984）が農業水路における水路と小溝との連続性を回復させる方策の一つとして勧めているような，小溝の底面のコンクリートやそれにつづく用水路の両岸の上部のコンクリートをやめたり，それらをつなぐ土管等の位置の工夫，増水時の水路と小溝との連続性の改善といったことも考えられるべきである．これも，先に述べたようなカワバタモロコがいまもなお生残するような，とくに保全すべき環境要素が多く残る場所の近傍から行うほうが効果が大きいはずである．

(3) コンクリート護岸面の減少

　小川・水路や小溝では水生植物の繁茂や陸生植物のもたれ込みが，水域における生息環境の基質

の多様性を高め，とくに魚類にとっては繁殖場所の面からも重要である．しかし農業地域においては，水路に生育する抽水植物・沈水植物は水田の雑草ともなり，水路管理のうえでも邪魔な存在で，農業経営のやっかいなものとされることが多い．そうではあっても，農業地域においても農業と環境との調和が求められるようになった現在では（食料・農業・農村政策審議会農村振興分科会農業農村整備部会規格小委員会 2002），これらの水生植物が豊かに存在する水域は，農村における生物多様性の基盤として重要な場所であり，大切に保全されるべきであろう．これが欠けた水域においては，したがってまずその復元を考える必要がある．この点，農業関係者の十分な理解を期待したい．

　水田まわりの小溝はカワバタモロコやメダカなど小型の魚の格好の産卵場，仔稚魚の成育の場である．ここがコンクリート化されれば，魚の重要な生息環境を失うばかりか，それが流れ出る水路側の環境さえも変化させてしまうことはすでに述べたとおりである．しかし，コンクリート化を魚がまったく拒むのかといえば，そうではないようにみえるつぎのような例もみられる．

　ホトケドジョウ（図 3.71）は，谷津田の間を流れる細流や小溝に生息することが多く（図 3.72），コンクリート化で姿を消すのがふつうである．しかし筆者らの調査では，細流のかなりの区間がコンクリート化されても，そこにホトケドジョウがみられることも少なくなかった．しかし，それらはとくに上流側に自然的な土水路の区間が残るものに限られていた（板井ら 1999）．未成魚や成魚はコンクリート水路においてもある程度の生活は可能で，繁殖，越冬などに適した自然環境が多少とも残されておりさえすれば，絶滅までには至らないようである．おそらく完全なコンクリート化がホトケドジョウの生活要求をすべて奪い，この魚をすめなくしてしまうと考えられるのである．

　魚類の生息環境を維持するためには，やはりコンクリートの壁で全面を囲わないことが大切であ

る.すでに述べてきたように図 3.67 のような直線的で無機的なコンクリート水路は,魚の生息基盤をまったく欠いており,魚を拒絶している.このような水路はまた人をも拒絶している.生きものが豊かであれば誘うはずの子どもの水遊びの場とならないばかりか,万一そこに近づき,不幸にして水路に落下した場合には,垂直に切り立ったコンクリート面でははい上がるすべはなく,増水時には生命の危険さえ感じさせるところとなっている.

問題はコンクリート化だけではない.水路の直線化も重要である.水路の直線化は農地整備に伴う水路改修にはつきものであるが,これは蛇行によって生じる流れや底質の多様性を失わせてしまう.農村地域において環境の保全と人びとの暮らしとの調和をはかっていくためには,これらの問題は避けてはとおれない.

(4) 非灌漑期における流量減少

非灌漑期は,用水路のみならず排水路も水量が著しく減ってしまう.いきおい水路の魚の生息環境は厳しいものとなる.魚は一般に冬期には越冬のため深みに移るが,深みがない水路中にすむものは大川まで下って越冬することになる.とくに専用排水路は非灌漑期にはほとんど水が枯れてしまうので魚類群集は著しく貧しくなってしまう.魚類が戻ってくるのは大川が増水し,水路の水の戻る灌漑期になってからである.魚類を非灌漑期にも水路にとどめるためには,この時期にも用水が供給される必要があろうし,また水路に深みが必要となる.

これまで行われてきた水路整備によって,水路は直線的になり,深みを生じるような水衝部は存在しなくなった.この問題を解決するには,農業水路は本当に直線的でなければならないのか,蛇行してはいけないのかなど基本的なことから問い直す必要があろう(板井 2000).

(5) 排水路の水質

水路の水が激しく汚染し,汚濁した場合には,当然水路中の生物の生育・生息を制限することになる.しかし,筆者は静岡県内のほぼ全域にわたる魚類調査にここ数年かかわってきたが,水田からの排水が原因で魚類が生息できなくなっているといった農業水路を見ることはほとんどなかった.魚がすまない排水路はたいていコンクリート 3 面水路であって,水田以外にも家庭からの下水が流入しているような水路の底面にはたしかに水質の汚濁を示す白色や褐色のバクテリアの皮膜がコンクリート面に付着しているのがよく観察された.土水路の場合,こういう状況がみられることがあっても,それが長区間つづくことはめったにない.したがって,魚がすめない環境は,おそらくは負荷の高い排水と生物的浄化作用を欠くコンクリート化の両方の要因が,複合的に作用してもたらしているものと思われる.

c. 農村水辺の自然環境復元のために

農業地域の自然環境は,古くから農村の人びととの関係のうえに成り立ってきたものである.長い時間をかけて形成されたその自然はかつてはきわめて豊かなものであった.しかし近年に近代的な整備が進められてから,豊かさが急速に失われた.農業水路ではとくに著しい.近代的農業整備では最近まで生産第一主義のもとに,それを阻害するものはすべて切り捨てられたためともいえる.

しかし,最近になって興ってきた環境重視の潮流により,農業地域においても環境との調和を考えることが重要とされるようになってきた(食料・農業・農村政策審議会農村振興分科会農業農村整備部会規格小委員会 2002).しかし,自然豊かな場所と考えられてきた農業地域から,気付いてみると自然環境があまりにも大きく失われており,ここに豊かな自然を再生させることは急がな

ければならないとともにそれは実は容易ではなくなっていることもわかってきた．農業地域の水域では，絶滅のおそれのある魚種が何種もリストアップされるに至っており，再生への取組みはこれらが絶滅してしまってからでは遅いのである．それゆえ一つの水系すなわち流域を単位としてメタ個体群を考え，それを弾力のあるものとして形成させるために必要な方策を，農村の各水域において採用することが望まれる．

　自然環境の復元は緊急に実施すべきものであるが，また筆者はその復元の目標をいかなる時点に置くかということをとりわけ重要な問題と考えている（板井2000）．農村環境は人と自然の相互作用により形成されたものであり，人間の介入がなかった頃の自然に戻すことにはほとんど意味がない．また，たとえば昭和以前の古い農業形態の時代まで遡ることも困難である．したがって現代の農業形態と調和できる復元像が必要で，これは農業関係者や生態学の研究者だけでなく，多くの分野を含めた議論によってつくられるべきである．

　復元は急がなければならないが，具体的な実施のためには現状についての十分な調査がまずなされる必要がある．そのための指針はすでに出されている（食料・農業・農村政策審議会農村振興分科会農業農村整備部会技術小委員会2002）．実際にどのようにこれが運用されるのか興味深いが，形式的に行われることだけはないよう見守ってゆきたい．

[板井隆彦]

文献

板井隆彦：静岡県の淡水魚類，208 pp，第一法規出版（1982）
板井隆彦：淡水魚類の生息環境．農村ビオトープ（自然環境復元協会編），pp.147-163，信山社サイテック（2000）
板井隆彦，杉浦正義，金川直幸：静岡県の希少淡水魚ホトケドジョウ Lefua costata echigonia の生息地の現状．環境システム研究，**6**：51-74（1999）
板井隆彦：淡水魚類．まもりたい静岡県の野生生物―県版レッドデータブック―（動物編）（静岡県自然環境調査委員会編），pp.127-128，羽衣出版（2004）
片野　修：水田・農業水路の魚類群集．水辺環境の保全（江崎保男，田中哲夫編），pp.67-79，朝倉書店（1998）
金川直幸，板井隆彦：カワバタモロコの生息地と河川改修．魚から見た水環境（森誠一編），pp.61-80，信山社サイテック（1998）
川那部浩哉，水野信彦，細谷和海：日本の淡水魚，719 pp，山と渓谷社（2001）
環境庁自然保護局野生生物課：改訂・日本の絶滅のおそれのある野生生物―レッドデータブック―4 汽水淡水魚類，230 pp，財団法人自然環境研究センター（2003）
宮地伝三郎，川那部浩哉，水野信彦：原色淡水魚類図鑑，462 pp，保育社（1976）
斉藤憲治：農業用水路の改修工事の影響を少なくするために（私案）．淡水魚，**10**，47-51（1984）
酒泉　満：淡水魚地方個体群の遺伝的特性と系統保存．日本の希少淡水魚の現状と系統保存（長田芳和，細谷和海編），pp.218-227，緑書房（1997）
静岡県自然環境調査委員会：まもりたい静岡県の野生生物―県版レッドデータブック―（動物編），351 pp，羽衣出版（2004）
食料・農業・農村政策審議会農村振興分科会農業農村整備部会技術小委員会：環境と調和に配慮した事業実施のための調査計画・設計の手引，87 pp（2002）
食料・農業・農村政策審議会農村振興分科会農業農村整備部会規格小委員会：農業農村整備事業における環境と調和の基本的考え方．企画小委員会報告，10 pp（2002）
田林　明：農業水利の空間構造，239 pp，大明堂（1990）
遊磨正秀，嘉田由紀子，中山節子，橋本文華，藤岡和佳，村上宜雄，桐畑長雄，桐畑正弘，桐畑貢，桐畑みか乃，桐畑静香，桐畑博夫：身近な水辺環境における「人―水辺―生物」間の相互作用．環境技術，**27**，289-295（1998）
鷲谷いづみ，矢原徹一：保全生態学入門，270 pp，文一総合出版（1996）
Hanski, I. and Gilpin, M. E.: Metapopulation dynamics: brief history and conceptual domain. Metapopulation dynamics (Gilpin, M. E. and Hanski, I. ed.), pp.3-6. Academic Press, London (1991)

第 4 章　農村自然環境復元の実例

4.1 水辺生態系の復元

a. 日野市の概要

　日野市は，東京都心から西に 35 km，東京郊外の住宅地であるが，多摩川，浅川の一級河川が流れ，水と緑に恵まれた自然環境の豊かなまちである．そして，多摩川と浅川の大きな河川によって発達した沖積低地，これらの河川の河岸段丘によってできあがった日野台地，そして市内南側の多摩丘陵の三つの特徴ある地形によって形成されている．かつては東京の穀倉地帯ともいわれた時期があり，34.1 ha（2001 年度）の水田が広がっている．多摩川，浅川，程久保川の一級河川から取水する農業用水はいまだに 9 幹線あり，市内を網の目のように流れ，その総延長は 170 km 以上に及んでいる．そして，行政面積に占める河川や用水などの水辺の割合が 14.8％と大きく，水辺を生かしたまちづくりを進めることが命題となっている．

　また，多摩丘陵や河岸段丘崖には武蔵野の森を彷彿させるような樹林帯が残存しており，こうした場所には湧水が湧きでて，市内に約 180 カ所の湧水地が確認されている．夏季の湧水の総湧出量は 1 万 2000 m³/日に及び良好な水環境を生みだしている．

　このように水と緑に恵まれた特色のあるまちであり，こうした自然環境を次世代に残存していくために，行政もさることながら，市民の環境に関する活動もたいへん盛んである．日野市としては，市民とのパートナーシップを築き，信頼関係を維持しながら良好な自然環境を保全していく方針をうちだしている．

(1) 水辺の保全や復元の取組み状況

　多摩川，浅川，程久保川などの河川，農業用水，湧水の流れは，日野市の恵まれた自然の資源であり，自然環境を身近に感じる水辺空間となっている．そして，「緑と清流のまちづくり」を提唱し，1976 年には「日野市公共水域の流水の浄化に関する条例」（清流条例）を制定し，水質の浄化に関して市民の関心を高めるよう水辺の啓蒙・愛護活動の実践をはじめた．

　「水辺に生態系を」を将来目標のスローガンとして，多様な生物が生息する用水路や湧水地の保全活動に取り組みだし，市と市民が一体となり，身近な水辺の保全や復元のためにさまざまな新しい試みが実施されるようになった．

　1995 年には，これまでの水辺の保全や復元整

備事業，市民とのパートナーシップにより実施してきた清流行政が評価され，国土庁（当時）より日野市が「全国水の郷百選」に選定された．また，2000年に向島用水親水路のある潤徳小学校が全国学校ビオトープコンクールで優秀校に，2001年には水辺の楽校プロジェクト（国土交通省）に指定された．2003年には，日野市が実施している「水辺を生かしたまちづくり」の取組みが評価され，毎日・地方自治大賞奨励賞を受賞した．

さらに，1998年に全国に先駆けて農業基本条例を策定し，新鮮で安全な農産物の安定供給を図り，自然豊かな農地や用水路を保全し，市民と自然が共生する農のあるまちづくりを進めている．

(2) 清流条例による用水の年間通水

日野市では，「水辺に生態系を」を目標に，昔ながらの用水堀の保全活動を積極的に行い，水辺が多様化して多くの生物が生息する水辺環境の創出を目指している．1976年に「公共水域の流水の浄化に関する条例」いわゆる「清流条例」を施行し，年間を通じて，水路の水量を豊富に維持するよう努めることを市の責務として，用水路の年間通水を行っている．そして，流水の管理は，灌漑期には用水組合，非灌漑期には日野市が行うこととして，年間を通じて用水に水がたえず流れるように努めている．こうした年間通水する条例を30年近く前に制定したからこそ，冬季にも水流を涸らさず，水辺の生きものの生息に極力配慮しての「水辺に生態系を」という方針が生かされている．

(3) 農業基本条例

農業は，豊かな自然の恵みを受けて，長い歴史のなかで地域の特性を生かしながら新鮮で安全な農産物を供給し，市民生活の安定に大きな役割を果たしてきた．

また，生活基盤である農地は，日野市に残された貴重な自然として，緑地や防災空間として，さらには生活に潤いを与える場所を提供するなど，良好な都市環境を保全していくうえで多面的な機能をもっている．しかしながら，農業を取り巻く状況は，地球規模での環境保全に向けた地球にやさしい農業の実現や，ウルグアイラウンド農業合意に伴う自由化の進展，新食糧法の制定，都市農業の永続性の課題など農業の大きな転換期を迎えており，新たな発展の道のりを模索しはじめている．

いまこの農地のもつかけがえのない自然環境に対し，市民の理解を得ながら「市民と自然が共生する農あるまちづくり」を展開し，この産業を永続的に育成していくため，農業基本条例を全国に先駆けて1998年度に制定した．

この条例は，農業に関する基本理念を定め，農業に関する施策を総合的かつ計画的に推進することとしている．農業経営の安定化と市民への新鮮で安全な農産物の供給促進を図り，市民および農業者の健康で文化的な生活の向上に寄与することを目的としている．また，市民と自然が共生する農あるまちづくりを構築することを基本とし，市と農業者，そして市民の責務を明示し，積極的な取組みと相互の協力・連携によって推進されることとした．

図 4.1 豊田用水と板塀の景観

そして，下記に掲げる項目を農業施策の基本事項とし，総合的・有機的に農業振興の推進をするものとした．

- 農業経営の近代化
- 環境に配慮した農業
- 地域性を生かした農業生産
- 消費者と結びついた生産及び流通
- 農業用水路の継続保全
- 農業の担い手の確保及び育成
- 農業者と地域住民との交流
- 農地の保全
- 災害への対応

このなかで，農業用水路の継続保全をあえて農業施策の基本事項に位置づけたことは，「水と緑の文化都市」を歩み，「水辺に生態系を」というスローガンのもとに，用水路の保全・整備を進めている日野市ならではのことである．また，こうした農業基本条例が，都市部の農業政策として制定されたことが，画期的なことといえる．

(4) 歴史的価値の保全

日野市内に流れる用水路は，西暦1500年代半ばに開削の歴史をさかのぼることができ，文化遺産としても継承する価値のあるものと思われる．かつての用水は，水田に水を蓄えるための農業用水路としての機能をおもなものとしていたが，近年水田が減り，用水の機能は農業用だけでなく多目的な機能を有してきている．地域の水環境を支える環境用水，災害のときに役立つ防火防災用水，雨水や雑排水の放流先ともなり，野菜の洗い場などとしての機能を果たす生活用水などがあげられる．こうした機能を保持している用水からは，いつの時代にも水の恩恵を受けてきた．

現在の水利権は，農業を主としたもので，受益者が基本的には農業用水組合にある形をとっているが，将来的には，環境用水として受益者が市民全体に及ぶよう，行政が水利権を取得していくことも検討しはじめている．日野市には，土地区画整理事業進行中の場所が多くあるが，土地区画整理事業のなかでも「水辺を生かしたまちづくり」や「農あるまちづくり」など，将来的にも農地や用水を保全していく計画がつくられており，水田公園の整備や水路と板塀の昔ながらの景観保全など歴史的価値の保全にも力を注いでいる．

b. 用水堀の保全・復元

(1) 日野用水よそう森堀の保全

日野用水よそう森堀は，5mほどの幅に3本の水路が流れており，子どもたちが水辺の生きものを追いかける姿は，「春の小川」を彷彿させる．しかし，長年にわたって水路を維持管理していた農家側からは，管理のしやすさからコンクリートで護岸を固める要望がたえないのが現状である．日野用水よそう森堀では，維持管理がうまくできればコンクリート化する必要はないと考え，日頃から環境問題に取り組む市民団体や園児を散歩に連れ出す保育園の先生方に呼びかけて，用水堀の保全を訴えた．このことをきっかけに，「よそう森堀」の清掃，草刈りや堀さらいなどの活動がはじまり，市民と行政の協働によって「春の小川」の風景が残されている．

また，この地区は土地区画整理事業が進行中であるが，「よそう森堀」に接した部分に公園を配置し，水田公園として整備した．将来，都市化が進みこの地域の水田が消滅したとしても，都市公

図4.2 水田公園と日野用水よそう森堀

図 4.3 よそう森堀での保全活動（上）と残された春の小川（下）

図 4.4 水田公園での田植え

園法に基づく水田公園として整備されたこの水田は残存することになる．そして，近隣の東光寺小学校の総合的な学習時間と日野市の生涯学習の部局で実施している「市民大学農業体験コース」で水田を管理し，用水と水田の風景が残される新しい試みがはじまった．

かつてコンクリート化されようとしていた用水路が，土堤の水路として「春の小川」の情景が保全された．現在では，小学校の環境学習にも利用され，小魚，カワニナ，シジミなどの稚貝の生息，そして，児童が水生生物を追いかける様子や，水田でカエルとりをする姿がみられる．

（2） 向島用水親水路

i) 水環境整備事業から水辺の楽校プロジェクトへ

京王線の高幡不動駅から北へ歩いて 5 分ほどのところに日野市立潤徳小学校が位置し，この小学校の北側に一級河川浅川（多摩川の支流）から取水している向島用水（幹線水路 1.6 km，支線 10.6 km）が流れ，3.7 ha の農地を潤している．

この農業用水路の整備前の状況は，治水面や管理面から 2 ～ 3 m の川幅にコンクリートブロックや石積みで護岸されていた．このコンクリートブロック護岸などを壊し，用水路を蛇行させ，また，用水路に隣接する潤徳小学校に流水を引き込みワンド（静水域）を整備した．流水を蛇行させ，学校内に流水を引き込んだ全国唯一の事例で，1996 年度から建設省河川局河川環境課（当時）で開始した「水辺の楽校」プロジェクトは，この潤徳小学校の事例が発端になったとされている．

ここでの事業は，1991 年度に向島用水親水路整備の基本計画を策定し，1992 年度から 1995 年度までの 4 カ年で，潤徳小学校の西端から小学校の裏庭を通り延長 400 m の区間を整備した．事業の実施に当たっては，1991 年度からはじまった農林水産省の水環境整備事業の補助を受けて開始された．

ii) 農業用水路を生かした学校ビオトープづくり

向島用水の整備前の姿は，コンクリートブロッ

クや石積み護岸で整備されており，単純な構造となっていた．しかし，整備後の写真と比較してみるとよくわかるように，機能重視のコンクリート護岸を取り壊し，向島用水の流水を潤徳小学校に引き込み，単純構造から複雑構造へ，そして多様化した水辺をつくりあげた．

学校内に二つの異なるワンドをつくり，コンクリートを取り壊し土堤の水路に復元し，土手には水草や野草が生い茂る昔ながらの春の小川になった．

全国的にみても，いままでに学校のなかに河川や農業用水路を導いた事例はほとんどなく，学校との協議には時間がかかったが，小学校の環境学習に対する熱意と日野市の水辺の復元・再生への考え方が一致した．そして，用水路の流水域と学校内にできたワンドの静水域が異なる水辺空間を生みだし，多様な生きもののすみかがつくられた．ここでは，かつての農業用水路の機能を維持しながら，学校教育のなかで水辺に親しみ環境学習の体験ができる場となった．

魚類についていえば，単純構造のコンクリート護岸の際には，5種類の魚類であったものが，現在14種類の魚類が確認されている．また，小魚を捕まえにカワセミやサギ類が頻繁に飛来するようになっている．環境が安定するとそこに生息する生物相も豊かになり，構造の多様化は生物の多様化を生みだすという，すばらしい経験を実感することができた．

iii） 近自然河川工法による水辺づくり

日野における用水の開削の歴史は，400年以上前，戦国時代にさかのぼるといわれている．そして，この歴史のある農業用水路が，近年まで東京での穀倉地帯の発展の礎として代々引き継がれてきた．いまでは地域と農業用水路とのかかわりは薄れてはきたが，かつてはこうした農業用水路が生活の一端となり，さまざまな水にかかわる文化を生みだしてきたといえる．

そこで，水路を歴史的・文化的遺産としてとらえ，水辺を通じた地域との関係が深まり，また，近自然河川工法を用いてさまざまな生きものが生息できるように水辺の多様化をめざして整備した．

向島用水親水路の整備に当たっては，水辺空間

図 4.5　向島用水の整備前と整備後

図 4.6　向島用水親水路に飛来したカワセミ

図 4.7 水車小屋の復元

が多様化し，生きもののにぎわいがある環境を目指して，おもに以下のことに配慮した．
・農業用水路の水の流れを固定せず，浸食，運搬，堆積作用を極力促す．
・健全な水循環を取り戻す．
・水面までどこからでも降りられる．

そこで，既存のコンクリート護岸や石積みを壊して，なるべく土堤の用水路の復元を試みた．また，水衝部についても極力コンクリートを使わず，水生生物にとってもっとも重要といわれる水際の部分には，木杭・蛇かご・植生保護ロールなどを用いて，草が生え，魚が隠れやすいようにした．

iv) 環境学習への取組み

1993年に潤徳小学校の校庭に学校ビオトープが創造されて以来，水辺環境をテーマとする市民団体の活動も活発になってきた．その年の夏には，水郷水都全国会議たま大会が開催され，この向島用水親水路もフィールドワークの1地点となった．また，この年の秋からは，日野市の年間行事になっている「水路清流月間」において，環境学習に関するシンポジウムを潤徳小学校で開催するようになった．さまざまな分野の学識経験者，農水省や建設省（当時）の職員，市民団体，学校の生徒たちなどを交えて，水環境のさまざまなテーマについて意見交換やフィールドワークを行ってきた．

環境学習にかかわるシンポジウムを潤徳小学校

図 4.8 向島用水親水路の整備前と整備後

の関係者の協力によって進めてきたこともあって，学校教育においても「自然観察クラブ」や「釣りクラブ」が誕生し，課内・課外活動を通じて水辺の体験学習がはじまった．

さらに，学校側から「学校ビオトープによる水辺体験や生物観察だけでなく，農業用水の本来の機能である農業の体験学習を子どもたちにさせたい」との要望が寄せられた．

小学校のイネづくり体験の意向を近隣の農家に相談したところ，農業体験を通じた環境学習の必

図 4.9 総合的な学習時間の活動

要性を理解していただくことができ，1996年より「潤徳小学校稲作り体験」がはじまった．

こうして，学校ビオトープだけでなくイネづくりを通じた校外での環境学習も実践されはじめた．水環境整備事業による農業用水路の整備から学校活動が動きだし，学校と地域，行政が一体となった喜ばしい成果が生まれたといえる．

2000年に行われた第1回全国学校ビオトープコンクール（日本生態系協会主催）では，学校と行政との協力体制が評価され，潤徳小学校が計画部門と協力部門の2部門で優秀校に選ばれた．

c. 用水などの里親制度

市内を流れる用水は，400年を超える歴史があり，総延長は170 km以上に及ぶ．用水は暮らしに潤いを与えるとともに，日野の個性豊かな原風景の一つとなっている．この用水の景観を将来にわたって維持していくために，行政や用水組合の活動に限らず，地域活動として地域の住民や自治会に参加を呼びかけはじめた．従来の用水路は，農業用水として田畑を潤し，また，収穫された野菜の泥洗いなど，農業者にとってはかけがえのないものであった．しかし，水田が減少する昨今，田畑を潤す農業用水としての機能はもちろんであるが，環境用水，防火防災用水，消融雪用水などの地域の用水としての便益性が高まっている．いわば，公園のように，市民全般に用水の便益が及ぶといっても過言ではなくなっている．そこで，市・土地改良区や用水組合だけが用水管理を行うのではなく，市民と行政との協働により用水の保全活動の充実が図られ，用水の維持管理を進めていくことを意図している．また，用水路など水利施設の存続の大切さと用水の年間通水の必要性を理解してもらい，市民の身近な潤いの場として位置づけられるように，市民の意識を高め，市民との連携・協働を進めていくことを目的としている．そして，多くの市民が用水関連行事に参加できるよう，以下のように支援していく体制をつくった．

① 日野市用水路等里親制度要綱設定
② 用水組合・自治会への説明及び協力要請
③ 市民へのPR
④ 公募により里親募集　→　登録
⑤ 里親の実施（清掃，草刈りなどのボランティア作業）

2002年度から実施された取組みであるが，31団体462名が登録（2004年3月）して活動を実施している．

図 4.10 5年生によるイネづくり体験

図 4.11　小学生による用水清掃ボランティア活動

d. 水辺生態系を考慮した湧水保全の取組み

(1) 湧水フィールドミュージアム構想

多摩丘陵や河岸段丘崖には武蔵野の森を彷彿させるような樹林帯が残存しており，こうした場所には湧水が湧きでて，市内に約 180 カ所の湧水地が確認されている．そして，夏季の湧水の総湧出量は 1 万 2000 m^3/日以上に及び良好な環境を生みだしている．

湧水保全の活動については，1989 年度より湧水の実態調査を開始し，湧水地点の把握および湧水量の調査を実施している．また，1996 年度には，高橋裕氏（東京大学名誉教授）を会長とした日野市湧水調査会を設け，日野市の湧水保全と日量 3000 t 以上湧きでる自噴井戸がある日野市立七生中学校の整備について検討を行った．そのなかで，日野市立七生中学校自噴井戸を基軸とした湧水フィールドミュージアム構想などを提唱した．

(2) 自噴井戸を利用した日野市立七生中学校ビオトープ

日野市立七生中学校内に 1 日に 3000 t 以上湧きでる自噴井戸があり，日野市の名水ともなっている．

1991 年，淡水魚類専門家の提案で，浅川に落ちていた自噴水を浅川の高水敷に掘った緩勾配の水路に導き，途中に小さなワンドを設けビオトープを創出した．その後，日野市内の浅川では確認されていなかったホトケドジョウ，その他ウグイ，アブラハヤ，モクズガニなどの生息が確認された．

学校内での自噴井戸の活用については，1995 年に起きた阪神大震災をきっかけに，災害用の飲料水の確保や環境学習に役立つビオトープの整備

図 4.12　七生中学校の自噴井戸

図 4.13　浅川高水敷のビオトープ

4.1 水辺生態系の復元　　133

とに，専門家や市民運動の代表者とともにワークショップ形式で議論を積み重ね，合意形成をはかりながら，湧水保全利用計画の策定を進めた．湧水地は貴重な水生生物のすみかを提供するとともに，湧水の流れがたどり着く用水や河川の水質を改善している．また，万一の，震災などの災害時の飲料水の確保にもなる．そして，湧水やその周辺の良好な環境資源を保全し，人々に水の貴重さ，水のある生活の豊かさを理解してもらうことが日野市行政や市民の責任である．こうした理由により，市民生活にとって貴重なやすらぎの場となる湧水地のみならず，その涵養域や湧水が流れでる水路を保全対象として湧水保全利用計画の策定を進めた．日野市で湧水・水辺保全利用計画づくりを進めた時期と並行して，東京都では東京の名湧水の選定作業を実施した．都内の自治体と市民からの推薦により，名湧水の選定を行うもので，日野市では湧水・水辺保全利用計画のワークショップメンバーと協議しながら名湧水の候補地を推薦した．結果として，日野市では推薦した3カ所すべてが指定された．

湧水・水辺保全利用計画は，以下に記す項目について調査・検討を行い，報告書をまとめ，将来に向けた湧水保全のあり方を明示した．

○湧水・水辺保全利用計画策定に当たっての調査及び検討項目
・湧水地の整備計画づくり
・湧水パンフレットの作成
・地下水の涵養に向けた湧水や地下水の調査

図4.14　七生中学校の自噴井戸を利用したビオトープ

など，その利用について多くの要望が寄せられた．そして，地域や学校関係者とともに自噴井戸の活用について計画をまとめた．その後，1996年，前述の日野市湧水調査会を設置し，日野市の湧水保全，七生中学校自噴井戸の活用などについて検討した．ここでの提案を受けて，2000年12月，（財）リバーフロント整備センターの「水辺施設」の募集に応募したところ，2001年度の「水辺施設」に選定された．これにより七生中学校内に自噴井戸を利用したビオトープが完成した．

(3) 湧水・水辺保全利用計画

2002年度には日野市湧水調査会の報告書をも

図4.15　ワークショップによる計画づくり

図4.16 東京の名湧水に選ばれた中央図書館下湧水群

図4.17 東京の名湧水に選ばれた小沢緑地湧水

図4.18 東京の名湧水に選ばれた黒川清流公園の湧水群

・湧水のメカニズムの把握
・都市化と湧水量，雨量と湧水量の経年変化との関係調査
・雨水浸透枡設置後の効果測定（雨水の流出抑制効果及び下水道の軽減効果）

(4) 緑地保全地域指定

段丘崖に連なる樹林地と湧水地を緑地保全地域（東豊田緑地保全地域と日野東光寺緑地保全地域）

図4.19 東豊田緑地保全地域

に指定し，雑木林を主体とした水と緑に親しめる身近な自然空間を創出している．とりわけ，東豊田緑地保全地域（6 ha）には，湧水と雑木林を一体として黒川清流公園を整備している．崖線から湧きでる豊富で清冽な湧き水を利用し，全長600 mの流れと池，遊歩道が整備され，身近に水と緑に触れられる親水空間となっている．ここでは，市民による維持管理作業体制も確立し，自然観察会への参加，雑木林の草刈り，市と連携したみどりの推進委員の活動など環境学習が広がりつつある．

e. 今後の取組みについて

日野市内に湧水が約180カ所存在することは日野市としての貴重な財産である．しかし，近年枯渇化している湧水もあり，楽観視できるような状態ではない．日野市では，湧水・水辺保全利用計画が策定されたが，湧水の保全について十分ということではない．今後は，湧水保全条例などを制定することによって，湧水の涵養域を含めて湧水地を保全する仕組みも考えなければならない．

また，大規模な整備事業のなかに湧水地がある場合には，湧水地周辺を公共用地に換地したり，里山保全などと連携して連続した緑地の取得など湧水を保全していく策が講じられるよう努力していくべきであろう．

日野市の原風景の一つといわれている水田と用

水の景観も，農業従事者に相続が発生するたびに年々失われつつある．また，河川から取水する用水の利水上の問題点も河川の法律のうえでは多々ある．今後，農業従事者で構成する用水組合や農業振興の部局とも協議しながら，水田や春の小川を醸しだす用水の景観を残す新しい仕組みを考えなければならないであろう．前掲の都市公園として位置づけた日野用水よそう森堀の水田公園の保全事例はその一例であるが，都市部での生きものの生息できる水域を保全するために，地域ごとに適した新たな方策を生みださなければならない．

また，農業用水としてとらえていた水利権をいままでの農業水利を生かしながら環境用水や維持用水として，自治体が取水する権利を獲得するなど，用水を保全していく手法を確立することも必要である．日野市では，浅川から取水する農業用水の取水口の管理を，2001年度より用水組合から日野市へ移管している．水利権についても，水田耕作者がある程度残っている間に，用水組合から市へ権利移譲することなども考慮して，水辺の生きものでにぎわう用水路を保全していくための新しい仕組みを講じなければならないであろう．

最後に，日野市には，河川から取水する用水への年間通水を目的とした清流条例があるが，河川は一つの自治体のなかだけを流れるものでなく，今後は河川の適正な水量や水質も考慮した流域自治体共通の清流条例づくりも考えていくべきであろう．

［小笠俊樹］

4.2
里山生態系の復元

「農村自然環境」のイメージは，その人の育った地域や年代によりさまざまである．平野部の農村と丘陵地の農村，あるいは山村，水田による稲作かそれとも畑作かによりイメージも異なってくる．少年時代が戦前から戦後にかけて，1950年代から60年代，70年代，80年代，90年代のいずれであるかにより，体験した農村自然環境も様相を異にしている．そもそも，農村を知らない世代が増えているのだから，「ふるさと」のイメージが，世代によりいまほど分断されている時代はかつてなかったかもしれない．

したがって，「復元したい農村自然環境とは」となると，人によって想いも結構違うのではなかろうか．一般的には1950年代をイメージするケースが多いように感じられるが，若い世代にとっては見知らぬ世界であり，また50～60歳台の人にあっても，当時の農村自然環境があたかも何百年も連綿と続いてきたかのように錯覚しているケースが垣間みられる．

何を復元するかは結構難しい問題で，この点については，後段のあきる野市横沢入の事例のなかで触れる．

図4.20 畔に咲くレンゲの花

a. 里山生態系

(1) 里山生態系の復元とは

里山の自然環境は，人間が自然に手を加え活用してきた歴史の経過のなかで形成されてきたものである．人の手が加えられ活用されるなかで維持される自然環境であり，したがって，手つかずで保護することによっては維持できない自然である．

里山の生態系の核をなすのは，多くの場合，谷津（谷戸）と二次林である．丘陵地の浸蝕谷である谷津につくられた水田が谷津田（谷戸田）である．水田には山から滲みだした沢の水が利用され，渇水期には水不足を招くおそれがあるため，ため池をもつ場合も少なくない．谷津田を囲む山林は，薪炭林として利用されてきたため，落葉広葉樹林を主とした二次林で，遷移途上のさまざまな段階の植生からなっている．この，谷津田を中心にして，ため池や水路や二次林がセットになった環境が，多様な生物の生息や，里山に特有な生物の生息を支える中心域となっており，また，人間と自然とのふれあいの場となってきた．

ところが，このような里山生態系の核をなす谷津と二次林の環境は，一方では，市街化圧力の強い都市近郊地域では開発による破壊の危機に瀕している．また，他方では，谷津田や二次林が放棄・放置され荒廃の度を深め，いわば二重の危機にさらされている．里山生態系の復元とは，放棄・放置され荒廃している谷津田や二次林を復

元・再生し，豊かな自然環境と人と自然との関係性を取り戻す行為にほかならない．農が営まれることにより予定調和的に成立していた里山生態系を，それ自身の復元を目的として行おうとする企てが，とりわけ都市住民のなかから勃興しているのが昨今の流れであるが，農家の方の知恵と経験に基づくノウハウと苦労は並大抵のものではなく，簡単にまねできるものではない．里山生態系の復元には，相応の知識と技術と労力とそれを支えるシステムが必要とされることを，まずは覚悟しなければいけない．

(2) 西多摩自然フォーラムの活動

本節では，西多摩自然フォーラムが里山生態系の復元を目的として行ってきた活動を紹介する．

西多摩自然フォーラムは1991年発足，東京都の西部に位置する西多摩地区の丘陵部をフィールドとする市民活動団体（任意団体）である．「里山の復元・再生」をテーマとして，炭焼き，田んぼ，雑木林の管理作業などを行っている．

沿革および里山復元アクションを開始するに至る筆者たちの里山の自然認識，雑木林委員会の活動については，『ビオトープの管理・活用』（朝倉書店，2002）のなかで，「青梅市の昆虫の森」と題して紹介させていただいた．興味のある方はご覧いただきたい．本節では，田んぼと雑木林の管理，炭焼き，キノコ栽培，カブトムシの繁殖場づくりなどを一体として行っている，青梅市小曽木地区での活動のうち，休耕田の復田とその後の田んぼでの活動について紹介させていただく．

また，耕作放棄から20年以上が経過しているような水田跡地の保全または復元については，単純に田んぼを復元すればいいとはいえない問題がある．技術的な問題もあるが，それ以上に現状の自然の評価，復元の目標設定，手を加えることによる影響予測など，慎重な配慮が必要になるからである．とくに，水に手を加えた場合には，下流への影響は専門家でもなかなか予測ができない部分があり，かつ，いったん現状を変えてしまうと簡単にはもとの状態には戻せないという難しさがある．慎重の上にも慎重を期すことが肝要になる．このようなケースの問題点と課題については，あきる野市横沢入の事例に基づいて紹介する．

b. 谷津田の復田～青梅市小曽木（おそき）の事例～

(1) 動機と経過

西多摩自然フォーラムは，発足の当初から里山復元アクションの柱の一つとして，田んぼの復元を考えてきた．

しかし，休耕田を復田して水田耕作を行うには，場所を提供してくれる地主さんがいなければできない．これがなかなか難しく，すぐには実現できなかった．目途がついたのは1993年である．

場所は青梅市小曽木地区．標高約200 mの山に囲まれた北向きの谷津は，途中で何本かに分かれ，その1本1本が以前は奥のほうまで水田だったそうである．

昔，全面的に水田であった谷津も，1993年時点では水田耕作が続けられていたのは2カ所だけで，ほんの一角にすぎず，谷津の奥のほうはヨシの群生する湿地と化していた．筆者たちがお借りできたのは，谷津のなかほどの2年前から休耕していた約7畝の水田であった．

(2) 復田の苦労——イグサ掘りと水漏れ——

1993年12月，復田に向けた作業がはじまる．畦畔（けいはん）はしっかりと形が残っていたが，それでもたった2年の休耕でこれほどまでに復田がたいへんなものかと経験することになる．

苦労したのが，第1に，荒起こし時のイグサの処理，第2は，代かき以降ずっと苦労することになる水漏れであった．

イグサの処理 休耕後に湿地の状態が保たれている場所にはよく出現するが，根が思いのほか大きい．他の植物は掘った株を逆さにしてやれば

図 4.21 復田した田んぼの全景

枯れてくれるが，イグサの根の塊は掘るのに一苦労，また，逆さにしておいてもいっこうに水分が抜けず塊が崩れない．

水漏れ　休耕の間にあちこちに穴が空いていて，水を満杯に張ってもすぐに抜けてしまう．畦シートを張ったがそれでも止まらない．ネズミ，ザリガニ，サワガニなどが空けた穴からの水漏れであり，その都度水漏れ箇所を探し出し塞ぐという根気の要る作業であった．

(3) 収量へのこだわり

1994年，1年目の田んぼがスタートした．完全無農薬・無化学肥料栽培（いわゆる完全な有機栽培）を目指しつつ，スタッフが稲作に慣れること，およびそれなりの収量を上げ地権者の信頼を得ることに重点が置かれた．そのため，化学肥料区，無化学肥料・鶏糞施用区を設け，使用された水田の窒素供給力（地力）を推察するとともに，無化学肥料である程度の収量を得るための栽培管理を模索した．品種は，ウルチ品種は「月の光」，モチ品種は「マンゲツモチ」を用いた．

当時，筆者たちは収量にこだわった．理由の第1は，田んぼを貸してくれた地主さんとの信頼関係への気配りにである．ちょくちょく心配で見に来られて，荒起こしの方法や水漏れの止め方などいろいろと教えていただいた．手を抜くわけにはいかない．

休耕したとはいえ，地主さんの田んぼへの想いは強く，筆者たちが手抜きせずに作業を行ったことが，地主さんとの信頼関係をその後も維持できていることにつながったと考えている．

理由の第2は，収量にこだわることで，農家の方の苦労がわかる点である．田植えさえすれば自然にお米が実って，時期になれば稲刈りできるわけではない．その間には，朝晩の水管理や夏場の草取りなどの作業があり，これらは結果を求めるから必要となり，この必要性を理解するには収量にこだわって田んぼをやってみなければわからない．

1993年は米が不作で，大量に外米を輸入することになった年である．筆者たちの田んぼはその翌年にはじめたわけだが，生育期全体を通して記録的な高温で推移し，日照時間も長かったことから大豊作となった．

(4) 田んぼの年間スケジュール

1年目は，「お天道様のおかげ」の要素が強かった．2年目の1995年は，素人の自惚れを戒めるかのようなしっぺ返しがあり，梅雨明けの7月20日まで日照不足と低温が続きイモチ病が発生した．収量は前年の半分以下となった．

その後も，イモチ病対策のために炭焼きの副産物の木酢液を撒布してみたり，繁殖力旺盛なコナギの草取りに悪戦苦闘したり試行錯誤を繰り返しながら，2003年は10年目となっている．ちなみに，2003年度の年度当初に立てた年間作業予定

図 4.22 苗代での播種

は以下のとおりである．ただし，予定はあくまでも予定．季節の進み具合，イネの生育状況に左右されて当初のスケジュールどおりには進まない．人間の都合に合わせて作業をするのではなくて，イネの都合に合わせて作業することが，成果を得るための必要十分条件となる．2003年も，いつまで経っても明けてくれない梅雨と日照不足のために，7月以降のスケジュールは大幅に変わっている．

```
2003年度作業予定
    4/ 6   荒起こし，芽出し
    4/27   苗代づくり，畦直し
    4/29   播種，砕土，堆肥撒き
    5/18   畔(くろ)つけ
    6/ 1   代かき
    6/ 7   苗取り
    6/ 8   田植え
    6/15   田植え（予備日）
    7/13   草取り
    7/28   草取り
    8/10   草取り
           出穂観察
    8/31   ネット張り
    9/14   落水
   10/ 5   稲刈り
   10/12   稲刈り
   10/26   脱穀
   11/ 2   脱穀
           唐箕(とうみ)
   11/23   新米を食べる会
           落ち葉かき
```

(5) 田んぼをはじめる絶対条件

各地で休耕田が増え，ときおり，復田して田んぼをやりたいが，「何人いれば田んぼができますか」と聞かれる．都市近郊では田んぼの経験がない方が多く，田んぼといえば田植えと稲刈りしかイメージしていないケースも多い．

つぎのようにお答えすることにしている．1人か2人田んぼに執着して，イネの都合に合わせて動く人がいればできる．田植えと稲刈りのイベントだけでお米ができるわけではないから，荒起こしや夏の暑いときの草取り，収穫後の脱穀などのときにも人が集まらないとできません，それと水管理をしっかりやれる体制が必要と．

筆者たちの田んぼの場合，田植え，稲刈りは20〜30人集まるが，夏場の草取りや，収穫後の脱穀になると5〜6人になってしまう．水管理は当初は週1日であった．みんな平日は仕事があったりするため，土日曜しか田んぼにいくことができない．これだと毎日水を入れて溜めて止めて，というわけにはいかない．

やはり週1日の水管理では駄目だなということになって，いまは水管理は週3日になっている．平日動ける会員がローテーションを組んでやっている．これで水管理は随分しっかりしてきたが，一部の会員に負担が集中せざるを得ないという難題も抱えている．

(6) 谷津田復元の効果

谷津田復元の効果は，(1) 里山生態系の復元，(2) 作業に参加する人間に及ぼす影響，の二つの側面から評価されていい．

i) 里山生態系の復元

休耕田の広がる一角に田んぼが復田され出現することにより，田んぼの空間にはいろいろな生きものが出現し，また，集まってくる．

植物では，コオニタビラコが荒起こし前の田んぼの一角にみつかったり，田んぼの一角を冬場も湛水状態を維持しビオトープと称してイネを植えずに開放水面状態にしたところオモダカがたくさん生えてきた．畔畦の草刈りと田んぼの土壌の攪拌により，眠っていた埋蔵種子が芽吹いてくるのであろう．ただし，いくら抜いても追いつかないコナギや瞬く間に水面を被い尽くすミズクサは，田んぼの厄介者で苦労の種となる．

谷津田は水を落とした後の冬場も，滲みだして

くる水があって乾ききらない．春2月には水の溜まった一角にヤマアカガエルの産卵がはじまる．苗代づくりの頃には大きくなったオタマジャクシが群れている．代かきの前にはシュレーゲルアオガエルが畔の脇に卵を埋め込み，代かき後の水面にはシュレーゲルの卵がプカプカと浮かんでいるのが毎年の光景となっている．代かき後の田んぼには，カエルを狙ってシマヘビが訪れる．

田んぼはトンボの溜まり場にもなる．春のシオヤトンボにはじまり，シオカラトンボ，オオシオカラトンボなどが集まり，ギンヤンマが田んぼの上をパトロールする．ただし，休耕田が広がる一角に田んぼという開放水面ができたことによるトラップ効果で集まるのであって，飛んでくるトンボがみな田んぼで発生しているわけではない．ちなみに，復田直後に多かったハラビロトンボは田んぼではみかけなくなった．周囲の休耕田の環境変化が原因であろう．

田んぼに水をひくために掘った水路には，春になると山からトウキョウサンショウウオが下りてきて産卵し，バナナ型の卵嚢がいくつもみられる．田んぼの水口(みなくち)の周囲にはタイコウチが集まってくる．

周辺一帯が田んぼだった時代に，田んぼという人為的環境にマッチして謳歌していた生きものが，復田とともに復活してくる．また，周囲の放棄水田跡の湿地で発生する生きものも集まってくる．約7畝の田んぼを復田しただけで，田んぼを

図 4.23 荒起こし前の田んぼに産まれたヤマアカガエルの卵

図 4.24 トウキョウサンショウウオの卵嚢

場とする生きものの群集が甦る．

ii) 作業に参加する人間に及ぼす影響

それ以上に，人間に及ぼす影響のほうが大きいかもしれない．

春の荒起こしからはじまって苦労を重ねながら，稲穂がたわわに実ったときの喜びは筆舌に尽くしがたい．毎日食べているお米ができるまでのプロセスを体験することは，生産と消費が分断された都市生活者の価値観に大きなインパクトを与える．

親子連れでくる人も多い．親は田んぼで作業し，子どもたちは一連隊になって田んぼのまわりで遊んでいる．子どもたちは遊びを通して自然を理解していくのであろう．また，田んぼにくる子どもたちは，自分で田植えをしたり稲刈りしたお米は，食事の際に1粒たりとも残さないという．利便性と金額の尺度で物の値踏みをする風潮のある現代社会の価値観を，変えていく契機をはらんでいるように思われる．田んぼを通じて自然と人間の双方が一体となって復元・再生される．

c. 耕作放棄から長期間経過した水田跡地の取扱い～あきる野市横沢入(よこさわいり)の事例～

耕作放棄の水田跡地が各地に増え，時間の経過とともに自然環境の荒廃も進行しているが，水田を復活すれば農村自然環境が復元され，それでよしとならない難しさがある．そのような事例とし

て，あきる野市横沢入のケースを紹介する．

(1) 横沢入の概要といきさつ

横沢入は，東京都あきる野市の，奥多摩山地と多摩川流域の丘陵部が接する位置にあり，三方を標高約 300 m の山に囲まれ，南に面して開けた流域面積約 60 ha の谷間．以前は，谷の中央部と支流の谷戸の約 7 ha で水田が営まれていた．

1970～80 年代，水田はつぎつぎと姿を消す．水温の低さ，日照時間の不足からくる谷戸の水田の収量の低さ，機械の入れづらい湿田，後継者難などから休耕田が広がっていった．こうした背景のもとで，宅地開発の計画が浮上してくる．

ところが，湧水と雑木林により維持されてきた横沢入の自然が，非常に豊かなものであることがしだいに明らかになってくる．ゲンジ，ヘイケのホタルが多く，休耕田の湿地には希少種を含むカエル，トンボ，小川にはホトケドジョウなどが多く，支流の谷戸や雑木林にはトウキョウサンショウウオやオオムラサキ，後には猛禽類のオオタカも確認される．こうしたことから，開発の見直しを求める声が強くなる．

自然環境調査などについての，事業者と西多摩自然フォーラムなど市民活動団体が同一のテーブルについた検討委員会が数次にわたってもたれ，2000 年 9 月，事業者は横沢入の開発を断念し，あきる野市は都市計画マスタープランで横沢入を「自然とのふれあいゾーン」と位置づけることになった．

その後，横沢入にかかわる市民活動団体により「横沢入里山管理市民協議会」が結成され，参加各団体の保全活動が協議会および地権者である事業者との協議を踏まえながら行われている．

この横沢入の自然の最大の特徴は，広大な中央湿地にある．田んぼの復活はすぐにでも手掛けたいことであるが，難題がある．① 現状の湿地に生育・生息する生物を考慮すると，田んぼ＝現状の破壊に問題はないのか，② 耕作放棄から長期間経過した田んぼの復元は簡単にできるのか，を

図 4.25a 横沢入の風景（放置された谷津田と里山の現状）

図 4.25b 横沢入の風景（中央湿地から宮田入西沢）

考えながら慎重に動かざるを得ない．

(2) 何を復元し，何を保全するのか？

図 4.26 は，筆者が以前に作成した「東京都の丘陵地における指標昆虫の構成区分」である．このなかの，③ 湿地性残存種，④ 湧水残存種は，放棄水田の湿地の保全を考える際に配慮が必要とされるグループである．この構成区分は，他の動植物にも結構通用すると筆者は考えている．

横沢入の水田跡に形成された湿地には，耕作放棄後の遷移のさまざまな段階の湿地の植生が散りばめられている．セリ・チゴザサ群落，サンカクイ・イグサ群落，ミゾソバ群落，ヨシ群落，そしてヤナギ林．これらの湿地の状態に応じて，③，④ に属するさまざまな生物が生息している．以下に代表的な種とその生息環境について記してみる．

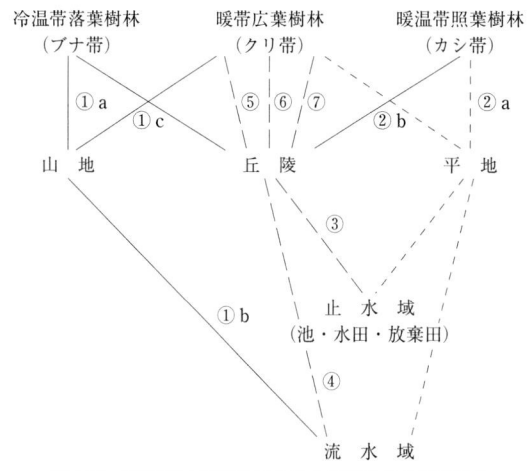

図4.26 東京都の丘陵地における指標昆虫の構成区分
① a 山地性の種，b 山地性の種（水生），c 山地下限分布種，② a 暖地性の種，b 暖地性の北限種（照葉樹林帯北限種），③ 湿地性残存種（ヘイケボタルなど），④ 湧水残存種（ヒガシカワトンボなど），⑤ 雑木林残存種（オオムラサキなど），⑥ 丘陵原生植生残存種（オオトラカミキリなど），⑦ 丘陵・低山地固有種（エサキオサムシなど）．
実線は生息を，点線は絶滅または絶滅に近い状態を表し，また破線は，丘陵の生息地が破壊されると種の存続基盤が失われることを示している．

・カヤネズミ
東京都レッドデータブック掲載種で，ヨシ群落で巣づくりを行う．

・ホトケドジョウ
種の保存法で絶滅危惧II類に指定されている．泳ぐ力が強くないため，流れに段差ができると下流から上流への移動が困難になる．

・トウキョウサンショウウオ
環境省レッドデータブックで「絶滅のおそれのある地域個体群」．山裾の湿地や細流の淀みなどを産卵場としている．

・ヤマトセンブリ
アミメカゲロウ目の昆虫．横沢入はヤマトセンブリの国内唯一の現存生息地．幼虫は，中央湿地の湧水のある止水域に生息している．

・ヤマサナエ
横沢入を代表する大型のサナエトンボ．東京都レッドデータブック掲載種で，ヤゴは砂泥底の流水域に適応して生活している．

・イチモジヒメヨトウ，ガマヨトウ，カギモンハナオイアツバ
いずれも全国的にまれな湿地のガ．環境省レッドデータブックでいえば「絶滅危惧種」レベルの種．
いずれも食草未知の種であるが，湿地のイグサやガマの群落とのつながりが推測されている．

・ヘイケボタル
ゲンジボタルに比べて人気が低いが，東京都での貴重さからいえばヘイケのほうが上である．田んぼがなくなってきたことがヘイケの減少を一気に加速させてきた．
中央湿地および支沢の谷戸の湿地で多数発生する．

・オオムラサキ
環境省レッドデータブックで「希少種」のチョウ．山裾のエノキの木で発生するが，成虫は吸汁木として湿地のヤナギの樹液を利用している．

このように，耕作放棄後の植生遷移の各段階に応じて保全すべき生物がいて，田んぼの復活は，場所によっては上記の種の生息基盤を破壊することにもなる．

また，遷移のステージとして乾燥化が進んだエリアには，アメリカセンダングサやセイタカアワダチソウ，オオブタクサなどの外来種が入ってきている．これらは排除しないと在来種が圧迫されることになる．さらに困るのは人為的な外来種の持込みで，繁殖力の強い動植物が持ち込まれ広がると，在来種にとって大きな打撃となる．止水域の浅い池状態の場所に出現しているオオフサモとコカナダモ，川の部分には昔はいなかったと思われるアブラハヤの姿が目立つ．これらは在来の生態系に大きな脅威を与えるおそれがあり，排除の対象である．

そうすると，現状の自然のなかに保全すべきものと排除すべきものがあり，また，現状の自然に手を加え復元し回復すべきものがある．これらの見極めが大事になってくる．

(3) 復田の留意点

このように，15〜30年経過の水田跡で，田んぼを復活させようとする場合には，大きく二つの点で慎重な検討が必要となる．

第1は，水田跡地にできている自然環境のなかで保全すべき環境があれば，これに配慮すること．

セイタカアワダチソウに覆われた休耕田の復田であれば特別に問題は生じないが，基本的に，復田＝水田跡地にできあがった現状の生態系の破壊でもあることの認識をもつ必要がある．水田環境が復元されることは，水田の時代に栄華を極めた生物の復活につながるが，他方，水田以前の時代の湿地環境に由来する生物や，休耕後の湿地環境に入り込み周辺の市街化とともに孤立して残存する生物にとっては生息環境を脅かされることになる．

第2は，復田の困難さおよび保全との調整の問題である．

まずは，休耕後の時間が経過していればいるほど水が溜まらない．水の抜け道ができているためで，畦シートを張ったくらいでは収まりがつかない．

つぎに，水田耕作が行われていた時代との条件の違いである．横沢入の場合，水田跡地の脇を流れる小川の河床の高さが以前と変わっている．大雨のたびに河床が掘られ，場所によっては以前より約30 cm下がっている．この小川は水田の取水口，排水口であったわけであるが，水位が水田跡地の高さよりはるかに下がっているため，いまのままでは取水口として利用できない．

取水口の部分で小川に堰をつくって水位を高くすれば水口を確保できるが，そうすると，前述のホトケドジョウは遊泳力が弱いため，水路に段差ができてしまうと下流から上流への移動が困難になり，上流の個体群は下流の個体群との交流が途絶えて孤立した個体群になり，個体群の規模によっては絶滅の危機にさらされることになる．小川に堰をつくって水口を確保することが，流水域にすむ生物に与える影響も考えておかなければならない．

(4) 横沢入における保全・活用の課題

横沢入は，休耕後も長らく自然に湿地の状態が維持されてきたことにより，湿地の遷移の初期〜中期段階の植生が広い面積で残ってきた．

前述の横沢入を特徴づける生きものたちは，このような条件のもとで横沢入に生き残り，あるいは，生き続けてきた．

したがって，横沢入の自然の保全とは，前述の水田開発以前，水田の時代，休耕以降のそれぞれの要素に根ざす，横沢入を特徴づける生きものたちをパックでどう保全するかが課題である．保全・復元すべきは，ある一つの時代によってイメージされるものではなく，もっと複合的ないくつもの時代の要素を包含したものであろう．

目指すものは，40年前の一面田んぼの横沢入でもなければ，荒れ果てたままに自然の遷移に任せた横沢入でもない．多様な湿性環境を維持しながら，その枠組みのなかで，農村自然環境の復元の一環としての田んぼの復田も位置づけられていかなければならないのであろう．

d. 里山生態系復元の手順

最後に，田んぼの復元を試みる場合の，必要な手順について触れる．

i) 現状の自然の調査と評価

乾燥化が進んでいるような場所では問題ないが，湿生環境が残る場所では，現状の自然の調査を行っておきたい．残しておきたい植物・植生や動物が生息しているかもしれない．

ii) 復田計画の策定

広い場所であれば，i) の結果により復田計画エリアも決まってくる．現況の自然環境のなかで，何を残し，何を復元するのかを考えながら計画をつくることになる．

とくに，注意しなければならないのは，田んぼの水の取水口と落ち口をどうするかで，一つには水利権の問題，もう一つは落ち口をどうするかで下流に影響を及ぼす．大雨のときに水路に雨水が集中し災害の原因になったり，下流域の乾燥化が進む原因になったりするので要注意である．流路をちょっと変えたことで下流域がどう変わるかは専門家にも予測が難しい，いったん変わってしまった水路の原状回復はもっと難しい．影響予測をしながら計画をつくることが必要になる．

iii) 欲張らずに，できる計画を立てる

土日曜しか人が集まれないような団体で田んぼをやるなら，まずは規模は控えめにしておくのが賢明である．田植えと稲刈りは大勢人が集まるだろうが，真夏の草取りは期待したってそんなに人はこない．誰かに負担が集中するのは避けがたいから，最初から無理はしないほうがよい．

iv) 作業の際の心得

毎回の作業の最初に，作業の目的と注意事項をレクチャーすること．たとえば，「田植えの苗は何本」「なぜなのか」「畔は何のためにあるか」「畦畔(けいはん)に乗ってはいけない」「ヒエとイネの区別の仕方」「収穫時のイネの結い方」など．

田んぼをわかっている人には常識だが，知らない人のほうが多いのが現状である．先人たちの経験の結晶としての知恵の合理性を学ぶのも大切なことである．

v) 復田の結果の調査記録

筆者たちもきちんとやってこれなかったことで，偉そうにいえることではないが，田んぼの復活で，どのような動植物が復活したか，きちんと記録を残してほしい．客観的なデータが，やったことの評価の材料になる．

vi) 厳しくやること，楽しくやること

田んぼはお米の生産の場であって，作業が楽しければ収穫はどうでもよいという世界ではない．田植えをして楽しかったという1日体験の世界で終わらせるにはもったいない．より多くの収穫のための厳しさが収量につながって，その厳しさが収量の結果となって楽しさになるのが一番よい．そういう田んぼの作業をやりたい，やるべきだと筆者は考えている．

[久保田繁男]

4.3
棚田の保全運動

a. 棚田保全の背景と経緯

(1) 棚田保全の背景

米の消費が1963年以降減少し，1967年に供給過剰になっていわゆる減反政策が導入され，米の生産者価格が据え置きまたは引き下げられるようになってから，生産条件が不利なためにコストが高くなる棚田は，政府による基盤整備なども受けられず，しだいに耕作放棄が増える傾向が続いた．

ところが1990年代に入ると，棚田はむしろ保全の対象として国民の意識にのぼるようになり，マスメディアにも盛んに取り上げられるようになった．その背景については，次の4点にまとめて理解することができる．

第1は，日本の農村景観の急激な変化である．1960年代以降の高度経済成長期を中心に行われた公共事業や民間投資によって地域開発や圃場の整備事業が旺盛に展開され，それまで農村に普遍的にみられた水田や雑木林に代表される「日本の原風景」が，急速に失われていった．こうしたなか，利便性や経済性のかけ声のもとに追求された「ものの豊かさ」が「心の豊かさ」を犠牲にしてきたことに人々は気づきはじめ，大規模な公共事業や地域開発への批判が強まった．国民の日常における価値観の転換が起きたといっても過言ではない．そしてこうした物理的改変を比較的免れてきた棚田に，国民の関心が高まったのである．なお，国・地方財政の悪化も公共事業への批判の背景になったことはいうまでもない．

第2は，棚田の利用・管理主体の減少である．戦後の高度経済成長は農村から都市への労働人口の大量移動をもたらしたが，さらに1993年ガット・ウルグアイラウンドの合意に伴う農産物の自由化で農産物の価格が下落し，生産条件の不利な棚田地帯での耕作がつぎつぎに放棄されてきた．そして中山間地域は過疎化・老齢化して稲作農業の持続とその条件を保全する農業水路や農道などの生産基盤の修復管理主体が弱体化し，それがまた放棄水田を増やす，といった負の循環が生まれ，長く続いてきた農村集落そのものの消滅すら珍しくなくなった．

第3は，棚田が発揮している多面的な機能への関心の高まりである．棚田は，水系の上流域に位置していて，国土防災，水資源涵養，生態系保全などの多様な機能を発揮していることが明らかになってきている．とりわけ先にあげた耕作放棄地の増大により地滑りなどが多発するようになり，棚田地帯の住民だけでなくその下流域の都市住民も，棚田の消滅に脅威を感じるようになってきた．棚田の多面的機能は，WTOなどの貿易交渉の場などでも取り上げられるようになり，マスメ

図4.27 棚田水張り（千葉県鴨川市大山千枚田）

ディアを通じて一般国民にもその認識が広まった.

第4に,都市勤労者およびその家族の,農村や農業への期待の高まりである.都市の生活,労働条件の悪化に伴い,生活におけるゆとりや安らぎへの欲求が高まり,また育児や教育の空間としての農村への期待が増大している.棚田地域は,そこを訪れる都市住民にとって心の癒しや体験学習の場として,いまや強く期待されるようになっている.

こうした社会的背景のなかで,棚田保全への国民的規模の運動が1990年代初頭に開始された.つぎにその経緯をやや詳しく述べよう.

(2) 棚田保全の経緯と動向
i) 全国的な棚田保全の機運の醸成

1980年代まで,棚田はそもそももっとも生産効率の低い水田として,農水省などの国の補助施策の対象から後回しにされ,また一般市民の関心も表立ったものではなかった.ただし,1970年に輪島市白米千枚田の区画整理が実施されそうになったときに,石川県と輪島市から「耕作助成金」が支出されて区画整理をとりやめ,その後も20年にわたって助成金が支払われたという事例がある.これは,白米の千枚田が当時すでに観光資源として位置づけられていたということによる,先駆的なものである.

1990年代に入って農産物の輸入自由化が決定

図4.28 しげしげとイネをみる(千葉県鴨川市大山千枚田)

され,カロリーベースの食糧自給率が50%を切った1990年頃から,国民の食糧自給への関心が急速に高まりはじめた.それは1980年代後半からの農村地域でのレクリエーション機会の増大を売り物にした「大規模リゾート開発」の相つぐ失敗を目の当たりにした時期でもあり,農村地域の自然的・文化的景観をこれ以上破壊することなく,農業・農村の活性化を目指すことが必要であるとの認識が広がっていったと考えられる.そして,日本の農村地域でもっとも農業生産条件の厳しい棚田地域の保全が,多くの国民により自らの課題としてとらえられた時期でもあった.

農水省もこうした国民の意識に支えられて,農産物の輸入自由化のさらなる拡大への国際的圧力に対応するために,農業・農村の多面的な公益機能の存在を強く主張するようになった.

ii) 棚田保全の組織的枠組み

棚田保全を真剣に考える人々が増大しはじめた時期に,これを一過性のものにせず,組織的な枠組みをつくって,棚田保全運動の定着と強化を図る動きが現れた.

その第1は,棚田をかかえる自治体連携組織の設立(1995年,全国棚田(千枚田)連携協議会)である.設立当初の自治体は新潟県安塚町,長野県更埴市,高知県檮原町,福岡県星野村など24市町村(2004年現在68市町村)で,その目的を「本会は,棚田を有する市町村,各種団体および個人が,棚田を通してネットワーク化を図る組織とし,会員の主体的な参加を通じて,地域の活性化を図ることを目的とする.」としており,主として毎年会場となる自治体を代えて行われる協議会の「総会」および「全国棚田サミット」の開催と,機関紙「棚田ライステラス」の発行(年4回),棚田保全に関する行政への要請活動などを行っている.2004年で10回を数えた全国棚田サミットは,棚田を有する自治体の棚田保全に対する主体的な取組み姿勢を強化しただけでなく,棚田保全に熱意のある市民の結集の場として,またマスコミの報道による棚田保全のPRの場とし

て，さらには農水省はじめ関係行政機関への支援策確立要請の場として，大きな意味をもっていると評価できる．

第2は，棚田学会の設立（1999年，初代会長石井 進，現会長木村尚三郎，事務局は「劇団ふるさときゃらばん」）である．棚田学会は会則で「棚田の研究と保全及び会員相互の連絡を図ることを目的とする」とされている．この学会がほかの多くの学会と異なる特色は，棚田という研究対象の「保全」をも学会の設立目的としていること，理系・文系の多様な研究分野の研究者を集めていること，さらに学会加入について広く門戸が開かれており，職業的な研究者に限らず，行政職員，農業者，会社員，主婦，芸術家，定年退職者など，実に多彩な人々が学会員（会員数約500名）となっていることである．棚田学会のおもな活動は，学会誌の発行（年1回），棚田学会通信の発行（年3回），棚田学会大会・シンポジウム（年1回），棚田現地での研究会・見学会（年1～2回），談話会（年2回程度），棚田調査活動などである．こうした活動を通じて棚田学会は，棚田に関する研究情報のセンター機能を果たし，棚田の実態把握に基づく棚田の学術的価値評価，それに基づく棚田保全の根拠の提起，棚田保全施策の提言，各地域における棚田調査の支援，全国各地で行われるシンポジウム・学習会への講師派遣など，棚田に関する情報受発信機能を積極的に果たしている．

図4.29 長野県栄村の棚田の石垣

これら棚田保全を目的とした全国的組織の設立は，全国における棚田保全の活動の展開に大きな影響を与えている．それは，国，県，市町村などの行政による棚田保全への助成制度の創設を促すとともに，全国の市民の棚田に関する学習機会などを通じて棚田保全に関する機運の盛り上げに貢献してきたと考えられる．

iii) 棚田保全の国の助成制度

棚田保全にかかわる国の補助事業の嚆矢は，農水省が1993年に創設した「中山間ふるさと水と土保全対策事業」である．この事業の目的は，ため池や水路などの水利施設や棚田などが有する公益的機能の発揮のための地域住民活動の活性化を図ることにあり，このために人材の育成や調査研究，普及啓発などのソフト事業に補助金が支出された．また，1997年には「ふるさと水と土ふれあい事業」が創設されて，棚田のもつ公益的機能の維持増進のため，耕作放棄されている棚田の復田や水路の整備などのハード事業にも農水省から補助金が支出されるようになった．さらに，同年には「特定農地貸付推進事業」が創設され，都市住民への農地貸付の推進を目的として土地利用の状況調査や都市住民へのPR活動，地元受入れ農家の会議や利用希望者などへの説明会などの実施が助成されるようになった．

これらのハード，ソフトの助成事業は1998年には「棚田地域等緊急保全対策事業」（ハード事業）と「棚田地域水と土保全基金事業」（ソフト事業）に引き継がれた．「棚田」を事業名に冠した初の国の補助事業の誕生であり，しかも合わせて3カ年で540億円という大きな助成額であった．

こうした農水省の助成策は徳島県の「棚田等資源活用推進事業」（1997～2001），兵庫県の「棚田保全緊急対策事業」（1997～2001），鳥取県職員が運営する「棚田ファンクラブ」など各県の新規事業を誘発し，また福岡県星野村で「広内・上原地区棚田保護条例」（1999）が制定されるなど，いわゆる棚田オーナー制度や棚田ボランティア制

度が各地で展開する制度的条件の整備を促した．

また文化庁は，1999年より「伝統文化伝承総合支援事業」への補助を開始した．この事業では，棚田の価値の啓蒙・普及活動，棚田に関する民俗や伝統農法などの調査および記録作成事業，石積みなどの棚田に関する伝統技術の継承と復元事業などのソフト事業に国から補助金が支出されている．

こうした棚田保全にかかる公共助成制度の一つの集大成となったのは，1999年に制定された「食料・農業・農村基本法」に基づく「中山間地域等直接支払制度」の創設である．これは，欧州では1970年代から実施されていた，条件の不利な地域の農家に直接所得保障を行う制度をモデルとしたもので，中山間地域に展開する棚田の保全に大きな意味をもつ制度である．この「直接支払」（10 a 当たり2万1000円）を受けるためには，5年間遊休地を出さないために行う集落の活動計画（たとえば「棚田オーナー制」の運営）を定めた集落協定の締結が必要であり，このような協定締結とそれに基づく共同活動の展開による，衰退しつつある棚田地域のコミュニティ再生・活性化への期待も大きい．

このように，1990年代初頭からの棚田保全への国民の関心の急速な高まりに押されて，1990年代後半には行政による助成策がほぼ出揃ったということがいえよう．

iv) 棚田百選と名勝指定

1999年に「日本の棚田百選」が農林水産大臣により認定された．これは多面的な公益機能をもつ地域資源として117市町村134地区の棚田が選定されたもので，いずれも優れた田園景観を呈するものである．

また同年，長野県更埴市の姨捨棚田（田毎の月）が文化庁から「名勝」に指定された．名勝とは，文化財保護法にいう記念物の一種で，わが国の優れた国土美として欠くことのできないものを指定するものである．農耕地が名勝として指定されたのははじめてであり（本中2000），その後

図4.30 石川県輪島市の白米千枚田

2001年には石川県輪島市の白米千枚田も名勝に指定された．

姨捨棚田の名勝指定の理由について更埴市教育委員会は，「棚田のもつ国土保全機能（地滑り防止），すばらしい景観，和歌や俳句に詠まれた文学的・歴史的空間が評価された」とし，「今後棚田を国民の財産として，棚田の重要性を全国に発信することで，中山間地農業保護への国民理解を深める契機にもなる」と述べている（更埴市教育委員会 1999）．

棚田百選の選定や名勝指定は，棚田の価値が公に認められたことを意味し，選ばれた地区の人々の運動に弾みがついただけではなく，それまで「条件の悪い農地」という経済的非効率に基づく棚田のマイナス評価から，棚田のもつ優れた景観や伝統文化などに気づかせ，棚田に対する国民の価値観を高めるうえで，大きな役割を果たしている．そして農水省や各県農務部が主体となって，農村の景観を対象としたコンクールや棚田写真展などが盛んに開催されるようになっており，棚田保全の機運を全国的に盛り上げている．

さらに2004年には，文化財保護法の改正や景観法の制定があり，棚田や里山を「文化的景観」として保全する仕組みが整備されつつある．

v) 棚田保全における都市住民との連携

こうした棚田への市民の関心の高まりや行政による棚田保全への支援策の実施がベースとなって，都市住民との連携によって棚田を保全してい

こうとする活動が棚田地域で盛んになっている．

中島（1999）は，棚田保全の取組みを二つの視点から分類している．

まず農地基盤整備の有無により，現状維持型と基盤整備・営農対策型に分け，つぎに，活動の具体的な展開内容から，現状維持型のなかには観光開発型（石川県輪島市白米地区）と交流共生型（棚田オーナー制），基盤整備・営農対策型としては自主営農型（岡山県中央町大垪和地区，棚田米を出荷）があるとしている．

このうち，現在もっとも活発な展開をみせているのが棚田オーナー制度に代表される現状維持型・交流共生型であるが，これにもいくつかの類型があるとしている（中島峰広 2000，第6回棚田千枚田サミットでの基調講演）．すなわち，農業体験・交流型（福岡県浮羽町など），農業体験・飯米確保型（新潟県松之山町など），作業参加・交流型（高知県梼原町，奈良県明日香村など），就農・交流型（京都市大江町など）および保全支援型（長野県更埴市，千葉県鴨川市など）である．

棚田オーナー制の第1号とされるのが高知県梼原町神在居地区（第1回棚田サミット開催地）で，1992年に発足した「千枚田オーナー制度」である．事業主体は同地区全農家（12戸）で組織する「千枚田ふるさと会」で，1人1a区画あたり4万10円（「四万十川」に語呂合わせ）を支払って「オーナー」となる．毎年30人ほどのオーナーが，都会から農作業に通う．米づくりの専門家である地元農家から指導が受けられる，収穫した米を持ち帰ることができる，野菜やおいしい水や蜂蜜入りの蜂の巣などが年2回自宅に送られてくる，専用の宿泊施設に格安で宿泊できる，などの特典がある（高知県梼原町 2002）．

その後，1996年に長野県更埴市姨捨地区（第3回棚田サミット開催地），奈良県明日香村稲淵地区，三重県紀和町丸山地区（第5回棚田サミット開催地）で棚田オーナー制が開始されるなど，つぎつぎに棚田オーナー制がはじまり，2002年時点で40地区を超えている．

b. 棚田保全活動の実際：千葉県鴨川市大山千枚田オーナー制度を例にして

大山千枚田（水田 3.2 ha，375 枚，標高差 60 m）は「日本の棚田百選」に選定された134の棚田のうち，天水田（ため池や用水路などの灌漑をもたない水田）4カ所のうちの一つである．田が保水力の非常に高い粘土質でできているために，天水田として米を栽培することができていると考えられている．江戸時代から寿司米の供給地であったほどに良質米の産地として知られ，また首都圏にあって「東京から一番近い棚田の里」というキャッチフレーズで，多くの来訪者を集めている．大山地区では，「棚田オーナー制度」を実施しているとともに，耕作放棄された棚田の復元・耕作支援と将来の定年帰農予備者形成を目的とした「棚田トラスト（1口年3万円，36 kgの棚田米の収穫つき）」も実施されている（千葉県鴨川市 2002）．

（1） 大山千枚田保存会の発足とオーナー制度の開始

鴨川市は，千葉県の最南端にあって温暖な気候と肥沃な土壌に恵まれて，水稲，花卉，畜産，野菜の首都圏への安定した供給基地としての役割を果たしてきた．しかしながら農業を巡る経済的条

図 4.31 家族で稲刈り（千葉県鴨川市大山千枚田）

表 4.1 棚田保全年表

年	事項
1992	千枚田オーナー制度発足（高知県檮原町）
1993	ガットウルグアイラウンド農業合意
	中山間ふるさと・水と土保全対策事業創設（農水省）
1995	全国棚田（千枚田）連絡協議会設立
	第1回全国棚田（千枚田）サミット（高知県檮原町）
	棚田フォトコンテスト（2700点応募）
	全国棚田分布図作成（中島峰広教授・ふるきゃらネットワーク）
	「フィリピン コルディリェラの棚田」が世界遺産に登録
	「棚田支援市民ネットワーク」発足（代表中島峰広教授）
1996	第2回全国棚田（千枚田）サミット（佐賀県西有田町）
1997	ふるさと水と土ふれあい事業創設（農水省）
	特定農地貸付推進事業創設（農水省）
	第3回全国棚田（千枚田）サミット（長野県更埴市）
1998	棚田地域等緊急保全対策事業（3カ年300億円, 農水省）
	棚田地域水と土保全基金事業（3カ年240億円基金造成, 農水省）
	第4回全国棚田（千枚田）サミット（新潟県安塚町）
1999	食料・農業・農村基本法施行
	中山間地域等直接支払制度創設（農水省）
	島根県大井谷棚田調査開始（4カ年, 島根県補助）
	「長野県更埴市の姨捨棚田（田毎の月）」が名勝に指定（文化庁）
	「日本の棚田百選」選定（農水省）
	「棚田パノラマ体験展」開催（全国棚田連絡協議会, 日本橋三越）
	棚田学会設立（石井進会長）
	第5回全国棚田（千枚田）サミット（三重県紀和町）
	棚田オーナー制度全国で25地区に（全国棚田連絡協議会調べ）
2000	「農林水産業に関連する文化的景観の保存, 整備, 活用に関する検討委員会発足」（石井進委員長, 文化庁）
	第6回全国棚田（千枚田）サミット（福岡県星野村）
2001	「石川県輪島市の白米千枚田」が名勝に指定（文化庁）
	石川県輪島市白米千枚田保存管理計画調査（2カ年, 文化庁補助）
	棚田地域等保全整備事業（農水省）
	第7回全国棚田（千枚田）サミット（石川県輪島市）
	佐賀県星野村棚田調査開始（3カ年, 文化庁補助）
2002	第8回全国棚田（千枚田）サミット（千葉県鴨川市）

注：ふるきゃらネットワーク編集, 棚田ライステラス第21号（2001）2などを参考に作成した.

表 4.2 おもな棚田オーナー制度（朝日新聞夕刊, 2003.7.7より）

場所	開始年	参加者（組）	面積（1組あたり）	年会費	もらえるもの
◎農業体験・交流型					
新潟・大島村	95	33	200 m²	3.2万円	白米60 kg
三重・紀和町	96	89	100	3	白米15 kgと野菜
京都・伊根町	98	71	規定なし	1	白米5 kgと酒か魚
大阪・能勢町	98	158	規定なし	3.5	玄米30 kg
富山・氷見市	99	47	100	3	玄米40 kgと農産加工品
宮崎・日南市	02	29	100	3	白米30 kg
◎飯米確保型					
新潟・松之山町	93	29	500	9	玄米180 kg
同・糸魚川市	98	12	500	8.5	白米180 kg
◎作業参加・交流型					
高知・檮原町	92	28	100	4万10円	全収穫
奈良・明日香村	96	73	100	4	全収穫
滋賀・高島町	00	33	100	3	白米40 kg
◎就農・交流型					
熊本・矢部町	96	17	100	3.5	全収穫
京都・大江町	98	5	600	5	全収穫
◎保全・支援型〈トラスト型〉					
島根・柿木村	00	23	規定なし	1	白米5 kg
千葉・鴨川市	02	57	100	3	全収穫

＊早大教授・中島峰広さん調べ

件の悪化から，とりわけ中山間の棚田地域の過疎化，老齢化の進行は著しく，遊休農地の急速な増加への対策が強く迫られることになった．

そこで鴨川市では1996年に農業構造改善事業（「リフレッシュビレッジ事業」）を導入し，民間任意団体「農林業体験交流協会」が運営する「みんなみの里」という総合交流ターミナル施設をコアにして，市内各所にクラフト体験や農作業体験などさまざまな体験の場を市民との協働で展開しようとしていて，その一環として大山千枚田保存会は設立当初から農作業のボランティアを受け入れていた．2000年から本地区で棚田オーナー制度をスタートさせるに当たり，鴨川市は地域資源総合管理施設（「棚田倶楽部」，オーナーズハウスを兼ねている）を建設した．

この地区で棚田保全活動を住民主導で推進する「大山千枚田保存会」が設立されたのは1997年である．同会の規約によれば，会の目的は「景観の保護と生産の場としての棚田の有効な活用を図ることにより，ふるさとづくりに資すること」とされ，このため会は「農業体験を希望する都市住民等に対する農場の提供及び指導，都市農村交流のための各種イベントへの協力などを行う」としている．

この会の特徴の一つは，3種類の会員をもつことである．棚田の所有者および耕作者（一号会員），会の趣旨に賛同する地域住民（二号会員），都市住民等（三号会員）である．年会費はいずれの会員も1000円であるが，会の役員に選出され

るのは一号・二号会員に限られている．2002年時点における会員は，一号会員21名，二号会員120名，三号会員280名の計421名となっている．会の主軸は地権者である一号会員だが，これを多くの鴨川市民（二号会員）が支援する仕組み（「支援者協議会」）を組織して，オーナーの農作業指導やイベントの運営支援などを実施している．

オーナーへの応募者は2000年度で173組，このうちアンケート審査と抽選を経て採用された39組をオーナーとしてオーナー制度（1区画100 m^2，年会費3万円）がスタートした．

(2) オーナーと地元住民の活動と意識

2002年時点でオーナーは136組．年間スケジュールは，打合わせ会（3月），田植え（5月），草刈り（3回：6，7，8月），稲刈り（9月），収穫祭（10月）の7回となっており，地元農家が手取り足取りオーナーを指導する．実際にくる回数は平均3～4回で，この間は保存会メンバーがオーナーに代わって管理する．収穫した米はオーナーに渡される（平均39 kg）．

オーナーを希望した応募者（2000年度と2001年度の全応募者296組を対象，回収率63％）へのアンケート調査（山本ほか2001）によれば，5割以上の応募者が「自分の経験として農業を体験したかったから」と回答しており，またオーナーとして参加後の印象については，地元農家の作業指導，各作業の負担感，料金などについておおむね満足していると回答している．

一方地元住民の意識についても山本らの調査（山本ほか2002，対象世帯数大山地区全数474，回収率61％）によれば，オーナー制度への総合評価として「好感がもてる，まあ好感がもてる」と回答した人が50％弱，「どちらともいえない」が40％強，「好感がもてない，あまり好感がもてない」が約10％と，おおむね好感をもって受け入れられている．ただし，支援活動に参加したことのある人（47人，回答者の16％）とない人

図4.32 家族で草刈り（千葉県鴨川市大山千枚田）

（242人，回答者の84％）とでは，顕著な差があり，参加したことのある人の「好感をもてる，まあ好感がもてる」と答えた人の割合は約70％と高くなっている．地元住民の参加しての印象としては，「都市住民との交流が楽しい」「地元の付き合いが深まった」と答えた人が多く，逆に「付き合いが多くて面倒」と答えた人は少ない．

オーナーの棚田利用料のうち70％程度が地主に支払われており，地主が自分で耕作して販売するよりも経済的には有利である．

(3) 大山千枚田地区オーナー制度の課題

おおむね都会から来訪するオーナーも地元の農家も，大山千枚田地区のオーナー制度に好感をもっているが，課題がないわけではない．

オーナーの一斉作業日には多くの参加者（数百人）が来訪し，逆に個々のオーナーがそれぞれの都合で分散して作業にくることも多く，オーナーへの対応に手間がかかる．しかし，交流することが大切とその意義を地元で確認して，楽しみとしてオーナーを受け入れているようである．

またオーナーおよび地元住民の間の情報交換が重要で，このために広報誌を作成しているが，不慣れなために苦労している．そこで，千枚田保存会の都市住民会員（三号会員）で技術とセンスをもっている人の協力を得て広報誌を作成することで，この問題を解決している．

農業後継者不足の問題はここでも他地区同様に

存在する．しかし石田三示（大山千枚田保存会会長）はこの問題を楽観しているという．都会の人たちの帰農ニーズがあるかぎり，都市住民との交流が問題解決の窓口になり，棚田保存にかかわっている地元の人々が定年を迎えた後に，農業や地域の活動にもう一度かかわる時代がくる，と石田は予想している（千葉県鴨川市 2002）．

c. むすび：棚田保全の今後

棚田における稲作を維持保全するうえで，1990年代に整備が進んだ棚田保全に向けた支援制度や棚田オーナー制度，都市住民の棚田の価値観の変化などは大きな意義をもっているが，地域の現実をみると前途はかならずしも順風満帆ではない．

とりわけ棚田地域農家の老齢化が進行しており，農業者の世代交替がないかぎり，棚田地帯の農家の維持は困難である．農業者の世代交替には，地元農家内の交替，地元他世帯からの流入，地区外都市からの流入などの形態があり得る．しかし農業生産物販売における農家の収入が，米の再生産を保証する水準にならないかぎり，安定的な世代交替は難しい．またたとえ棚田での稲作そのものは都市住民のボランティア労働や産直による契約栽培などにより再生産可能な価格水準となったとしても，小面積の棚田の耕作だけでは農家の労働力が余剰となり，他の収入源を求めざるを得ない．このためグリーンツーリズムなどからの副収入や政府からの「直接所得支払」で補うことは重要だが，現状では十分とはいえない．農家がその構成する家族全員の生活を賄えるだけの所得を安定して確保できなければ，棚田地域における世代交替は困難なのである．

年間を通して十分な労働条件を確保するには，地域の特性に応じた「ビジネスモデル」を構築する必要があるように思われる．今後の棚田地域の農山村における「生産」活動は，単に食料としての米の生産にとどまらず，雑穀，野菜，果実など多様な作物の生産に加えて，その加工・販売にまでビジネスを拡大しなければならないだろうし，さらにはバイオマスエネルギー原料の生産と再生可能エネルギーの生産・販売も手掛けることが求められるだろう．こうした多角的な生産活動によって，日本の原風景としての二次的自然が再生産されるならば，この景観と地域の歴史文化をベースにしたグリーンツーリズムなどの新たなビジネスチャンスをいっそう積極的に追求することが可能であるし，こうした自然保全機能や国土保全機能を正しく評価して，国民の税金から農林業における労働に対して一定の賃金を支払う制度（「環境支払」）が本格的に確立される必要もある．

このような自然的・文化的地域資源を生かした多角的ビジネスを展開する地域運営スタイルが，いくつかのビジネスモデル類型として示され，これを具体的に実践する棚田地域が各地で出現するならば，棚田地域の世代交替が進み，棚田の将来も明るいものになると思われる．

〔千賀裕太郎〕

図 4.33　長野県山ノ内町の棚田

文　献

更埴市教育委員会：ライステラス，14 号（1999）
高知県檮原町：千枚田瑞穂の国を救う（2002）
千葉県鴨川市：8 回全国棚田（千枚田）サミット報告書（2002）
中島峰広：日本の棚田—保全への取組み，古今書院（1999）
ふるきゃらネットワーク編集：棚田ライステラス，21 号（2001）

本中 眞:月刊文化財,438号(2000)

山本若菜ほか:オーナー応募者の行動からみた棚田オーナー制度の継続性―鴨川市大山千枚田を事例に.農村計画論文集,第3集,農村計画学会(2001)

山本若菜ほか:棚田オーナー制度に対する地元住民の意識―鴨川市大山千枚田オーナー制度を事例として―.農村計画論文集,第4集,農村計画学会(2002)

4.4
放任竹林の拡大から里山を守る

　近年，西日本の里山地域を中心に，竹林が拡大し，周囲の二次林や人工林に侵入する現象が顕著にみられている．日本の竹林を構成するタケの種類の多くは強靭な地下茎を四方に伸長させるものが多く，しかもわずかな期間に地上部も長大な成長をみせる．なかでも，モウソウチク（*Phyllostachys pubescens*）の林はタケノコの市場価格の暴落などさまざまな事情で放置されたため，その旺盛な成長力により確実に生育地の拡大を続けている．10年から20年程度の放置・放任の結果，スギ・ヒノキの林や雑木林だけでなく農耕地にまで侵入し，里山環境を荒廃させる大きな原因となっていると考えられる．この現象は山林の所有者や行政機関の間で，なおざりにできない問題としてようやく注目されはじめた．静寂な雰囲気を感じさせた竹林が，荒廃した里山環境のシンボルになろうとしているのだろうか（図4.34）．

　また，竹林の拡大は地域の生態系に大きな変化をもたらしており，環境科学的には「二次的自然の放置」による自然度の低下や環境の荒廃という現象として理解することができる．つまり，原風景や生活環境の一部である里山に対して，私たちがどうかかわるかが問われている．竹林拡大は里山景観の変化や農林業への影響のみならず，生物多様性の危機にかかわる環境保全上の問題としてとらえるべきである．

a. 里山の変貌

　日本人の原風景として日本各地に存在する里地・里山の景観の多くは，懐かしい昔の姿から大きな変貌を遂げてしまった．しかし，多くの人々は日常的にみているはずの身近な環境の変化について，意外に気づかずにいるようだ．とくに，里山の変化についてその変貌の大きさを認識している人は少ない．

　筆者は里地・里山に展開する生物の生活やそれらが関係し織り成す生態系を研究しているが，年々，調査対象であるフィールドの景観の変化が

図4.34　里山を埋めつくす竹林（静岡県賀茂郡南伊豆町）
山腹をかけ上がり尾根を越えて拡大している．

強く意識されるようになった．長年，特定の地域を継続的に調査してきたことでその確信が得られた．しかし，そうでなくても，子どもの頃から親しんだ野山や日常的にみてきた郷土の風景を注意深く眺めれば，気づくこともしれない．たとえば，自宅の正面にある山を毎年春に美しく彩るヤマザクラの大きな木が，気がついたときには竹林に飲み込まれていた．また，峠の輪郭が地山の上に散在したマツのシルエットで形成されていたものが，いつの間にかマツの姿が消え，鬱蒼とした木々で形成されていたということもある．郷土の見慣れたはずの自然や風景もあらためて見つめ直すと，その変化の大きさに驚くことが多い．

さて，安藤広重による東海道五十三次（保栄堂版）の浮世絵は日本の原風景を描いていると評される．図 4.35 に示したのは，その 1 枚で「岡部」である．伊勢物語に描かれ，在原業平がもみじ踏み分け辿った山路で修験者と出会ったとされる「宇津の山」（現在の静岡県志太郡岡部町）の江戸時代における様子がうかがえる．もみじが描かれているのは，伊勢物語を意識した広重のサービス精神かもしれないが，意外なほどに樹木が茂っていない．宿場から離れた峠越えの山道であるが，伊勢物語から想像される「深い山間に大きく育った木々が鬱蒼と茂り重なり合い，暗い山道を分け入る」といった雰囲気ではない．むしろ，草木が整理され地山がのぞき，山全体が明るい印象である．また，浮世絵のなかに描かれた人物 6 人のうちの 4 人までが薪を運んでいるのは，決して偶然のことではないだろう．江戸時代，東海道周辺の里山の大部分は炭や薪を生産する薪炭林と草刈場であったと推定される．そして，生活燃料として切り出された薪や炭は，おもに宿場や城下町駿府に大量に運ばれていたに違いない．

岡部宿周辺で旧東海道を歩いて，広重が描いた風景によく似た地形の場所を探して写真に記録したのが，図 4.36 である．浮世絵と見比べて異なっているのは，薪売りがいないだけではない．山の姿が変わっていることに気がつくだろう．まず，もみじやアカマツはほとんど目立たず，山の大部分は戦後の拡大造林によってスギの植林地に置き換わっている．昭和 50 年代から蔓延したマツ枯れ病によって，アカマツの多くは衰退した．それから，竹林の多くあることが目立つが，さらによく観察すると，スギの植林地にまで竹の侵入している様子もみられる．日本の原風景の典型とされる東海道は安藤広重の描いた時代とは大きくその姿を変えているようだ．そこには今日の里山が抱えている問題が横たわっている．

この小論では，竹林拡大という問題に絞り込んで里山の問題を議論したい．人里の周辺部にある雑木林やスギなどの植林地に竹が進入し，それらを凌駕しスギなどを衰退させる現象が顕著になっている．静岡県では昭和 50 年代に政策的に減反されたミカン畑に瞬く間に竹が入り込み，いまでは生産中の茶園をも圧迫している．静岡県のなかでも，岡部・藤枝地域や南伊豆地域は竹林拡大の現象がもっとも顕著な地域である．しかし，このような放任竹林の拡大という問題が顕在化し，多

図 4.35 安藤広重「東海道五十三次」に描かれた岡部の風景

図 4.36 現在（1988 年）の岡部の風景（手前は国道 1 号線）

くの人々に意識されるようになったのはほんの数年前のことである．

b. タケとはどんな植物か（タケの特異性）

現在の里山の抱える環境問題は，放任竹林の拡大に限らず，たとえば，マツ枯れ，スギ・ヒノキなどの人工林の放置，放棄農地の荒廃，草地の減少など枚挙に暇がない．それらの問題は同所的かつ複合しているため，高齢化し生産意欲の低下した農林業従事者にとって，一朝一夕に解決する課題ではないことが予測される．なかでも竹林にかかわる問題の難しさについて，実のところ関係者自身がまだ十分に認識できていない．それは，農山村に暮らす日本人にとって昔から有用植物としてなじみの深いタケが，今頃になってなぜ急に災いのもとのように扱われるのか理解しがたいということだろう．そこで問題の本質に近づくために，タケという植物そのものの特性を再認識することが，重要な手がかりになる．また，暴れる竹林を制御し望ましい里山環境を構築するためにも，タケや竹林の特性を理解することは基礎的で不可欠な情報である．

(1) 分類上の位置

タケは草なのか，あるいは木なのかという問答がある．わずか1年間で成熟個体の大きさ（10～20 m）に達すること，地下茎の随所から新しいタケノコ（筍）が発生するといった点は，草本と考えられる特性である．それに対し，硬く木質化した茎（稈と呼ぶ）をもつこと，何より10 mを超える大きさに育つことは，木本と考えられる特性である．

学術的には，花の形態を根拠にイネ科 Gramineae の一群（タケ亜科 Bambusoideae）に分類されているようであるが，学者によっては他のイネ科の植物群から逸脱する明確な形質（葉鞘に肩毛をもつことや栄養器官の特異性など）があることから，イネ科と区別してタケ科 Bambusaceae という1科を独立させている．タケは草とも木ともいえず，タケとしか呼びようのない特異な形質をもった植物といえそうである．

イネ科植物は一般的に，毎年春に発芽し勢いよく伸長し，夏に開花し秋に結実，そして，まもなく枯れる．ところが，タケ類は地下茎によって繁殖を繰り返し，花によって種子を形成することは普通みられないのである．しかし，開花周期というものが知られていて，同じ種類のタケが年齢に関係なく一斉に開花・枯死するという現象がある．つまり，タケはめったに花を咲かせないが，咲くときには広範囲のタケが一斉開花し，その後一斉に枯れてしまうという．開花周期は種類によって異なり，日本で確認されたものではマダケの120年が確実視されているが，モウソウチクでは67年で開花した記録がわずかにあるだけという．

(2) モウソウチクは帰化植物

竹林拡大の主役であるモウソウチクが実は約300年前（1746年）に中国から渡来された種類であり，しかも全国各地に普及し今日のように多くの里山でみられるようになったのは近代，とくに戦後のことであるということは，あまり認識されていない事実である．今日では日本の竹林のおよそ2/3がモウソウチク林であるとさえいわれている．竹林拡大の問題をブタクサ，セイタカアワダチソウ，セイヨウタンポポなどと同様の外来植物，帰化植物の分布拡大として単純に理解することはできないが，日本の里地・里山で急速に生育地を拡大している点は共通している．

(3) 高い生産性と再生力

タケは再生力の強い植物である．刈り取ったタケノコの分だけ，また新たにタケノコが発生するという生産力の大きさが，農家や林業家にとって魅力であった．毎年，古い竹を除伐するなどの若干の管理さえ忘れなければ，サステイナブルな資源として，無尽蔵の恵みをもたらすものと思え

る.

この再生力の仕組みは，地下茎の各節にある芽のすべてに発生能が存在することによっている．発生中のタケノコが収穫されると，そこに注がれていた栄養分が別の芽に回されることになる．母稈の葉で行われる炭酸同化作用や地下茎の貯蔵デンプンが存在する限り，必要な栄養が送りこまれ，新しいタケノコを育成する（図4.37）.

しかし，この強い生産力ゆえに，いったん，竹稈やタケノコの収穫を止め竹林を放棄すると，竹林の密生化を招き，つぎに竹林拡大という現象が現れることになる．スギ・ヒノキなどの人工林についても，間伐をはじめとする森林施業の不足のために密生したまま放置されていることが，周知の問題となっている．良質の木材が生産できないだけでなく，山体が崩壊する危険や花粉症の原因の一部になっていることなどである．スギ・ヒノキなどの植林地の場合は，適正な間伐を施しさえすれば，ほとんどの問題が解消する．もちろん，スギ・ヒノキの木が再生したり，林が周囲へ拡大していくことはあり得ない．しかし，竹の場合は，毎年，手を入れないと，密生し生育地の拡大が進行してしまう．これが，他の森林問題との決定的な違いである．

（4） 著しい伸長速度

タケの成長・伸長が著しく速いのには驚かされる．伸び盛りには1日1m以上も伸長するようである．「雨後の筍」とは物事が相継いで勢いよく出てくることのたとえであるが，タケの大きな成長速度からできた言葉である．タケノコの伸びはわずか数週間で10mを超え，また大方の伸長を2〜3ヵ月で終えるが，これに勝る植物を他に知らない．ちなみに，茎や幹の肥大成長ということはタケには存在せず，タケノコの太さ以上にはならない．驚異的な伸長速度の仕組みは，木の幹に当たる稈が中空になっていることや，稈の先端部にある成長点と各節にある成長帯の両方で伸長すること，活発に発生している柔らかなタケノコが特有の皮（葉鞘）に保護されていることなどによっていると考えられる．

（5） 分散・拡大する力

草的な性質をもつタケは植えられた場所に留まらず，生育場所を拡大する．手入れを怠った竹林でこの傾向は顕著であるが，生育地を拡大する性質は，マダケ，モウソウチク，ハチクなど日本でみられる多くの竹類が元来有している特性である．それは地下茎の広がり方が単軸型と呼ばれる形態であるということに関係している（図4.38）．東南アジアに多くみられる一カ所に密生して株立ちするタケいわゆるバンブーは，連軸型という繁殖型である．タケノコに稈になる芽が備わっているタイプであり，たくさんの稈が1カ所に密生す

図4.37 伐採後半年で再生したモウソウチク林（藤枝市2002年6月）

図4.38 地下茎の掘り出し調査
立体的に幾重にも交差している．近くの稈が連結していないことがわかる．

る．それとは対照的に，日本に自生しているタケの多くが単軸型で，母稈から離れたところへ地下茎を伸ばし，周囲にばらけて（散在して）タケノコを発生させる性質がある．この特性によって，日本のタケは分散し，周囲に株を広げ，大きな群落を形成する傾向が強いと考えられる．ちなみに，日本に育つササ類は単軸型と連軸型の混合した繁殖型である．

今日の日本でもっとも多くみられるモウソウチクでは，1年に竹林が2～3m程度拡大し，場所によっては6mも地下茎を伸ばすという調査報告（鳥居 1998）がある．そして，形成されて2年目以上の地下茎でつぎつぎにタケノコを出すという．

c. 竹林拡大の原因

(1) タケの特性から原因を考える

タケの生理的生態的特性に基づいた強い競争力や生育地を拡大する性質は前節で詳しく述べたとおりであるが，タケが与えられた生育地である竹林から外に進出し，その先でどのような競争過程を経て，拡大定着に成功しているのかを考えてみたい．

自然界において植物は光をめぐって競争をくりひろげるが，この点でタケの成長・伸長の速さは有利な条件となる．たとえば，林齢20年ほどのスギ林とそこに侵入したタケとの生存競争を想定した場合，スギの間から伸びたタケノコは春先の数カ月で一気に伸長して，1年目にしてスギの樹冠よりも高いところにまで枝を広げ定着する．光条件の悪化したスギはしだいにやせ衰え，数年後に枯死する．このような競争は日本各地の里山で実際に進行していることである．

樹高の大きな植林地や雑木林へ侵入した場合でも，わずか数カ月で10m以上に達するという圧倒的な伸長の速さが大きく作用する．しかし，それだけでなく仮に侵入最前線の樹林で不利な戦いを強いられても，長い地下茎を用いて栄養を供給するシステム（単軸型）があり，長期にわたる競争にも耐えることができて有利である．つまり，地下茎を伸ばしつぎつぎに侵入したタケは，高木林の外にある母稈から地下茎を通して養分を供給され続けることで勢いを維持しているのである．

もちろん，樹高の低い若い森林やミカンなどの果樹園，畑地などの農耕地では容易に侵入できると想像できる．タケノコ生産には，柔軟で肥沃，さらに透水性のある砂質土壌が適しているといわれ，農耕地などの良質な土壌を好むようである．したがって，静岡県に多いミカン畑や茶畑など施肥の行き届いた樹園地においては，竹が侵入しやすく成長は良好であるため，今後さらに被害が及ぶと考えられる（図4.39）．

一度竹林化が進むと，密生化しその林床への日射量は乏しくなり，耐陰性の強い植物も充分に生育できない．そのため，竹林内に発生した他の植物がタケとの競争に勝つことは難しくなる．

温暖な西日本における極相林や潜在自然植生であると考えられる常緑広葉樹林や照葉樹林においても，タケの侵入によって竹林化が進行する．竹林化した地域はそこで遷移が止まると考えられる．このようにして，里山の竹林拡大は進行し続け，多様な自然植生が衰退し，生態系は単純化の一途をたどることになる．もちろんこれは，近年みられる竹林の挙動などから単純に推測したシナリオであるが．

図4.39 茶園内に侵入したモウソウチク（藤枝市 2001年4月）

(2) 社会的要因から竹林拡大をとらえる

竹林拡大の原因が竹林の放置にあることは明らかであり，竹林が放棄，放任された理由を考察する必要がある．つまり，これまで竹林を維持してきた担い手である農家や農村などをはじめとする社会的な要因を考えることが重要である．

タケノコとして食用にされる竹種はさまざまあるが，圧倒的な需要で市場価値の高いのはモウソウチクである．モウソウチクのタケノコは生産性の低かった急傾斜地や裏山を使って収穫でき，そのうえ高収入の得られる換金作物として，中山間地の農家が戦後，こぞって栽培をはじめたものである．しかし，中国産のモウソウチクのタケノコ（缶入りのタケノコ水煮）が大量に輸入され国内で流通するようになったために，国内産のタケノコの価格が暴落した．そのため，静岡県農産物統計によると静岡県では1980年頃をピークにタケノコ生産高が下降の一途をたどっている．タケノコ掘りは重労働であり，高齢化した農家にとってはますますタケノコ生産の採算性が取れないようになり，竹林の放棄がはじまったようである．

建設材や農具などの材料として有用性の高いマダケ（*Phyllostachys bambusoides*）も，プラスチックなどの新素材が普及する陰で需要の低下が進行した．竹垣，物干し竿などの例を考えても，身近なところからマダケの消費が著しく減少したことが実感できる．

世界中の食材が新鮮なまま一般家庭の食卓に並ぶといった物流の発達や，生活用品などが安くて丈夫で見栄えのよい工業製品に置き換わっていくことが，タケノコや竹材の需要を引き下げてきたといえる．しかし，食材としての国内産のタケノコの価値や竹材の魅力が失われたわけでは決してない．また近年，竹炭ブームが起こり竹炭や竹酢液の利用が普及したり，笊や籠など竹の工芸品が人気を集めたりしている．

こういう風潮を国内の竹産業が復活する兆しと期待する向きもあるが，この程度の需要や消費では残念ながら竹林の状態に変化は起こらないであろう．強い繊維を活かした竹紙の生産，生産力やカロリーの高さを生かした暖房や発電などへのバイオマス利用，粉砕したタケを炭化し土壌改良剤として用いるなど，巨大な需要を掘り起こし生産プラントを整備することではじめて，大量のタケの消費が期待できる．

昔はタケの皮（葉鞘）の防腐・抗菌作用を生かして食べ物の包装に使われていたが，特殊な利用法として，タケの稈内にみつかった強い抗菌作用をもつ物質の工業的な利用や，漢方薬などで知られる薬効成分を抽出した製薬などに活用できないものであろうか．いずれにしても，タケのもつ高い生産力，再生力に加えてその特異な個性や豊かな資源性を生かす道を考案する努力が求められる．

d. 竹林拡大問題の全体像（環境生態学からの問題提起）

放置された竹林がはらんでいる問題性や危険性は一般の人々に十分認知されているものではなく，認知されていても表層的，一面的な理解であると思われる．そのために，今日の農山村のかかえる課題のなかで過小な扱いで経過していると考えている．そこで，多くの方に関心と問題意識を喚起するために，問題の背景や経緯などの全体像を理解させる必要がある．問題解決のために取り組むべき課題を抽出・整理するためにも，まず放置竹林のかかえる問題とは何かについてそのアウトラインの整理を試み，以下の5項目にまとめてみた．

(1) 農林業の生産基盤の荒廃

タケはタケノコという農産物として取引されるものであるだけでなく，竹材として林業の対象としても扱われる．モウソウチクは貴重な商品作物であったが，生産意欲をもって竹林の維持・管理に取り組んでいる農家は現在，きわめてわずかである．また，建設材や農具・生活用品などの材料

として用いられていたマダケは，プラスチックなどの化学製品の普及によって需要が大幅に低下している．こうした事情でタケノコや竹材が売れなければ，生産の現場を手入れしても仕方がないということが10年以上も続いた結果，竹林は荒廃している．

竹林は土地利用の分類では一般に農地としてではなく森林として登記されているようであるが，統計上不明確であることも多いようである．生産物の流通が農業と林業の二面性をもっているため，問題を取り扱う所轄官庁について明確でない．そのうえ，実際にどの地域で，どの程度の面積で生産が営まれているのかという実態すら明確でない．

しかし，いずれにしても拡大した竹林が農耕地と森林に侵入し害を及ぼしている問題なので，農業と林業両方に対応が求められる課題である．ちなみに，静岡県の行政ではおもに環境森林部の課題（林業と環境の問題）として，この問題に取り組んでいる．

(2) 国土保全の問題，山地崩壊の危険

俗説として「地震がきたら竹藪に逃げろ」といわれ，竹林が地震や山崩れなどに対する災害防止に有益であると広く考えられてきた．しかし，これについて疑問を投げかける研究者もいる．むろん，タケそのものが危険であるというのではなく，健康な竹林は防災上有益な機能をもつものであると考えられるが，放置され老化した竹林では危険性をはらんでいることが報告されている．筆者も放置竹林内で進行する表土の流亡や土砂崩れの現場を，静岡県内でいくつも目撃している．

原因としては，急傾斜地に竹林が侵入していることが多いうえ，放置され枯死した稈が倒れずにいるような高い立木密度の竹林では，林内が暗く低木や草本など下層植生が脆弱であることが多い．また，落葉したタケの葉の腐植が広葉樹と比較して進行が遅く，成熟土壌の発達（土壌構造のAo～A層の発達）がよくないため，表土の保水力がきわめて低いのではないかと考えられる．さらに，地下茎や根系の発達した層は表層の数十センチであり，表土の緊縛力は限られる．

そのため，降雨のたびに表土が濁り水となって流出しやすく，竹林のある斜面地や谷部で地すべりや土砂崩れを招きやすいのではないかと推測される．とくに急峻な地形の多い西日本の里山は，竹林の拡大によって崩壊しやすくなる危険をはらんでいる．したがって放置竹林は防災上の問題であり，言い換えれば国土保全上の課題であるともいえる．

(3) 河川・流域への負荷

前述したように放置竹林は保水力がきわめて低く，地すべりなど崩壊しやすい条件の山地を形成しやすい．このような状況の集水域をかかえた流域は水文学的に不利である．竹林の拡大した上流域では水源涵養機能が低下しているため，上質で安定した水資源が得にくいうえに，河況係数が大きく（増水と渇水の差が大きく）なり，中・下流域が洪水などの危険にさらされることになる．たびたび発生する土砂の流出により河床の上昇，淵の消失，流路の変動など河川形態が不安定なものとなる．

さらに，人の生活に直接的な脅威とはならないが，竹林の多い地域では河川の濁水化も進行しやすい．また，河況係数が大きくなることで引き起こされる川の断流や瀬枯れなど渇水の慢性化は，流域全体の自然生態系にも重大な障害となる．まず，河川を生息場所とする多様な生物相が質・量ともに低下することになる．

(4) 農山村環境の継続的保全（sustainablity）の危うさ

中山間地における環境の荒廃を招いている要因は放置竹林だけではない．スギ・ヒノキをおもな樹種として戦後全国で推進された拡大造林事業による過剰な人工林化とその管理放棄の問題，いまなお続いている松枯れ病の蔓延，放棄農地や休耕

地の増加などいくつもの問題が進行している．これらの要素が輻輳して里山環境全体の荒廃を引き起こしてきたのである．しかも，近年の里山における植生の変化・変遷は決してゆるやかなものではない．

　生育地を拡大し猛威をふるっているモウソウチクは中国が原産であり，江戸時代（1700年代の初期）に移入されたものであるが，日本各地に植えられるようになったのはおもに昭和初期であるようだ．モウソウチクの商品性の高さゆえに熱心に栽培されたが，その後各地で放置されるようになり，竹林拡大を引き起こしている．京都南部における研究（鳥居，井鷺1997）によると竹林の拡大は約40年間で20倍に達したという．しかも，農山村で進行しつつあった松枯れや放棄農地の増加などと相乗的な作用によって，いわゆる里の環境に著しい疲弊の状況を招いている．

　里は里山や農耕地を含む人の生活空間を中心とした一まとまりの空間を表す概念であり，人々にとって原体験や原風景を形成する環境の総体であるといえる．多くの日本人の精神史において人格形成に多大な影響を及ぼす里の環境が急速に変貌を遂げ，荒廃の度を増すことはゆゆしいことである．懐かしいふるさとの美しい景観が継続的に維持されることは誰しもが願うことである．

（5）　生物多様性の問題

　竹林の生物群集を構成する生物種がきわめて少ないという認識は植物・昆虫・鳥類の研究者などが等しく言及しているところである．落葉広葉樹林などと比べると生態系は単純な生物相で構成されている．また，竹林内に生息するタケ以外の生物種の現存量も実に小さいものである．この多様性の乏しい環境が拡大することは，里山全体の豊かさを損ねることになる．

　絶滅の危惧される野生生物に関する情報は，日本版レッドデータブック（環境庁編纂）に整理されているほか，全国の大部分の都道府県で独自にレッドデータブックとして刊行したり現在編纂し

ているところが多い．これらのレッドデータブックをみると記載された絶滅危惧生物の多くのものが，深山幽谷や離島などの原生自然ではなく，むしろ里山や農村を生育・生息の場とする生物である．里地は数多くの生物種に生育・生息空間を与えているのであり，各地方の生物多様性を保障する重要な空間であったのである．

　この問題意識は，2002年に環境省が発表した「新・生物多様性国家戦略」に明確に示された．第1部のはじめに「生物多様性の危機の構造」として，つぎのような三つの危機を上げた．第1は人間活動に伴うインパクト，第2は人間活動の縮小に伴うインパクト，第3が移入種などによるインパクトである．「新・生物多様性国家戦略」のなかには，残念ながら放任竹林についての記載はないが，第2の危機に該当する典型的な事例であることは明らかである．第2の危機とは，人口減少や生活・生産様式の変化が著しい中山間地域に顕著な問題であり，二次林や二次草原の放置，耕作放棄地，人工林などの事例をあげて論じてある．拡大竹林の現象も，人間のかかわりの減少が原因であり，しかも里地・里山の環境を単純なものにし，ひいてはわが国の生物多様性を低下させる重大な要因になるものと考えている．

c.　竹林拡大対策の検討

（1）　竹林拡大に関する研究経過

　10年前には放置竹林の拡大についての科学的な研究はほとんどなかったが，西日本の各地で問題が顕在化し話題となりはじめていた．NHKテレビの「クローズアップ現代（2001年5月21日放送）」で特集されるなどして，にわかに一般の人々の認知するところとなったようである．筆者が十数年前から放置竹林についてその拡大傾向を報告し警告を発しても，農林業の関係者もあまり関心を示さなかった．竹林があまりに身近な存在であるため，その変化が意識されていなかったと

想像されるが，竹林拡大は程度に差はあるが各地で確実に進行していた．しかし，竹林拡大の実態を明らかにしようとする研究報告がここ数年相ついでいる．

鳥居と井鷺（1997）は，土地利用図や空中写真を用いた解析を行い，京都府下で大都市から少し離れた里山地域では「タケノコ増産のための竹の植栽→社会情勢の変化・竹林の放置→放置された二次林への竹の侵入・分布拡大」という現象が起こったことを明らかにした．また，鳥居（1998）は空中写真による解析の結果，里山地域の竹林の分布拡大速度は2～3m/年であることを報告している．そして，鳥居（2002）によると，竹林の分布拡大速度と立地環境要因との関係を解析した結果，植生要因との明確な対応が見いだされ，竹群落の周囲の植生がまばらなほど，分布拡大速度が大きいことを報告している．

大野ほか（2002）は，竹林の拡大と周辺土地利用との関係性をGIS（地理情報システム）を使って詳細に計量化し，周辺土地利用の違いによる竹林の拡大率によって土地利用種別による竹林拡大の難易度を明らかにしている．竹林の拡大しやすい土地利用は「広葉樹林」「針葉樹林」「荒地」の順であると報告している．

静岡県（2001）では，静岡県全域についてリモートセンシングを用いて竹林拡大の度合いを比較したところ，地域によりその程度は異なるが，県内全体ではおよそ1.3倍の拡大であった．

上記のように，竹林の拡大に関して知識が蓄積されつつあるが，まだ十分とはいいがたい．竹林の拡大現象に対処するためには今後の予測を行うことが不可欠であり，そのためには拡大のメカニズムと速度，拡大を促進あるいは抑制する要因などを定量的に明らかにしなければならない．また，竹林の拡大現象は気候・地形・地質など地域性が大きく関与することも予想されるため，全国各地においてさらに詳細な調査が必要と考えられる（図4.40）．

図 4.40 沢部で拡大が止まっているモウソウチク林（南伊豆町 2002年3月）

（2）問題解決への取組み

放置竹林に対する対策として，今後取り組むべき課題をあらためて整理する．

① 放置竹林の実態の把握

日本の森林面積のうち，何パーセントが竹林であるのかについて，正確に把握することは予想以上に難しいことである．正確な現状を示す資料が充分に整理されていないのである．ちなみに，静岡県において，林種が記載されている森林簿と実際に現地踏査して確認した森林の現状とを比較したところ，森林の樹種や状態が大きく異なっていることが分かった（静岡県1997）．そこでは，とくにアカマツ林の消失と落葉広葉樹林の照葉樹林化，さらに竹林の拡大が顕著な現象であり，竹林の休耕農地への侵入も随所でみられた．全国各地における里山環境の実態を正確に把握し，放置竹林拡大の実態（拡大の範囲や速度など）や竹林の特性（生態系の多様性など）を明らかにする必要がある．

竹林拡大の研究に関するこれまでの経過はすでに述べた通りである．

② 放置竹林の社会的評価の確立

竹林の正確な現状把握や特性の解明に基づいて，今後の竹林の挙動に関する検討が可能となり，竹林が将来どの程度まで拡大し里山環境を圧迫するのかが予測されることになる．このシミュレーションの結果に対して，直ちに社会的な評価

を求め，コンセンサスを確立する努力が求められる．なぜなら，生物多様性や国土保全などの観点で危険性が確認された場合，広域的な対応が急がれるからである．

③竹林の管理手法の研究

③-1 竹林の制御技術・手法の開発

スギ・ヒノキの人工林へのおびただしいタケの侵入に驚いた林業家や茶園・果樹園への侵入に手を焼く農家から，農林事務所に対して竹林制御の方法についての問い合わせが多くなっているという．竹林の拡大を防ぎ，広がった竹林を絶やすなどの制御手法を確立することはすでに急務である．さらに，作業の困難な斜面地における竹林の制御技術や，広大な竹林において緩やかに林種転換を図る方法などの検討が必要になると考えられる．

従来，伐採による竹林の制御・抑制がおもに行われてきたが，竹稈を切り出す労力が大きいこと，地下茎が残り竹林が間もなく再生してしまうことなどから，完全な制御は困難であるといわれている．しかし，モウソウチクについては，伐採時期，伐採方法などの選択によって成果が得られるという研究もされている（静岡県 2003）．

これに対してフレノックス粒剤などの強い除草剤を撒いて根絶やしにする研究もされてきたが，毒性の残留や魚毒性が危惧された．これに対して，毒性や残留性のない除草剤として知られるグ

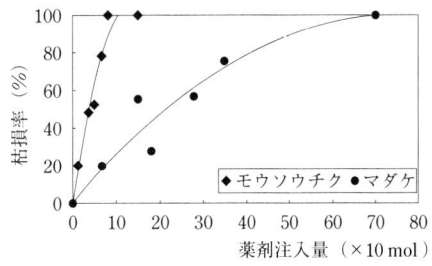

図 4.42 薬剤注入量と処理 1 年後の枯損率（袋井市 1998 年 10 月 21 日）

リホサートという薬剤を直接，稈に注入する制御手法が山田と桜井（2000），荒生と大石（2001）によって報告されている（図 4.41）．竹林拡大のおもな竹種であるモウソウチクの試験において，枯死させる強い薬効が確認できた（図 4.42）．しかし，地下茎を通して連結している稈への効果や，根絶やしにする作用についてはまだ十分に確認できていない．今後の研究成果を待ちたい．

③-2 土地所有の枠を超える里山管理制度の考案

タケの活性を生理的に制御する技術の確立だけでは，この問題は解決されない．里山の所有者が山林や農地を放置していることがこの問題の大きな原因である．竹林拡大の事実にすら気づいていない土地所有者が多いだけでなく，知っていても何もしない，あるいは何もできない地主が多いということである．また，不在地主（近傍に居住していない土地所有者）の所有であったり，どの場所の山林が自分の所有なのかを知らない地主であったりする場合も増加している．さらに，管轄の行政機関も実情に気づきながら手をこまねいている状態である．

このような現状こそが里山の将来に大きな障害となると予想される．したがって，土地所有の枠を超えた里山管理の制度を考える必要がある．つまり，地主の依頼を受けて代行して竹林制御に当たる組織や制度をつくることは重要であるが，それだけでは不十分であり，放置され周辺に拡大侵入を続ける竹林に対して対応できる社会制度の考案が必要である．

［山田辰美］

図 4.41 薬剤注入試験（グリホサート液を稈に注入し枯れさせる試験，1998 年 10 月）

文　献

荒生安彦, 大石　剛：造林地に侵入したモウソウチクの除草剤による駆除方法の検討. 林業と薬剤, No.157, 15-21 (2001)

大野朋子ほか：竹林拡大と周辺土地利用との関連性に関する研究. 環境情報科学論文集, **16**, 369-374 (2002)

鳥居厚志, 井鷺裕司：京都府南部地域における竹林の分布拡大. 日本生態学会誌, **47**, 31-41 (1997)

鳥居厚志：空中写真を用いた竹林の分布拡大速度の推定. 日本生態学会誌, **48**, 37-47 (1998)

鳥居厚志：空中写真を用いた竹林の分布拡大速度の推定 (II). 環境情報科学論文集, **16**, 375-380 (2002)

村上篤司, 藤川格司, 山田辰美：里山の保全 (その1) 竹林の拡大とどう付き合うか. 富士常葉大学研究紀要, No.3, 215-236 (2003)

山田辰美, 桜井　淳：放置竹林の薬剤使用による制御の試み. 環境システム研究, 7号, 83-88 (2000)

4.5
農地整備と生態系復元

　2001年の土地改良法の改正によって農業農村整備事業は環境との調和に配慮しながら進めることとされた．各地の事業地区においても生態系に配慮したさまざまな取組みが行われるようになってきた．

　岩手県で施行されている国営農地再編整備事業（圃場整備事業）「いさわ南部地区」は，生態系の保全を先んじて実践している地区である．

　ここでは，いさわ南部地区における生態系の特徴を概説しつつ，本地区における生態系保全に関する考え方ならびに計画・施工事例を中心に紹介する．

a. 地勢条件と生態系

　岩手県南部，水沢市の西に広がる胆沢平野は，清流胆沢川がつくりだした扇状地である．この扇状地は河岸段丘が非常に発達しており，また扇端が北上川に削り取られて崖状をなす独特な地形を呈している．崖部近くにみられる，モウセンゴケなどの食虫植物やミズゴケ類が自生する貧栄養性の中間湿原は，扇状地の湧水の造作である．

　胆沢平野は他の扇状地と比較すれば水に恵まれているものの，水田農業を拡大するには絶対的に不足していたことは疑いない．先人たちは苦労を重ねながら茂井羅堰や寿安堰などの水路やため池を造成し水田を拓いてきた．このような水利施設や水田には湿生生物を中心としたさまざまな生物が生息している．

　また，この地方の集落形態は扇状地特有の散居である．平野に散らばる家々はエグネと呼ばれる屋敷林に囲まれ，水路やため池に付随する樹林帯とともに鳥類や小動物の生息地にもなっている．

　扇状地であることと水利施設や水田などの二次的自然が胆沢平野の特徴ある生態系を支えているのである．

　「いさわ南部地区生態系保全調査検討委員会」が中心となって実施された動植物調査によれば，いさわ南部地区には植物が88科306種，動物が228科1020種が生息しているとされる．このなかには，動物では絶滅危惧Ⅱ類（魚類）のギバチ，スナヤツメ，植物では絶滅危惧Ⅰ類のオオミズゴケ，Ⅱ類のムラサキミミカキグサ，オオニガナ，イトモ，ミズトンボなどの動植物が含まれている．

　本地区のビオトープは，
① ため池・用排水路を中心とした「水辺環境」
② 家屋周辺のエグネ，用排水路の河畔林，未改修のため池周辺の樹林を中心とした「緑地環境」
③ 水田を中心とした「農耕地環境」
によって構成されている．とくに，水生動植物の豊富さに示されるように，「水」を媒体としたビオトープネットワークに特徴がある．

(1) 水辺環境

　地区内には，古い時代につくられた未改修のため池が多く残されている．これらは樹林で囲まれ，水際から水中にかけて豊富な水草が生育している．このような環境にはヨシゴイなどの鳥類や多種のトンボ類，タイコウチなどの水生昆虫類，両生類，爬虫類が豊富である．

　さらに，多く残されている土水路などにはギバ

チや砂泥底に生息するスナヤツメ，マツカサガイなどの二枚貝のような魚介類が生息している．

(2) 緑地環境

本地区には，屋敷林，ため池まわりの樹林地，水路沿いの河畔林などが点在しており，森林性シジミチョウの生息場所となっているほか，さまざまなトンボ類，鳥類，中型哺乳類の生息や移動ルートになっている．

(3) 農耕地環境

本地区には，地形上，段丘面の下部や水路沿いに湿田が多く残されており，休耕田のなかには湿原に戻ったものもみられる．こうした場所にはハッチョウトンボをはじめとする湿地性の昆虫類が生息しているほか，ニホンアマガエル，トウキョウダルマガエルなどの両生類の産卵場所として利用されている．

b. 生態系保全対策の実際

このように地区全体に貴重な生態系が散在するいさわ南部地区においては，可能な限り人為の影響を回避，低減させながら計画，設計・施工が進められている．

いさわ南部地区の生態系に配慮した区画整理のイメージを図4.43に，施設計画および生態系保全計画図を図4.44に，いさわ南部地区における生態系保全対策の概要を表4.3にそれぞれ示す．

(1) 現況保全される施設など
i) 排水路

地区内の排水路については，魚類などの生息状況を踏まえ，現況保全する区間，二面装工区間，三面装工区間に区分して整備している．とくに，幹線排水路である原川については，ギバチなど貴

図 4.43 いさわ南部地区における生態系に配慮した区画整理のイメージ（口絵9参照）

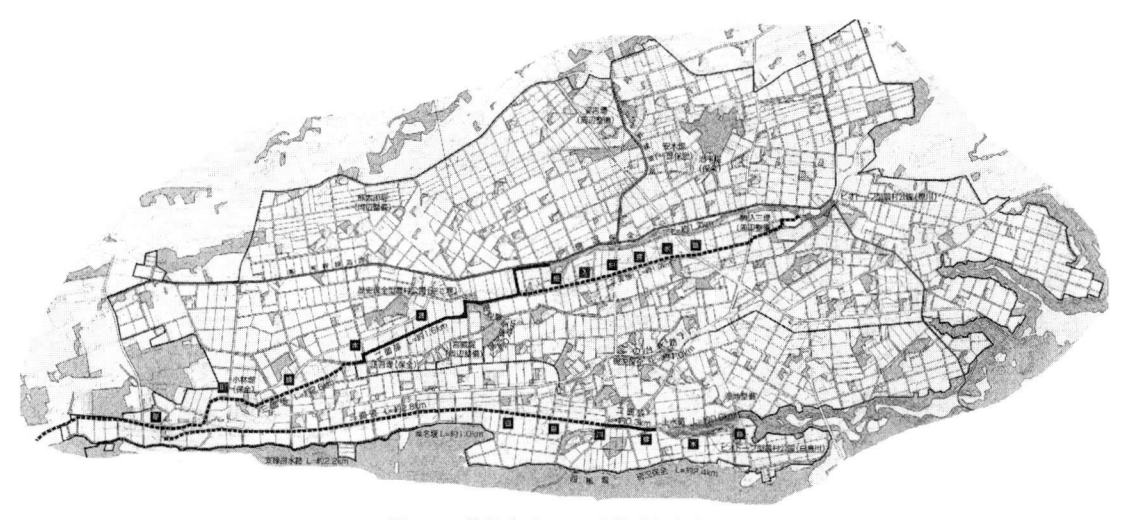

図 4.44 施設計画および生態系保全計画図

表 4.3 生態系保全対策の概要

区 分	排 水 路	ため池
現況保全するもの	原川のうち 1.7 km 逆さ堰 0.4 km 二の台水路 1.0 km 白鳥川のうち 0.6 km 西風堰 2.4 km 葦名堰 1.0 km	安吉堤，安木堤など町有の 9 カ所
生態系に配慮して整備するもの	原川のうち 1.6 km（二面張り） 　　魚巣ブロック 　　幅広水路 　　急流落差工 　　階段式落差工 排水路の一部 　　脱出スロープ設置 　　土羽仕上げ 　　フトン籠設置 白鳥川のうち 0.3 km（二面張り）	
従来工法	原川のうち 2.6 km（三面張り）＊ 白鳥川のうち 2.8 km	町有の 2 カ所および個人有は廃止

＊ 2002 年度施工分は魚類の生息環境を創出して実施

重な生物が生息しているため慎重に整備方針を決定し，稔橋付近 1.7 km を現況保全することとした．一方，圃場整備事業の実施により水田からの流出形態が変化し現況保全区間の施設容量が不足するため，これを補完するバイパスとして細入川水路を造成することとした．

地区南部に位置する白鳥川についても，原川と同様に魚類の生息状況などを考慮して現況保全，二面装工，三面装工に区分して整備することとした．

一方，用水路は圃場整備によりパイプライン化されるため，現況施設は不要となる．しかし逆さ堰は原川と二の台水路を結ぶコリドーとしての役割を果たしているため，付帯する樹林地帯とともに保全することとした．

その他の水路についても，地区境界にある葦名堰約 1000 m，西風堰約 2400 m については，生態系保全上重要であることから，承水路と位置づけ現状のまま保存される．

ii) ため池

本地区のため池は古い時代に築造されたものが多く，現在利用されていないものもある．これらのなかには管理が粗放化したにもかかわらず，水路と一体的に水生動物の繁殖・生息の場となっているものもみられる．

このため，利用されなくなるため池のうち比較的規模の大きい町有のため池 9 カ所（駒込三堤，新堤，治平堤，安吉堤，安木堤，宮蔵堤，正吾堤，小林堤，熊太郎堤）を保全することとし，一部については隣接部を創設非農用地としたうえで，公園化などを進める予定である．保全されるため池は，いわば水辺環境ネットワークの核として位置づけられる（図 4.45 現況保全される安吉堤）．

iii) 樹林・緑地

保全される水路の河畔林およびため池に隣接する樹林についても極力保全し，鳥類，小動物などの生息場所およびコリドーとして確保することとした．

また，ほとんどの屋敷林（エグネ）も保全される．

(2) 造成される施設の設計・施工
i) 原川

原川の改修に当たっては，魚類の生息状況などを考慮し，原川の生態系保全レベルを産卵などを含めた生息が可能な水域と，生息環境区間の通路としての機能を維持する区間に分け水理設計を行った．

前者については底面をライニングしない積みブロック二面装工とし，ブロック下部に魚巣ブロックを配置しているほか，法面には可能な限り現地で採取した植物を張り付け，在来種の定着を図っている．

なお，当初三面装工として計画されていた小林堤下流区間にはトウヨシノボリ，ドジョウ，ギバチが優占して生息していた．

この区間の水際，底質，日照などがこれらの魚種の生息に適していたと考えられるほか，原川と連続する小林堤がこれら魚類の繁殖場所となって原川に供給している可能性があった．

さらに地元集落からも，水路を魚類が棲める構造にしてほしいとの要望が出されたため，落差工を取りやめ，新たに魚類の生息に考慮した拡幅部を設けるなど（図 4.46），三面装工でありながら魚類が遡上・生息可能な構造に改良して 2002 年度に改修された．この拡幅部は，水路系に多様な流速を生じさせることを目的として設置されたものであり，通常断面より 1 ランク大きな L 型擁壁を用い，水路底にフトン籠を使用している．

このほか，生態系に配慮して原川に設置された施設を紹介する．

① 幅広水路（図 4.47）

この施設は，水路幅を拡幅することにより親水空間を創出するとともに，洪水時の魚類の避難場所とすることを目的とするものである．また巨石を投入し流速，水深の変化をもたせており，採餌や産卵の場所となることも期待されている．

図 4.45 現況保全される安吉堤

図 4.46 三面装工の拡幅部

図 4.47 幅広水路

また，法面の一部は空石積みとしており，魚類や甲殻類などが好む多孔質空間となっている．

② 階段式落差工（図4.48）

当初，原川の落差工は大きな落差をもつタイプで計画されていたが，魚類の遡上を妨げないよう，小さな落差と魚窪池を組み合わせた階段式とした．

階段式落差工の諸元については，本地区に多くみられるアブラハヤの体長，体高から遡上能力を検討したうえで決定した．

③ 急流落差工（図4.49）

急流落差工は幅広水路と同様の目的で原川を拡幅したものであるが，勾配が1/20と大きく，また巨石を投入することにより，後述するように多様な水域環境の形成が図られている．

ii）支線排水路

地区南端に承排水路として位置づけられている支線排水路の一部を「ホタル水路」として整備した．これは道路側護岸を空隙確保のためフトン籠，山側護岸を土羽とした土水路であり，水生生物の生息環境を整備するとともに植生の自然回復を促している．

iii）圃場内排水路

圃場内排水路のほとんどがコンクリート水路となることに伴い，ライニングされた水路に転落した小動物が脱出できなくなる恐れがある．とくに本地区には多くのカエル類が生息しており，生態系への影響が懸念されたため，スロープ付水路を敷設している．

カエル類の水路への転落状況とスロープ付水路の効果をc項に示す．

(3) 引っ越し大作戦の実施

2000年度より，ギバチやスナヤツメなどの魚類のほか，サワガニや淡水二枚貝など多くの生物が生息している原川を改修するに当たり，当該区間から生物を移植させる「引っ越し大作戦」を行っている（図4.50）．

地元胆沢町の胆沢第一小学校の児童が中心になって捕獲された生物は，専門家によって同定された後に原川および白鳥川の保全区間に放流された．

こうした環境教育は児童を通じて地域の住民に対しても，自分たちの身近な自然の貴重さや魅力を知らしめることとなった．

図4.48 階段式落差工

図4.49 急流落差工

図4.50 引っ越し大作戦の様子

(4) 事業所における啓発活動

今後，生態系など環境面に十分配慮して農業農村整備事業を展開するには，事業所職員のみならずコンサルタント職員，施工業者も基礎的な知見と問題意識をもつ必要がある．

このため，生態系保全に向けた事業所の対応方針などを解説した「いさわ南部地区における生態系保全への配慮指針」をとりまとめ，設計，施工段階における保全の徹底を図っている．

c. カエル類の水路への転落とその対策

圃場整備後，水田や水路周辺に生息する生物の減少が各地から報告されている．これはコンクリート水路に転落した小動物が脱出できないことが一因とされる．

とくにカエル類については産卵適地の縮小と相まって大きく個体数が減少した事例が散見される．これに伴って，カエル類を好むチュウサギなどの鳥類が減少した事例も報告されている．

胆沢平野にはトウキョウダルマガエルなど8種類のカエル類がかなりの個体数をもって生息していることから，カエル類の転落実態を調査した．

一方，すでにコンクリート二次製品として各地で導入されているスロープ付水路をいさわ南部地区でも採用したため，その効果の検証と改善策を検討した．

(1) 転落の状況

2001年にいさわ南部地区内の水路に転落し桝に流された個体数を調べたところ，図4.51のような結果になった．7月上旬には1日で1200匹のカエル類が転落していた日もあった（図4.51）．

転落しているほとんどはニホンアマガエルである．ニホンアマガエルのように指に吸盤をもつ種は，たとえ水路に転落しても吸盤を使ってコンクリート水路から脱出できるため，圃場整備の影響を受けにくいとされてきた．事実，人家の壁に貼

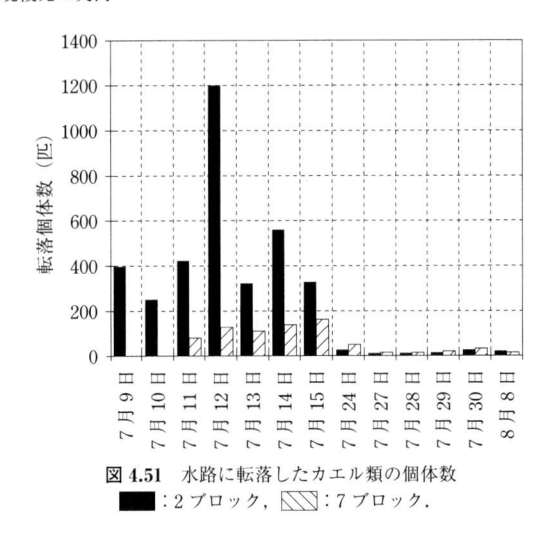

図4.51 水路に転落したカエル類の個体数
■：2ブロック，▨：7ブロック．

りついているニホンアマガエルをみつけることも珍しくない．

しかし，ニホンアマガエルは遊泳力に劣っており，流速がわずか10 cm/s程度の圃場内水路でも自在には泳ぐことができなくなる．また，側壁の水際に生えたコケや付着藻類も取り付く障害になる．少なくとも水の流れている水路においては，ニホンアマガエルといえども容易に這い上ることはできないのである．

水路に落ちたカエル類が流される桝のなかは流れが複雑で，しかも乱流になっていることが多く，ここでも壁に取り付くのは困難である．

さらに，桝の壁に取り付いても壁高が高いと途中で登るのをやめてしまうことが多い．この理由は不明である．調査時，ほとんどの個体が水面から60 cm以下の高さに止まっていた．真夏の直射日光と高温で乾燥したコンクリート壁はカエル類の体を脱水させる．壁に取り付いたままの状態で絶命したカエル類も確認された．

こうしたことから，流速が大きく，深い桝が設置されている水路系では，かなりのニホンアマガエルが死んでいるものと推察される．

(2) スロープ付水路の効果

カエル類を用いて，転落した小動物を脱出させるために傾斜をつけたU字溝の効果を観察した

図 4.52 スロープ付水路と導流壁

が，前述のようにカエル類は流水に翻弄されるため，常時水が流れている農業水路ではあまり効果が上がらない．

このため，コンクリートの導流壁を設け，堰上げにより流速を 5 〜 10 cm/s 程度に落としたうえで流心をスロープ底部に向けた（図 4.52）．スロープ下部には積み石のスクリーンも設けてある．

この結果，流量が多いときを除き，ほとんどのカエルがスロープ下部に取り付き，効果が大きくなることが明らかになった．

d. 生態系保全対策の検証

生態系保全対策は，生物を対象としている以上，当初の見込みと異なる結果が生じることは決して珍しくない．科学的に導き出された仮説を検証し，必要に応じて再び仮説を立てるという作業の繰り返しは一見迂遠のように思えるが，実は非常に重要なことである．

農業農村整備事業は近年施設の維持管理を充実させてきた．生態系保全対策に関してはモニタリングとその結果に基づく修正が維持管理といえるかもしれない．

以下，2001 年度より行われているモニタリング調査について筆者の考察を加えながら概括する．

(1) 幅広水路

幅広水路は改修された原川のなかでもっとも多くの種数・個体数が確認されている．

具体的には，ドジョウは沈殿した泥のなかに大型の個体が比較的多くみられたほか，巨石付近からはモツゴやタイリクバラタナゴの幼魚が多数確認された．

幅広水路に多くの生物が確認された理由として，投入された巨石により流速・水深の違いが生じ，またこのことにより礫底から砂泥に至る多様な河床環境が形成され，魚類が適応できる流水環境になったことがあげられる．

また，水辺の植物群落は魚類の休息・避難，採餌場などとして重要である．幅広水路の浅瀬に再生した植物群落は魚類の生息に好ましい環境を創出していると考えられる．

さらに，空石積みの護岸も動物の隠れ場として有効に機能しているだろう．

一方，改修前はこの区間に多くみられたギバチやスナヤツメなどは減少しており，とくにサワガニ，貝類のタニシ・マツカサガイなど移動能力の低い種は確認できなかった．

また，2002 年度調査は 2001 年度とは異なり灌漑期に行われたため単純に比較はできないが，アブラハヤやモツゴが 2001 年度の調査時に比べて減少しているようである．この原因を究明することは今後同様の生態系保全対策を講じるときの有用な情報となろう．

二面装工区間では水路底のほとんどが泥に覆われていることが関係しているかもしれない．

なお，幅広水路で採餌しているカワセミがたびたび目撃されている．

(2) 階段式落差工と二面装工水路

階段式落差工において定置網を使った遡上調査を行った結果，アブラハヤ，モツゴ，ギンブナ，ギバチ，トウヨシノボリの 5 種 15 個体が捕獲された．階段式落差工は遊泳魚であるアブラハヤを対象種として設計されているが，底生魚であるギ

バチやトウヨシノボリが遡上していることは注目に値する．

一方，二面装工水路内において魚類は，①湧水処理などや階段式落差工の一部として設置されたフトン籠付近，②水路底に復元しはじめた植物群落内で確認されている．

多くの魚類は物陰を好むこと，水辺植物からの落下昆虫や空隙にすむ水生昆虫，あるいは植物の茎や礫に付着する藻類が魚類の重要な餌となっていること，群落内は流速が緩和され出水時の避難場所となることを考えれば，二面装工とする場合，単に水路底にコンクリートを使用しないというだけでなく，砂礫～粘土質，石礫，植物群落といった底質の多様性をもたせることが重要である．

そのためには，流速すなわち勾配に変化をもたせる必要があるが，事業着工後に水路勾配を変更することは圃場の地盤高や換地面積にも影響するため事実上不可能である．

全体実施設計時には生態系保全対策のアウトラインを描いたうえで，施設計画を樹立する必要がある．

（3） 急流落差工

この区間は勾配が 1/20 と大きいため，あたかも自然河川のような淵と瀬が形成されている．

流速・水深・底質が一様な水路は魚類などの生息に適していない．水域に多様な流速・水深をもたらす瀬と淵の形成を促すことは生態系保全に有効な手段である．

急流落差工内では，流路の屈曲部に形成されるM型（蛇行型），岩の周囲に形成されるR型（岩型）および底質の違いなどにより形成されるS型（基底変化型）の3タイプが確認されている．

つまり，一定の流速が確保できるならば，
① 水路に巨石を投じる
② 底の一部をあらかじめ掘削しておく
③ 水路底をフトン籠とする区間を設けるなど，材質（固さ）に変化を与える
④ 流路を屈曲させる

などにより，農業水路においても瀬と淵の形成とこれによる多様な水域環境の形成が可能と考えられる．

（4） 現況保全区間

この区間ではサワガニが多く確認されている．浸食され切り立った崖からの浸潤水や河岸の樹林帯から供給される落ち葉が本種の生育に適していると考えられる．このことは，同じ土水路でも上流の開けた区間（2002年度に改修）ではサワガニの生息数がごくわずかであったことからも窺える．

逆に，ヨシノボリ類については上流部の土水路で多く，現況保全区間ではまったく捕獲されなかったという結果になった．これはヨシノボリ類の餌となる付着藻類が，日照が川底まで十分に注がれる上流部で多く生産され，河畔林が生い茂る現況保全区間で少ないためと考えられる．

こうしたことからも，同じ水路系内にさまざまな環境を創出すべき理由が窺える．

（5） 三面装工

三面装工の拡幅部における流況・生物調査を2003年度に行った．流速は水深とともに低下し，底に設置したフトン籠付近ではゼロないしマイナスとなった．付着珪藻やトウヨシノボリなどの魚類も確認され，三面装工のみとした場合に比べて生物の生息条件が整えられたものと考えられる．

これは，事業計画上三面装工とされている水路において生態系保存に取り組んだ事例として注目される．

おわりに

これまで農業農村整備事業は農業生産性の向上を目的として行われてきた．いまやわが国の水田の多くに大型機械が入れるようになり，労働時間の大幅な短縮が図られた．

一方で失ったものも少なくない．圃場整備事業

や灌漑排水事業は，数多くの生物が生息する里地里山を舞台に進められてきた．結果的にこのような地域の生態系が攪乱されてきたことは否めない．

　これからの農業農村整備事業は，里地里山の価値を理解し，工事がその地域の生態系にインパクトを与える可能性があることを意識しながら実施されることになった．

　と同時に，これまで整備された圃場や水路に生物を蘇らせる努力をすべきであろう．われわれは生態系が脆弱なものであり，個体数が一定レベル以下に落ちた個体群が，つねに消滅の危険と隣り合わせていることを，多くの経験の結果学んだはずである．

　ミティゲーションは文字通り人為の影響を緩和するための考え方であるが，対象を将来のマイナスに限定する理由はない．過去に与え，いまなお増殖している負荷を緩和し，生態系の創出・復元を図る努力が必要であると考える．

〔森　　淳〕

終章
——農村自然環境復元の将来展望——

　本書で多くの執筆者が，それぞれ専門分野から述べてきたように，わが国の農業，農村をめぐる問題はきわめて多様なものがある．そして，それぞれの問題が入り組んだ内容をもつものである以上に，解決の方向性に関して利害の対立を含み，一律的解決は不可能に近い感じがする．しかし，それらを何らかの方法で解決しないかぎり，農村のこれ以上の衰退を救い得ないばかりではなく，日本国民全体の生活を脅かすものとなることは明らかである．

　対立する問題点でもっとも大きく，かつ明確なものは，産業の場としての農村と，自然環境としての農村とをどのように両立させていくかということであろう．本書で何人かの執筆者によって示されたように，わが国の農村環境は，二次的自然であるにもかかわらず原生環境に勝るとも劣ることのない豊富さをもつものであった．しかし，その生態系を構成する動植物の多くは，農業の外敵として駆除の対象とされてきたのである．その条件は現在でも変わっているわけではない．また，農業の近代化，省力化に伴う環境構造の変化，工業製品の大幅な導入は，産業としての農業の進歩・向上にとって必然の過程であった．だが，そのことによる農村生態系の衰退は，自然に関心をもつものにとって目を覆うほどのものであった．

　産業としての農業，とりわけわれわれの主食である米の生産が至上命題であると考えられたことから，農村の少なくとも耕地からあらゆる野生生物が姿を消すこともやむを得ないことと従来考えられてきたため，農村生態系の衰退に関する議論は十数年前まではあまりなされてこなかったといってよいだろう．最近このことが議論の対象にされるようになってきたことの裏には，いくつかの条件変化が存在する．そのなかで最大のものは，いわゆる「地球環境の危機」の認識である．地球環境の危機とは，おおまかにいって資源の枯渇，汚染の増大，生物多様性の減少とから構成される．これを農業の面から検討するならば，食料生産はたしかに資源の増大に資するものであるが，それが農村における生物多様性を減少させるものであるとしたならば，一途に増産のみを追求することは許されないという認識が生まれたのである．近年急速に進められてきたいわゆる減反政策も生産性の一途の向上の意義に疑問を投げかけるものであった．一方農地における種の減少，とりわけ草本植物の急激な減少は，それらの多くが絶滅危惧種とされることによって，専門家の間で異常事態とさえ受けとめられていたのである．

　時を同じくして一般市民の間にも，農村的自然の変貌・衰退に関する不安・不満の気分が醸成されつつあった．近隣市民にとって，農村環境はかけがえのない身近な自然であり，さまざまな行動の自由を保障された公園でもあったのである．もちろん権利として明記されたものではなく，いわば自然権の一種であったのであるが，それが失われたことによってその価値があ

らためて認識されたのである．

　このような状況変化を背景として，最近さまざまな動向が生まれつつある．まず国の動きとして，農林水産省より一足早く国土交通省が河川法を改正（1997）し，河川の自然性の保全，流域住民の意向の重視などをはじめて盛り込んだのである．このことによって，河川の直線化，コンクリート化などによって貧しいものとされてきた水辺の生態系の保全の可能性が生まれたのである．農水省では，1999年に食料・農業・農村基本法を，2001年に土地改良法を改定して本格的な施策に乗り出した．新基本法では，「食料の安定供給の確保」「農村の振興」など従来の内容に加え，「多面的機能の発揮」が農業・農村に期待される役割であることが明確化されている．多面的機能のなかには，農村生態系の生物学的，社会的な存在意義も含まれるのである．また新土地改良法では，生態系を含む環境との調和への配慮が土地改良事業の実施の原則として位置づけられた．

　一方，環境省では，1993年リオデジャネイロでの地球サミットにおける「生物多様性条約」の採択を受けて，1995年「生物多様性国家戦略」を策定したが，2002年に改定された「新生物多様性国家戦略」において，里山を主体とする農村的自然の重要性とその保全の方法が詳しく記されることになった．これを受ける形で2002年に制定された「自然再生推進法」は，農村環境を含む身近な自然の再生に取り組むための具体的な事柄についての法律である．

　このような行政の姿勢は従来のそれから大きな転換を示すものであり，とりわけ自然の保護・保全に関しては180度の転換であるといってよい．しかし，現在のところそれはまだ絵に描いた餅の段階にすぎない．これらの法制度に共通してみられる事柄に，地域住民，市民団体，NPOなどの自発的参加がうたわれていることがある．当然，そのための便宜も図られているわけであるが，現在のところ不特定な人員・団体の今後の活動に期待をかけざるを得ないところにこれらの法制の危うさがあるともいえる．たしかに，生態系の保全・復元，農業への市民参加などはたいへん複雑・微妙な要素を含むものであり，従来の行政的手法の手に余るものであろう．また，自然の保護・保全，農業への参加を志す市民運動も盛んになりつつはある．マスコミでもしばしば報道されるのであるが，その数は実際にはそれほど多くはない，むしろまだ微々たる存在といってよい．しかも，それらのすべてが確固たる方針をもつものではなく，はなはだ頼りないものも多い．

　農村環境の復元・保全にあたってまず念頭に置くべきことは，先にも述べたように，農村が自然環境であると同時に人間の生活の場であり，食糧生産の場であるということである．そして，その二つは相互に深く関連しあっているという事実である．このことが問題解決を困難なものとしている．と同時に，ある場合には利点ともなっている．問題点を利点に変えるためには，地域の特殊性に対処した，きめ細かい対応を迫られることになり，従来の行政手法のみでは不可能である．そこで農業従事者，NPOなどの組織・行政の三者の共働が重視されることになる．

　まず，その自然環境の保全・復元についてであるが，原生的環境の保全・復元とは異なるはなはだ厄介な問題が付随することを覚悟しなければならない．農村環境はその自然な面影にもかかわらず，完全に人間の手によってつくりだされ，維持・管理されてきた典型的な二次的自

然なのである．そこにみられる生物の多くは，野生種であってもこのような特殊環境に適応してきたものであり，完全な原生環境を好むものではないことが多い．減反などによって水田が放棄され原生化への一歩を踏み出すと，これらの生物の姿は消滅する．

　筆者たちはかつて，福井県下において深田地域の保全にかかわったことがある．ある企業が施設を建設する目的で深田地域を買収したのである．すると，耕作が放棄されたそれらの水田に，それまで細々と生育していたと思われる草本類の多くが大発生したのである．そしてそこに現在では絶滅が危惧されているいわゆる貴重種が含まれていたことから，自然保護グループによる施設建設反対の運動が繰り広げられることになった．困惑した企業によって，対策の委員会が立ち上げられ，筆者たちが委員を引き受けることになったのであるが，現地を視察して感じたことは，これら貴重植物の繁殖は一時的な現象にすぎないのではないかということであった．そこで保存地域を設け，ここでは農耕類似の管理を行い，放置された地域との比較を行ったところ，5年後の結果として，前者では貴重植物のほとんどすべてが保全される一方，放置された地域ではコンの繁茂，つまり自然の遷移によって大半が消滅したのである．

　この事例は水田に関してであるが，農村の傾斜地に広がる山林，つまり里山の生態系の保全に関しても同様なことがいえるのである．つまりそれは，農村生態系の保全のためには伝統的な農業あるいはそれに類した作業が行われなければならないことを示すものであるが，これを広域に及ぼすことは不可能であろう．里山に関しても同様なことがいえる．したがって，かつての農村に存在したような豊富な生態系を取り戻すことは，ごく部分的にしか行い得ないであろう．しかし，それはそれで意味のないことではない．現在のまま状況が推移するならば，絶滅に瀕した生物種の多くは消滅の運命をたどるに違いないからである．これらの種をとりあえず保存するシェルターとして，できるだけ多くの農村環境保全地域の存在が欠かせないからである．しかしそれらを保全するためには多大の労力が必要であることを行政は認識する必要が

ある．無償のボランティア活動に多くを期待することはできない．

　このこととは別に，新しい制度のもとでより期待されることは，農村の過剰な工業化に多少の歯止めがかかるかもしれないということである．先に述べたような河川の直線化，コンクリート化の抑制，有機農法の拡大などがそれである．そのことによる漸進的ではあるが全般的な生物相の復活が期待される．

　生態系の保全・復元・維持に関するもう一つの問題は，この生態系なるものがそれほど明確なものではなく，しかも絶えず変化するものであるという点である．完全な伝統的農村環境である場合，その条件の一定性のもとにかなり安定した様相を保つのであるが，いったんそれから変化をはじめると，その変化ぶりはまったく予測のつかないものとなる．そしてそのある局面を望ましいとするグループとそうでないグループとが対立することがよくみられる．先に述べた福井県の事例などもその一つとしてよいのであるが，このような対立に評定を下すことのできる専門家集団のような権威ある主体はいまのところ存在しない．生態学者と呼ばれる人々にもそれぞれがかかわる生物群，また，生態系に対するそれぞれの価値観があり，容易に一致した結論をだすことはできないであろう．しかし，政策を進めるに当たって，行政はそれらのことに関して，何らかの議論の場を用意する必要があるであろう．そして，とりあえずいくつかの環境類型を設定し，その維持・管理の具体的方法を定めることが重要である．

　さて，つぎに生産の場としての農村をどのように考えていくかという問題がある．近年の，農村の疲弊は誰の目にも明らかである．専業農家の平均収入がサラリーマンのそれを大きく下回ること，それに伴い専業農家が急激に減少しつつあることなどが主要な問題である．わが国の食糧自給率が40％程度であることを考え合わせると，近い将来農村が消滅する恐れさえあることは国民にとってゆゆしき問題である．その対策の一つとして，新しい政策では一般市民との連携ということが，よく述べられている．たとえば，本書で多田浩光は農業農村整備事業の基本方針としてつぎのように述べている．

　「参加と共生による循環型社会の形成：農業農村整備事業の実施に際しては，受益農家，地域住民，企業，NPO，関係行政機関などの広範な関係者の参加と連携が必要である．農村地域における農業生産活動を中心とした経済活動およびさまざまな社会活動と自然環境との共生を図ることにより，大気，水，土壌，有機資源などの循環を維持・増進することを基本的な理念とすべきである．」

　もちろんこれだけではなく，具体的な方針についても述べられているのであるが，しかし，ここでいう「広範な関係者の参加と連携」が現実にはたいへん難しいことを，第3章で述べた伊豆の棚田の保全運動のなかでも強く感じている．広い棚田を擁し，海と数十軒の温泉民宿があり，景色もすばらしいという，外来者にとってもっとも魅力に富むという条件もあって，貸し出された100区画の棚田すべてにオーナーがつくといった大成功であったにもかかわらず，それだけで地域の経済を成り立たせるには程遠い情況で，地域農民にとってもボランティア活動の範囲をでるものではなかった．ここには，非常に有能かつ熱心で，地域の信望の厚い指導者がおり，加えて県からの協力も最大限に得られていた．つまり，棚田のオーナー制という農民，市民，行政の連携の場としてこのうえない条件を備えた地域にしてもその程度なのであ

る．この種の事業を一般的に成功させるためには，行政によるよほどしっかりとした枠組みづくりと，さまざまな支援が必要であると考えられるのである．

　やや悲観的な事柄を並べすぎたかもしれない．行政が新しい方向性をうちだしたことに関しては評価すべきであろう．環境保全にかかわりをもつ団体，NPOは質・量ともに急速に向上しつつある．兼業農家の増加は農民と市民の意識の差を埋めつつある．一方ではいわゆる地球環境の危機も年々深まりつつある．このような情況のもとにスタートした新政策の骨組みに，しだいに肉づけされていく可能性は少ないとはいえないであろう．もっとも理想的にことがはこんだ場合を想定すれば，地域住民のすべてがある意味で兼業農家の役割を担い，食料生産と自然環境の保全を行うこと．地域が自給自足の生活圏を形成し，全体としてわが国が循環型社会として確立されるようなことも，かならずしも夢物語であるとはいえないかもしれない．いずれにしても，その方向に一歩でも近づくよう努力することが，現在の自然環境復元に携わる者たちに課された義務であると考えられるのである．　　　　　［杉山恵一・中川昭一郎］

索　引

あ行

アイスハーバー型　66
IBM　58, 99
IPM　57, 58, 99
アオコ　88
アカマツ　155
アカマツ林　48, 90
Agroecology　52, 55
アサザ　48
畦　84, 86, 102, 105
アブラハヤ　142
暗渠　65
暗渠排水　64

イグサ掘り　137
生垣　91
いさわ南部地区　165
維持管理　37, 38
石積み　31
移出　120
維持用水　135
移植　120
一年生草本　89
イチモジヒメヨトウ　142
イナリンソウ　46
遺伝子組換え植物　76
遺伝の攪乱　120
遺伝的特異性　120
移動経路　65
移入種　43
イモチ病　138
入会地　23
陰樹　90

雨水浸透枡　134
姥捨棚田　148

エコツーリズム　45
エコ農業　79
エコファーマー　75
エステシティ　20
SPO　8
越冬　122
越冬期　101-107
NPO　ii, 48

園芸療法　13
塩素系非選択性農薬　97

青梅市の昆虫の森　137
応用生態学　53
大川　114, 115
オオタカ　103
オオフサモ　142
オオブタクサ　142
オオムラサキ　142
大山千枚田　149
小川　115
奥山　89
小曽木の事例　137
落ち葉堆肥　19
落ち葉掃き　15
オーナー制　72, 73
オモダカ　139

か行

階段式落差工　168, 171
カイツブリ　102, 105, 109
回廊（コリドー）　30
カエル　65
化学肥料　80
河岸段丘　125
河岸段丘崖　125, 132
カギモンハナオイアツバ　142
カスケードM型　67
河川　84, 87, 88
　　——の改修　115
河川敷　106
河川堤防　109
河川流況　12
カタクリ　45, 46, 48
学校ビオトープ　129-132
河畔林　106, 107, 111
ガマヨトウ　142
カモ類　102, 104, 105, 110
カヤネズミ　141
カワセミ　102, 105
カワバタモロコ　115
河原　89
灌漑排水事業　35
環境アセスメント　37
環境運動　18

環境運動論　25
環境学習　128-132, 134
環境基本法　27
環境と持続可能な発展　16
環境との調和に配慮した事業実施のための調査計画・設計の手引き　33, 38
環境との調和への配慮　28
環境に係る情報協議会　40
環境に優しい農産物　78
環境配慮　65
　　——の5原則　35
環境負荷　74, 79
　　——の増大　13
環境保全型農業　28, 30, 41, 74, 81, 82
環境保全措置　92
環境用水　127, 131, 135
環境要素　119
環境容量　112, 113
管水路　31
乾田　84-86
乾田化　65, 97
　湿田の——　30
関東ローム層　18
涵養域　133
管理協定制度　50

機械化　64
帰化植物　88, 89
キーパーソン　18
ギフチョウ　46
規模拡大　65
休耕田　66, 92, 101, 104
　　——の復田　137
旧農業基本法　27
旧農業基本法農政　1
急流落差工　169, 172
共生　27, 68
共生空間の創造　26
共生コミュニティ　16
共存　68
共有地　23
局所個体群　120, 121
魚類群集　114
均衡の破壊　13
近自然河川工法　129

近代化　64, 112, 113
ギンヤンマ　140

空間計画　61
空間スケール　66
区画整理　65
くぬぎ山　25
グリーンツーリズム　45

景観　16
景観構造　100
景観作り　22
景観評価　22
景観法　149
景観保護への努力　21
健全な水循環　130
現存植生図　43
減反　177
減反政策　72, 175
減農薬運動　55
原風景　22

公共財としての雑木林　19
高茎草地　102
耕作田　86
耕作放棄　4
　　農地の——　29
耕作放棄水田　84, 86, 87
耕作放棄地　90
更新　68
洪水制御　12
高生産性農業　64
構造の多様化　129
高度経済成長期　84, 89
高度土地利用　64
コウノトリ　110
公有林化　21
高齢者専業農家　5
コオニタビラコ　139
コカナダモ　142
護岸　117
国営農地再編整備事業　165
国土のグランドデザイン　3
国土防災　145
穀物自給率　7
国連地球環境サミット　27
個体群　143
個体群生態学　54
個体群密度　99
コナギ　138
コナラ林　48, 90
好ましい景観　20
コモンズ　8, 23

固有種　43
コリドー　30, 168
コンクリート　65
昆虫類　95

さ　行

再生　114, 123
再生産　66
作物の直販会　20
サシバ　46, 103
里親制度　131
里地・里山　ii, 154, 172
里地・里山等中間地域　46
里山　42, 69, 84, 89, 90, 177
　　——の抱える環境問題　156
　　——の原生林化　71
　　——の生態系　177
里山管理運動　71
里山再生事業　25
里山・里地管理運動　72
里山生態系　136
　　——の復元　136
里山復元アクション　137
里山保全　134
三次的自然　31, 32
サンショウクイ　103
山地崩壊の危険　160
三富落ち葉野菜研究グループ　16
三富新田　15
三面張り　109
三面張りコンクリート水路　31, 117

シイ・カシ萌芽林　48
シオヤトンボ　140
シギ・チドリ類　104, 105, 110
事業計画　39
事業計画書　38
資源循環型農業　19
止水域　142
自然環境の価値　27
自然環境の復元　119, 122, 123, 179
自然環境の保全・復元　176
自然環境保全地域　47
自然環境劣化　29
自然公園　47
自然再生型公共事業　25
自然再生事業　28
自然再生推進法　ii, 28, 56, 176
自然誌系博物学　53
自然循環機能　74
　　農業の——　3
自然体験学習　13
自然との共生　25

自然とのふれあい　45
自然の有する治癒力　13
自然林　90, 91
自然を創造　11
持続可能性　113
持続可能な社会　25
持続可能な地域社会　16
持続可能な農業　82
持続可能な農業・農村開発　27
持続可能な発展　33
　　環境と——　16
持続可能な利用　46
持続農業法　74, 75
湿生植物　86, 87, 91, 117
湿地性残存種　141
湿地林　91
湿田　84-86, 91
　　——の乾田化　30
湿田状態　31
湿田生態系　93
シバ　101
地場農産物　19
指標昆虫　141
自噴井戸　132, 133
シマヘビ　140
市民と行政との協働　127, 131
市民とのパートナーシップ　125, 126
市民との連携・協働　131
市民の森　48
市民緑地制度　50
社寺林　91
修復　119
種多様性の低下　92
シュレーゲルアオガエル　140
循環型社会　81, 179
　　——の形成　178
循環型農業　41
循環型農法　16
順応的管理　57
小規模魚道　67
小規模多品目栽培　11
小溝　115
常緑広葉樹　90, 91
常緑樹　90
植栽樹　91
植生遷移　90
食品産業廃棄物　81
食糧自給率　7
食料の安定供給の確保　176
食料・農業・農村基本法　ii, 3, 18, 28, 34, 64, 148, 176
除草剤　91
白米千枚田　148

信玄堤（霞堤） 12
人工造林地 90
人工林の放置 156
親水施設 32
新・生物多様性国家戦略 28, 29, 161
薪炭林 61, 103
新・二次的自然 32
シンボル生物 29
森林所有者 44
森林浴 13

水源涵養機能の低下 160
水質悪化 30, 115, 119
水質汚濁 87
水深 168, 171
水生植物 86-88, 91
水生植物帯 115
水生生物 115
水田 84, 101, 104, 115
　　——の生物群集 52
　　——はまさに魚のゆりかご 11
水田公園 127, 128, 135
水田小型魚道 66
水田雑草 84, 86, 91, 92
水田雑草群落 93
水田生態系 52
水田生態工学の事業 98
水田農業 28
水田汎用化 64
水門 121
水利権 127, 135, 143
水路 84, 87, 88, 91, 102, 105, 110, 116, 117
　　——のコンクリート化 31
水路整備 115
水路畔 105
スジシマドジョウ 115

生活が作る風景 23
生活クラブ生協 18
生活史 66, 95, 116, 120
生活要求 122
生産と生活の場の一体化 11
生息域 66
生態系 95
　　——の維持 26
生態系ネットワーク 66
生態系保全 11, 68, 145
生態系保全技術 68
生態系モニタリング 58, 59, 98, 99
生態農業 16
生体濃縮 54
生物相 65

生物多様性 56, 97, 121, 175
生物多様性国家戦略 ii, 27, 42, 176
生物多様性条約 27, 42
清流行政 126
清流条例 125, 126, 135
堰 121
絶滅危惧種 43, 91, 92
絶滅危惧植物 84
遷移進行 109
遷移抑止 103, 112
全国産直産地リーダー協議会 79
全国棚田サミット 146
全国棚田（千枚田）連携協議会 146
全国水の郷百選 126
選択性農薬 97
戦略的環境アセスメント 37

雑木林 101, 103
　　——の価値 21
　　公共財としての—— 19
総合的害生物管理 99
総合的害虫管理 57, 99
総合的生物多様性管理 99
総合的な農村政策 30
総合的防除技術 30
草地の減少 156

た 行

ダイオキシン禍 15
体験落ち葉掃き 17
タイコウチ 140
代償植生 42
代償措置 67
ダイズのトラスト運動 18
タガメ 56, 95
蛇行 122
多孔質環境 70
多孔質材料 31
ただならぬ虫 96
ただの虫 55, 58, 96
棚田 73, 100, 101, 111, 145
　　——の保全運動 145, 178
棚田オーナー制度 149
棚田学会 147
棚田百選 148
多年生草本 86, 93
多年生草本群落 86, 92
多摩丘陵 125, 132
タマシギ 104, 105, 109
ため池 84, 87, 91, 101, 165-167
多面的機能 10, 19, 145
　　農業の—— 3
　　農業の役割と—— 14

多面的機能フレンズ 8
多様性回復 120
段丘崖 134
湛水田 84, 110
単調化 65
田んぼ 137
　　——の生き物調査 33, 50
　　——の学校 38
　　——の年間スケジュール 138
団粒構造 18

地下水涵養機能 12
地下水の硝酸性窒素汚染 80
地球サミット 42
畜産廃棄物 80
　　——の不適切な処理 30
竹林 89, 90
　　——の管理手法の研究 163
地産食文化 11
地産地消 25
千鳥X型 67
中山間地域 4
中山間地域等直接支払制度 148
抽水植物 102, 109, 111, 117, 121
抽水植物群落 87
沖積低地 125
鳥獣保護区 47
沈水植物 117, 121

築地森 10

定年帰農現象 45
堤防 88, 89
手取り除草 92
田園環境整備マスタープラン 38, 39
伝統的農業 21
伝統的農村環境 70, 178

トウキョウサンショウウオ 140, 142
東京の名湧水 133
登録認定機関 77
トキ 101, 110
特別栽培農産物 78
特別栽培農産物生産農家 76
所沢ダイオキシン問題 17
都市的の緊張を緩和 13
都市的地域 4
都市における二次林 62
都市部住民 20
ドジョウ 67
土壌侵食防止機能 12
土水路 65, 118, 121
土地改良 30

土地改良区　38, 68
土地改良事業　33, 34, 37, 97, 176
土地改良事業計画設計基準　27
土地改良長期計画　ii
土地改良法　28, 34, 36, 64, 165, 176
　――の改正　ii
土地利用転換　44
土地利用の変化　29
土手　84, 86
トレーサビリティシステム　78

な 行

中池見　92, 93
長井市　81, 82
Natural History　52, 53
夏雑草　85
生ごみ処理　81

二次草原　43
西多摩自然フォーラム　137
二次的自然　11, 28, 31–35, 41, 45, 64, 69, 165, 167
　――の放置　154
二次林　43, 46, 90
　都市における――　62
日本農林規格　76
日本フードサービス協会　79
二面装工水路　171
人間性回復機能　13

ネットワーク　65
年間通水　126, 131, 135

農家所得の農外依存率　6
農家人口　44
農家らしい農家　4
農家らしからぬ農家　4
農業技術の近代化　32
農業基盤整備事業　64
農業基本条例　126, 127
農業基本法　64
農業水路　68, 114
農業生産形態　31
農業生態学　53
農業体験学習　19
農業地域　114
農業土木学　64
農業農村整備事業　33–37, 64, 165, 172, 178
農業の自然循環機能　3
農業の多面的機能　3
農業の役割と多面的機能　14
農業用水　125, 128, 129, 131, 135

農業用水路　127, 131
農業用排水路　31
　――の総延長　28
農耕地　43
農作物栽培契約　18
農山漁村留学　13
農水省ガイドライン　78
農村環境計画　34
農村環境保全　68
農村魚類群集　114
農村空間　32
　――の風景　23
農村景観　70
農村自然環境　2, 64, 136
　――の保全・復元　i
農村生態系　65, 69
　――の衰退　175
農村地域の環境保全に関するマスタープラン　50
農村地域の都市化　32
農村的環境　69
農村的自然の変貌・衰退　175
農村の自然環境要素　28
農村の物理的環境　30
農地整備　115
農地の耕作放棄　29
農地の造成・拡張　29
農地の転用・改廃　29
農薬　30, 80
農薬使用量　81
農薬生態影響評価検討会　30
農用林　89
農林業の生産基盤の荒廃　159
農林水産業に関連する文化的景観　50
のっこみ　116
野焼き　48
法面　102

は 行

バイオマス循環　82
バイオマス・ニッポン総合戦略　81
排水改良　30
排水路　114, 166
パイプライン化　64, 65
博物館学芸員　41
稲架木　103, 107
ハチクマ　103
幅広水路　168, 171
パラダイムの転換　25
ハラビロトンボ　140
バン　105
半自然　23
繁殖期　101–107

ハンマウム共同体　16

ビオトープ　28, 30, 65, 95, 97, 120, 132, 133, 165
ビオトープ型水路　98
ビオトープコンクール　126
ビオトープネットワーク　165
ヒクイナ　104, 105, 109
費用負担　40
肥料の多使用　30

風致地区　47
富栄養化　30
復元　114
復元技術　68
復田　142
復田計画　143
復田作業　73
不作付地　4
物質の（自然）循環　12, 32
冬雑草　84
浮葉植物群落　87
ふるさと　10
不連続性　119
文化財保護法　148
文化の伝承　26
分断化　65, 66

ヘイケボタル　142
平地林　25
平地林保全　17

保安林　47
放棄水田　86, 92, 102, 106
放棄地率　29
放棄農地の荒廃　156
放置竹林の実態の把握　162
放置竹林の社会的評価の確立　162
放任竹林の拡大　156
圃場整備　30, 64, 108, 109, 169
圃場整備事業　30, 35, 56, 64, 67, 97, 165
圃場内排水路　169
圃場の水管理　31
保全対策　92, 93
保全対象種　67
保全池　67
ホトケドジョウ　115, 142

ま 行

埋土種子　91
埋土種子集団　87, 93
マクロスケール　66

マダケ　159
マツ枯れ　90, 156

ミクロスケール　66
水環境整備事業　128, 131
水管理　139
　圃場の――　31
水資源涵養　145
水循環制御　11
ミズナラ林　48
水辺環境　28
水辺生態系　132
水辺に生態系を　125-127
水辺の楽校プロジェクト　126, 128
水辺の復元・再生　129
水辺の保全や復元　126
身近な自然の復元活動　71
ミティゲーション　67, 172
ミドリシジミ類　46

武蔵野の自然　20
虫見板　59, 99
むら仕事　4

名勝　148
名勝・天然記念物　47
メソスケール　66
メダカ　43, 46, 114
メタ個体群　120

モウソウチク　48, 154
木質バイオマスエネルギー　111
モザイク　46
モニタリング　92, 93

や　行

焼畑農業　113
屋敷林　91, 103, 165, 166
　――の相続税　19
安い輸入野菜　20
谷津田　101, 136
　――の復田　137
ヤマアカガエル　140
山形県高畠町　16
ヤマサナエ　142
ヤマトセンブリ　142
ヤマ―畑―屋敷　22

有機塩素系農薬　54
有機性廃棄物　81
有機農産物　76, 77
有機農産物栽培農家　76
湧水　125
　――の涵養域　134
　――のメカニズム　133
湧水残存種　141
湧水湿地　87, 88, 91
湧水地　125, 132-134
湧水フィールドミュージアム構想　132
湧水保全　132, 133
湧水保全計画　133
湧水保全条例　134
湧水保全利用計画　133
湧水・水辺保全利用計画　133, 134
有用微生物や菌類の活動　12
U字溝　118

陽樹　90

用水管理　131
用水組合　131, 135
用水路　114, 125, 127-129, 131
用排水路　115
用排分離　65
横沢入　140
横沢入里山管理市民協議会　141
ヨシ原　102, 104, 106, 111
ヨタカ　103

ら　行

落差工　31, 65, 66, 116, 121
落葉広葉樹　90
落葉二次林　103
ラムサール条約　56

リサージェンス　54
流水域　142
流速　168, 171
緑地保全地域　134
緑地保全地区　47
林床植物　48

例示的実践　18
レインボープラン　81, 82
レッドデータブック　96, 107, 108, 115
レパートリーグリッド発展手法　21
レンジャー（自然保護監視員）　59
連続性　121

わ　行

ワークショップ形式　133
渡り期　101-107
ワンド　129, 132

編集者略歴

杉山恵一（すぎやまけいいち）

- 1938年　静岡県に生まれる
- 1962年　玉川大学農学部卒業
- 1970年　東京教育大学理学部大学院
　　　　　博士課程修了
- 現　在　静岡大学名誉教授
　　　　　富士常葉大学環境防災学部教授
　　　　　NPO法人自然環境復元協会理事長
　　　　　理学博士

中川昭一郎（なかがわしょういちろう）

- 1928年　東京都に生まれる
- 1952年　東京大学農学部農業工学科卒業
- 1952年　農林省農業土木試験場
- 1985年　農林水産省農業土木試験場長
- 1992年　東京農業大学総合研究所教授
- 1993年　中央環境審議会委員
- 1997年　（株）山崎農業研究所代表取締役
- 現　在　東京農業大学総合研究所客員教授
　　　　　農学博士

農村自然環境の保全・復元　　定価はカバーに表示

2004年9月30日　初版第1刷

編集者　杉　山　恵　一
　　　　中　川　昭　一　郎

発行者　朝　倉　邦　造

発行所　株式会社　朝倉書店
　　　　東京都新宿区新小川町6-29
　　　　郵便番号　162-8707
　　　　電話　03（3260）0141
　　　　FAX　03（3260）0180
　　　　http://www.asakura.co.jp

〈検印省略〉

ⓒ 2004〈無断複写・転載を禁ず〉　　シナノ・渡辺製本

ISBN 4-254-18017-9　C 3040　　Printed in Japan

富士常葉大 杉山恵一・東農大 進士五十八編 **自然環境復元の技術** 10117-1 C3040　　B 5 判 180頁 本体5500円	本書は，身近な自然環境を復元・創出するための論理・計画・手法を豊富な事例とともに示す，実務家向けの指針の書である。〔内容〕自然環境復元の理念と理論／自然環境復元計画論／環境復元のデザインと手法／生き物との共生技術／他
富士常葉大 杉山恵一・九州芸工大 重松敏則編 **ビオトープの管理・活用** ―続・自然環境復元の技術― 18008-X C3040　　B 5 判 240頁 本体5600円	全国各地に造成されてすでに数年を経たビオトープの利活用のノウハウ・維持管理上の問題点を具体的に活写した事例を満載。〔内容〕公園的ビオトープ／企業地内ビオトープ／河川ビオトープ／里山ビオトープ／屋上ビオトープ／学校ビオトープ
富士常葉大 杉山恵一著 **ビオトープの形態学** ―環境の物理的構造― 10134-1 C3040　　B 5 判 164頁 本体5000円	ロングセラー「自然環境復元の技術」の編者の一人が生態系復元へ向けてより一歩踏み出した問題提起の書。凸凹構造等を豊富な事例で示し，ビオトープ形成をめざす。〔内容〕自然環境とその復元／環境の物理的構造／付・ビオトープ関係文献
富士常葉大 杉山恵一・西日本科学技術研究所 福留脩文編 **ビオトープの構造** ―ハビタットエコロジー入門― 18004-7 C3040　　B 5 判 192頁 本体5000円	ビオトープの実践的指針。〔内容〕ビオトープの構造要素／陸水系（河川，小川，湧水地，ホタルの生息環境，トンボのエコアップ，他）／海域（海水魚類，海域の生態環境）／陸域（里山の構造と植生，鳥類，昆虫，チョウ，隙間の生きものたち）
兵庫県立大 江崎保男・兵庫県立大 田中哲夫編 **水辺環境の保全** ―生物群集の視点から― 10154-6 C3040　　B 5 判 232頁 本体5800円	野外生態学者13名が結集し，保全・復元すべき環境に生息する生物群集の生息基盤（生息できる理由）を詳述。〔内容〕河川（水生昆虫・魚類・鳥類）／水田・用水路（二枚貝・サギ・トンボ・水生昆虫・カエル・魚類）／ため池（トンボ・植物）
元千葉県立中央博物館 沼田 眞編 **景 相 生 態 学** ―ランドスケープ・エコロジー入門― 17097-1 C3045　　B 5 判 196頁 本体5300円	狭い意味のランドスケープエコロジーではなく広義のomniscape ecologyの入門書。〔内容〕認知科学と景相生態的アプローチ／研究手法と解析／リモセンとGISによる景観解析／山岳域・河川流域・湖沼・湿原・海岸・サンゴ礁の景相生態／他
前東大 井手久登・農工大 亀山 章編 ランドスケープ・エコロジー **緑 地 生 態 学** 47022-3 C3061　　A 5 判 200頁 本体3900円	健全な緑の環境を持続的に保全し，生き物にやさしい環境を創出する生態学的方法について初学者にもわかるよう解説。〔内容〕緑地生態学の基礎／土地利用計画と緑地計画／緑地の環境設計／生態学的植生管理／緑地生態学の今後の課題と展望
農工大 亀山 章編 **生 態 工 学** 18010-1 C3040　　A 5 判 180頁 本体3200円	生態学と土木工学を結びつけ体系的に論じた初の書。自然と保全に関する生態学の基礎理論，生きものと土木工学との接点における技術的基礎，都市・道路・河川などの具体的事業における工法に関する技術論より構成
日大 木平勇吉編 **流 域 環 境 の 保 全** 18011-X C3040　　B 5 判 136頁 本体3800円	信濃川（大熊孝），四万十川（大野晃），相模川（柿澤宏昭），鶴見川（岸由二），白神赤石川（土屋俊幸），由良川（田中滋），国有林（木平勇吉）の事例調査をふまえ，住民・行政・研究者が地域社会でパートナーとしての役割を構築する〈貴重な試み〉
九大 楠田哲也・九大 巖佐 庸編 **生態系とシミュレーション** 18013-6 C3040　　B 5 判 184頁 本体5200円	生態系をモデル化するための新しい考え方と技法を多分野にわたって解説した"生態学と工学両面からのアプローチを可能にする"手引書。〔内容〕生態系の見方とシミュレーション／生態系の様々な捉え方／陸上生態系・水圏生態系のモデル化
元千葉県立中央博物館 沼田 眞編 **自 然 保 護 ハ ン ド ブ ッ ク** 10149-X C3040　　A 5 判 840頁 本体27000円	自然保護全般に関する最新の知識と情報を盛り込んだ研究者・実務家双方に役立つハンドブック。データを豊富に織込み，あらゆる場面に対応可能。〔内容〕〈基礎〉自然保護とは／天然記念物／自然公園／保全地域／保安林／保護林／保護区／自然遺産／レッドデータ／環境基本法／条約／環境と開発／生態系／自然復元／草地／里山／教育／他〈各論〉森林／草原／砂漠／湖沼／河川／湿原／サンゴ礁／干潟／島嶼／高山域／哺乳類／鳥／両生類・爬虫類／魚類／甲殻類／昆虫／土壌動物／他

上記価格（税別）は 2004 年 9 月現在